Living Color:
The Biological and Social
Meaning of Skin Color

©2012 by Nina G. Jablonski

Published by arrangement with University of California Press

肤色的迷局

生物机制、健康影响与社会后果

[美]尼娜·雅布隆斯基 著　李欣 译

生活·讀書·新知 三联书店

Simplified Chinese Copyright © 2021 by SDX Joint Publishing Company.
All Rights Reserved.
本作品简体中文版权由生活·读书·新知三联书店所有。
未经许可，不得翻印。

图书在版编目（CIP）数据

肤色的迷局：生物机制、健康影响与社会后果／（美）尼娜·雅布隆斯基著；李欣译．—北京：生活·读书·新知三联书店，2021.9
（新知文库）
ISBN 978-7-108-07232-0

Ⅰ.①肤… Ⅱ.①尼… ②李… Ⅲ.①人种-研究 Ⅳ.①Q982

中国版本图书馆 CIP 数据核字（2021）第 168307 号

责任编辑	徐国强
装帧设计	陆智昌　刘　洋
责任校对	常高峰
责任印制	卢　岳
出版发行	生活·讀書·新知 三联书店
	（北京市东城区美术馆东街 22 号　100010）
网　　址	www.sdxjpc.com
图　　字	01-2018-6775
经　　销	新华书店
制　　作	北京金舵手世纪图文设计有限公司
印　　刷	北京隆昌伟业印刷有限公司
版　　次	2021 年 9 月北京第 1 版
	2021 年 9 月北京第 1 次印刷
开　　本	635 毫米×965 毫米　1/16　印张 18.25
字　　数	216 千字　图 64 幅
印　　数	0,001-6,000 册
定　　价	58.00 元

（印装查询：01064002715；邮购查询：01084010542）

图版1　菲利克斯·冯·卢尚制作的36色号肤色砖,用于评估人类各族群受到太阳光照之前的肤色。在20世纪中叶反射系数引入之前,这些砖为记录肤色提供了标准。收藏于哈佛大学皮博迪博物馆,藏品编号为No. 2005.1.168

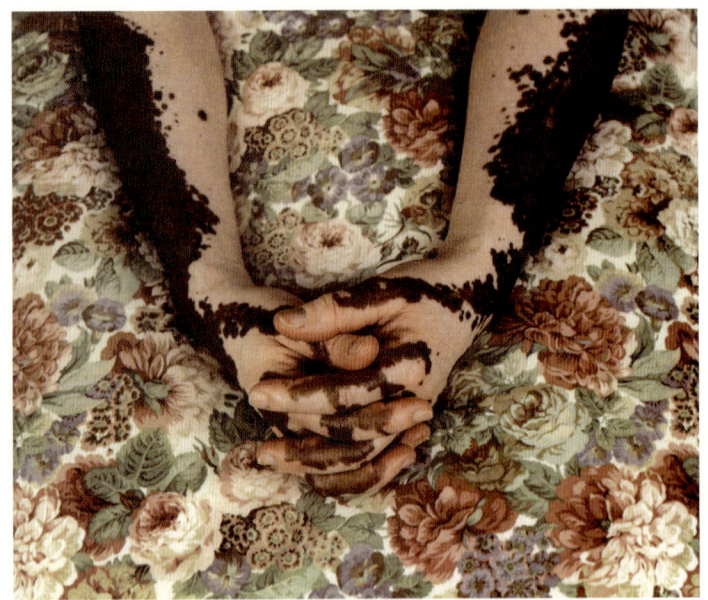

图版2　亚历克萨·赖特（Alexa Wright）的摄影作品《皮肤：玛克辛》（*Skin: Maxine*）。白癜风是因为皮肤中停止产生黑色素而引起的。罹患白癜风的人有时会因为自己的外表感到心理不适，他们可以通过外部力量的帮助来应对这种疾病带来的困扰。该照片的转载已经过创作者赖特的许可

图版3　这位南非的科伊桑族女性肤色深浅适中，太阳光照较强时，她会被晒得很黑。这样的肤色是在季节性很强的紫外线照射条件下，于中纬度地区演化出的人们的典型特征。照片由爱德华·罗斯（Edward S. Ross）提供

图版4 这两件在日本能剧舞台上使用的、高度程式化的面具，强调了男性和女性之间的肤色对比。图片由井上公司的 T. 井上（T. Inoue）提供，更多面具参见 www.nohmask21.com

图版5 生活在阿富汗、身穿传统罩袍的穆斯林妇女即使在阳光最充足的情况下,皮肤内也无法合成维生素D,因为传统罩袍的材质——黑色羊毛能阻挡近99%的中波紫外线,使其无法影响皮肤。照片由爱德华·罗斯提供

图版6 考古学家在中埃及底比斯(Thebes)的叟伯克侯特普法老(Sebekhotep)陵墓中发现的壁画。画面中,艺术家描绘了几位状似努比亚人的深肤色男子。该藏品版权为大英博物馆理事会所有

图版 7　扬·莫斯塔特（Jan Mostaert）的《非洲男子肖像》（*Portrait of an African Man*，约 1520—1530）。许多中世纪晚期至文艺复兴早期来到欧洲的非洲人都成了学者或顾问。图片由阿姆斯特丹国立博物馆提供

图版8　人的肤色会随着紫外线照射水平发生变化，生活在赤道附近的人肤色较深，生活在两极则较浅。人类只在新大陆生活了一万到一万五千年，所以肤色的梯度变化在旧大陆比在新大陆更为明显。插图为毛里奇奥·安东2011年所绘

图版 9　20 世纪 70 年代初,美泰公司向美国女孩们全面推销马里布芭比娃娃,之后,人们才认识到美黑的风险。深色皮肤象征着一个人充满性吸引力,且有足够的时间放松自己,名人美黑形象的广泛传播对美黑的持续流行有莫大的影响。图片版权为美泰公司所有

新知文库

出版说明

在今天三联书店的前身——生活书店、读书出版社和新知书店的出版史上，介绍新知识和新观念的图书曾占有很大比重。熟悉三联的读者也都会记得，20世纪80年代后期，我们曾以"新知文库"的名义，出版过一批译介西方现代人文社会科学知识的图书。今年是生活·读书·新知三联书店恢复独立建制20周年，我们再次推出"新知文库"，正是为了接续这一传统。

近半个世纪以来，无论在自然科学方面，还是在人文社会科学方面，知识都在以前所未有的速度更新。涉及自然环境、社会文化等领域的新发现、新探索和新成果层出不穷，并以同样前所未有的深度和广度影响人类的社会和生活。了解这种知识成果的内容，思考其与我们生活的关系，固然是明了社会变迁趋势的必需，但更为重要的，乃是通过知识演进的背景和过程，领悟和体会隐藏其中的理性精神和科学规律。

"新知文库"拟选编一些介绍人文社会科学和自然科学新知识及其如何被发现和传播的图书，陆续出版。希望读者能在愉悦的阅读中获取新知，开阔视野，启迪思维，激发好奇心和想象力。

生活·讀書·新知三联书店
2006年3月

目 录

引　言　　　　　　　　　　　　　　　　　　　　　1

上篇　生物学

第一章　皮肤天生会变色　　　　　　　　　　　　9
第二章　最初的肤色　　　　　　　　　　　　　　28
第三章　告别热带　　　　　　　　　　　　　　　42
第四章　现代世界的肤色　　　　　　　　　　　　57
第五章　肤色与性别　　　　　　　　　　　　　　79
第六章　肤色与健康　　　　　　　　　　　　　　90

下篇　社会学

第七章　独特的灵长类动物　　　　　　　　　　117
第八章　与异族相逢　　　　　　　　　　　　　131
第九章　大航海时代的肤色　　　　　　　　　　150
第十章　肤色与"种族"概念的出现　　　　　　170
第十一章　奴隶制与肤色政治　　　　　　　　　180

第十二章　肤色含义的变迁	199
第十三章　对美白的向往	215
第十四章　对美黑的渴望	231
第十五章　肤色的迷局	247
致谢	252
参考文献	256

引 言

我们因肤色而聚集,也因肤色而分离。在人的身上,或许没有其他什么特征能比肤色蕴含更多意义。皮肤是人体与外界交会的所在,人类文明的研究者将皮肤视为演化的产物。肤色是生物学力量塑造出来的属性,它正以深刻而复杂的方式影响着我们的交往方式,以及整个人类社会。肤色的故事能告诉我们,生物影响力和文化影响力之间复杂的交互作用如何给人类下定义,如何给人类做分类。

每个人都曾为自己的肤色陷入思考,通常,我们会记得自己第一次严肃地想这件事是在什么时候。12岁那年,我了解到母亲有一位高祖父是来自北非的"摩尔人"。我想进一步了解这位祖先,但似乎没有人知道关于他的事,看起来每个人对于谈论此事都感到不太舒服。我母亲是意大利裔美国人,长大后,我听说我们拥有"地中海人种"的肤色。20世纪五六十年代,我出生并成长于纽约北部乡村,是学校里肤色最深的孩子之一。我当时未能完全理解亲戚们为何对我们的非洲祖先、我们的肤色避而不谈,但我能体会到那会让他们感到难堪。几年后,我听说自己的舅舅、一位获得过勋章的"二战"老兵,在海外征战时曾被上级军官唤作"黑鬼"。我还听说妈妈和她的兄弟姐妹在成长过程中都因为肤色略深而遭遇歧视。他们的肤色本来就有点深，每当夏天来临，和附近街区晒不黑的北欧血统的孩子相比，他们难免显得更黑。因为皮肤黑，他们遭到同学和少部分老师的嘲笑，但他们和住在当地海滩的"印第安人"关系很好，因为他们"拥有同样的、比其他人更深的肤色"。那时候，在我的亲戚们看来，深色皮肤之间也有许多细微差别，有些肤色就比另外一些更优越。

多年以后，当我成了生物人类学的研究生，继而成为这个领域的教授，我才意识到，肤色焦虑是如何深深地渗透在这个学科里的。生物人类学又称体质人类学，它致力于研究人类演化和人类差异，但有关肤色差异（人身上最明显且最富于变化的特征之一）的问题，很多时候只是得到了描述，尚缺乏足够的解释。在19世纪末、20世纪初的人类学论著当中，对肤色差异的解释往往限制在对种族的"定义"这一应用范围之内。对当时的部分人类学家来说，有的种族比其他种族优越。就人类肤色进行的人类学和科学写作中的种族主义基调是那么令人反感，以至于第二次世界大战之后的学者都避免研究肤色或种族的演化，有关肤色变异及其在生物学和健康学方面对人类的意义这样的话题，也被学者们绕过去了。研究者还回避有关世界各地肤色歧视的起源问题。直到20世纪末，这些都还被视为颇有争议、很难探索的主题。

刚开始做研究生助教的时候，我曾经磕磕绊绊地为几个班的同学讲授人类的差异和"种族"，希望有人能就这些问题进行研究，或参与相关讨论，使大家对这些话题有更深入的了解。我那时从未想过自己会成为该领域的研究者之一。幸运的是，如今，对这些方面研究感兴趣的人越来越多。目前，约有数百位人类学、遗传学、社会学、医学，以及诸多其他学科的专家在研究肤色，以及肤色的丰富内涵，我们正生活在这样一个肤色的启蒙时代。

我写作这本书的目标，是分享有关肤色的起源和意义，以及肤色影响我们日常生活的途径等方面的信息。人类演化和人类历史都很容易理解，但是人们很少用通俗易懂的语言对其进行讨论，也很少将它们放在一起言说。我尝试用一种简单直接的方式写这本书，这样，任何具有生物学和历史学基础知识的人都可以理解它，继而，有关肤色的事实就可以变成常识。

本书上篇（第一至六章）介绍肤色的生物学知识：皮肤为什么会有颜色，肤色是怎样演变的，这对我们的健康意味着什么。看过我之前出版的《皮肤的自然史》（Skin: A Natural History）一书的读者可能会在这部分内容中找到一些熟悉的素材，但也会发现很多新近的、有关肤色及其生理学的遗传学研究资料。我们对人类肤色演化的认识已经比 20 世纪末的时候全面了许多。当时的生物学教科书里，到处都是演化作用使昆虫和病毒的外貌、功能发生变化的例子，却几乎未见对人类演化的详细记载。我们的皮肤揭示了演化的主要力量——从引起变化的突变到自然选择，再到人类在全球范围内迁移过程中其他引起肤色变化的遗传机制等——是如何共同作用的。今天的人类，是人类演化折中方案的鲜活集合体。皮肤是每个人的身体同外部世界最大的交界地带，它的结构和颜色完美地诠释了通过演化解决冲突的概念。

包括颜色在内的皮肤属性会影响我们的健康。多数人认为，人类用集体智慧以某种方式克服了自身的生物局限性，这是落后的物种无法做到的。但是至少对我们的皮肤来说，这种傲慢毫无根据。许多常见的健康问题，比如皮肤癌和维生素 D 缺乏症，都是我们的生活方式同遗传特征之间的不匹配所造成的。每个人皮肤中的色素含量是从祖先那里演化而来的，它决定了我们的身体如何应对阳光。今天，许多人生活在和先人完全不同的环境下，追求着截然不同的生活方式。数千年前的人类没有要在室内从事的工作，也不去度假；多数时候，他们都生活在室外，基本上不会去太远的地方旅行。这些原因导致今天的很多人遗传了不适合当下生活环境的肤色，这种不匹配使他们面临某些可能的健康风险。了解自己会面临怎样的风险，有时甚至生死攸关。

本书下篇（第七至十五章）介绍的是如何看待和应对肤色带来的社会冲击。我们注意到彼此的皮肤，是因为人类是视觉导向型动物，但是我们并非天生就对肤色带有偏见。然而，随着时间的推移，人们已经逐渐形成了关于肤色的信念和偏见，年深日久，这些信念和偏见漂洋过海，早已传播开来。没有证据表明，当不同肤色的人在地中海附近地区初次相遇，他们的关系或业务往来会受到肤色的影响。但是，当长途旅行更为普遍时，人们会越来越频繁地遇到不同肤色的人，经常忽然被彼此的模样吓到。在接触的过程中，各方很少处于平等地位。欧洲探险家倾向于表现得更具掠夺性，而非主张平等，在他们描述旅途中遇到的人时，语气也不是很仁慈。深色或者近乎黑色的皮肤震惊了欧洲人，在口口相传或诉诸笔端的有关和深肤色原住民相遇的故事里，欧洲人往往用"可怕"或"令人厌恶"之类的字眼描述这些来自异国他乡的人的肤色。数世纪以来，欧洲探险家和旅行者写下的故事成了人们能得到的有关生活在遥远国度的人们仅有的信息来源，这样的描述给读者和儿童对异乡人的想象造成了极大的冲击。对黑人形象的贬低给人类历史带来了非同寻常的影响，从那以后，人类开始发明该物种自诞生以来最可憎的行为、习俗和法律。那些植根于数世纪以前观念之中的偏见，至今还在困扰着现代人。

肤色曾是人们分辨不同"种族"的主要特征，这些分类的边界一直都很模糊，划分标准千差万别。"种族"已经成了不同人群身体特征、行为倾向和文化属性的集合体。在人们看来，种族是真实且一成不变的，以至于按照定义，一个拥有某种体貌特征的人，必须拥有该种族的所有其他特征。罗杰·桑赫克（Roger Sanjek）是种族研究领域最重要的学者之一，他注意到全球的种族阶序通常不只分为黑人和白人，但这两个词和附着其上的社会价值观将它们定义为种族的两级。[①]世异时移，建立在肤色和其他体貌特征基础上的种族分类系统在不断变化。以上这些都是种族主义意识形态的产物。给种族分类的目的不仅是要用身体方面的不同将一部分人同另一部分人做区分，而且要在智力、容貌、性格、品德、文化潜力和社会价值等方面将人们分出高低贵贱。

将肤色与人的性格结合起来，根据肤色给人类划分等级，这种行为是人类最突出的重大逻辑错误。众所周知，按照肤色分类的种族等级制度十分恶毒，但它依然被一部分人当成自然的事实，得到适时的支持和传播。本书用相当大的篇幅探讨这一影响深远的社会骗局的成因和后果，以及人类历史上呈现这种论调的多种方式。人们现在经常说要建立"看不见肤色"的社会，并发起走向"后种族"时代等社会运动，但我们的社会还远未达到杜绝种族歧视的地步。在世界上的多数地方，深色皮肤的人都会遭受偏见。尽管很多国家的法律禁止基于种族与肤色的歧视行为，但很多人渴望拥有浅色皮肤，以便过上更好的生活。理解肤色在生活中的不同意义，最终或许能帮助作为同一物种的人类超越将肤色作为自身价值的标签的阶段，了解到肤色是演化的产物，只不过，它曾经给我们造成极大的痛苦。

如果你想知道，为什么肤色对人类来说有着重要的意义，那么这本书就是为你而准备的。

---

① Sanjek 1994.

上 篇
......

生
物
学

第一章
皮肤天生会变色

皮肤在小小的空间里实现了太多功能。它可以保护身体，使其免遭物理的、化学的和微生物的威胁，同时又对触碰、气温和疼痛极度敏感。皮肤凭借一层覆盖于活细胞之上、几乎无法穿透、平均厚度不超过1毫米的死细胞实现了复杂的功能，不过，它的作用远不止这些。[①] 皮肤有着高度简约的结构，仅由表皮层和真皮层两部分组成。表皮层（外层）非常薄，它防水、耐磨，含有重要的色素细胞和免疫细胞。真皮层相对更厚，也更致密，比表皮层坚韧，并且包含皮肤的多数"管道"跟"布线"，包括血管、汗腺、感受器和毛囊。

肤色源自多种物质，它们在不同的人身上的能见度各不相同。在人类历史的多数时间，人们并不清楚，皮肤为什么会呈现某种颜色，所以，他们杜撰出富于想象力的故事和理论来解释这样的现象。很多解释是基于敏锐观察力和巧思，比如古希腊哲学家希波克拉底就曾大胆提出，阳光年深日久的炙烤会让肤色变得更深。

---

① 有关人类皮肤的结构、特性和演化史，可以参考我的著作《皮肤的自然史》的前三章（Jablonski 2006）。

对肤色较浅的人来说，他们的皮肤颜色主要源自血液和真皮层的蓝白色结缔组织。循环的血红蛋白所带来的红色在人脸上很明显，特别是当皮肤中的小动脉膨胀充血时。这就是经典的脸红。经过长时间的高强度运动之后，脸部会泛红出汗，这是因为血液会被输送至皮肤表面，以便让汗腺冷却。最让人不舒服的是因为尴尬或气愤而脸红。[①] 人们害怕或担心时血管会变窄，流向皮肤的血液有所减少，所以会"面无血色"。

黑色素

尽管血红蛋白构成了肤色的一部分，让皮肤有颜色的最重要物质却是黑色素，它是由特殊的皮肤细胞生成的"颜料"。肤色适中或较深的人身上显著的一系列棕色色调就是黑色素所赋予的。黑色素是能广泛吸收可见光且颜色较深的大分子群的统称。黑色素独特的化学结构也让它能防止各种有害的环境因素。科学家在包括真菌（图1、贴士1）在内的大量有机体当中都发现了黑色素，它在自然界的广泛存在已证明其悠久历史和强大功能。黑色素是演化过程中被重复征用的诸多化合物当中的一种，因为它们不仅出色完成自己的任务，而且通常只需经过自然选择的微小调整、修改之后，就可以产生新的功能。

科学家发现，真黑色素（eumelanin）是人体的主要色素，我通常将其简称为黑色素（melanin）。真黑色素是动物王国中最重要的色素，能保护身体，并赋予它颜色。其基本构成单位的化学成分

[①] 所有人身上都会发生因运动、性高潮或者情绪刺激引起的血管扩张，但是发红现象却可能被皮肤中的黑色素遮蔽。过去人们认为黑皮肤的人不会因尴尬或愤怒而脸红，但这种看法是错误的：皮肤黑的人会发生相同的反应，即使表现没那么明显。Jablonski 2006 的第八章中有关于脸红现象的讨论，在 Gerlach et al. 2001 和 Bogels and Lamer 2002 当中则有更详细的说明。

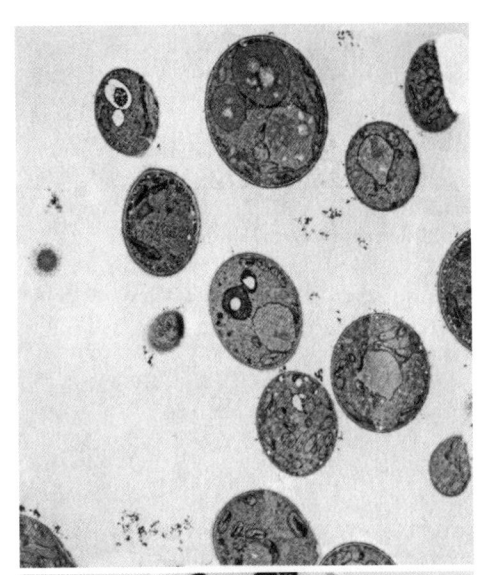

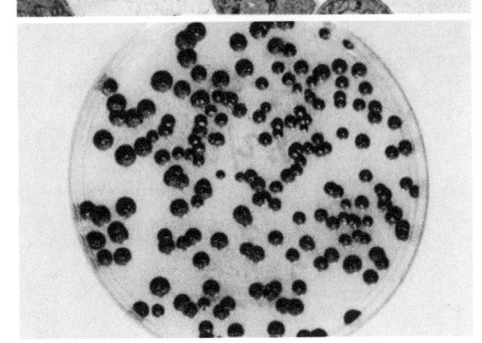

图 1 两台不同放大倍率的显微镜照片中的皮炎王氏霉（*Wangiella dermatitidis*）。这种富含黑色素的黑色真菌在能杀死许多其他有机体的辐射之下仍能茁壮成长。（上图）照片由露丝·布里安（Ruth Bryan）提供，是用阿尔伯特·爱因斯坦医学院（Albert Einstein College of Medicine）的分析成像设备拍摄的
（下图）变黑的皮炎王氏霉，克里斯蒂娜·波鲁博（Christine Polumbo）摄影

十分简单，而这些化学成分同身体中的蛋白质紧密结合，构成了更大的、彼此连接的分子或聚合物。真黑色素具有多种物理结构，都非常稳定。[①] 这种稳定性对它们的功能来说至关重要，却也致使科

---

① 最近的研究表明，真黑色素可以呈现很多不同的形式，因为带有颜色的部分（学名"发色团"）的若干构成单位和不同的蛋白质可以用不同的方式结合。因此，化学家不仅对这种化合物的一级结构或化学成分感兴趣，还对其二级结构（螺旋或片层结构）的物理布局充满好奇。参见 Meredith and Sarna 2006。

第一章　皮肤天生会变色

研工作者难以对其开展研究：即便遭到高能射线或自由基的冲击，真黑色素分子也不会分崩离析。真黑色素有很多种，每种的结构都略有不同，颜色也各不相同。

贴士1　黑色真菌中的黑色素

由于含有黑色素，许多真菌都是深色或黑色。黑色素对这些真菌的生存来说是有益的，因为它能同环境中的有害因素如重金属和紫外线等的力量相抗衡。自1986年切尔诺贝利核灾难以来，黑色真菌——皮炎王氏菌和新型隐球菌（*Cryptococcus neoformans*）——寄居在核电站的冷却池和残破的反应堆外墙，及其附近的土壤中。好奇的科学家研究了这些真菌，发现它们能在强度非常高的（高能）电离辐射环境下茁壮成长。黑色素的化学特性和物理结构使其免受辐射冲击。研究人员预计，这些有机物将来可以用于防范电离辐射的损伤。[1]

真菌甚至可能将辐射当作一种代谢能量来源。如果是这样，黑色真菌中的黑色素和植物中的叶绿素具有相同的功能：将电磁能转化为可以维持生命的化学能。在地球发展出能抵御来自太空的电离辐射的臭氧层之前，真菌就已经出现在历史上了。那时候地球表面接收的辐射量远远高于今天，有机物不得不发展出利用辐射的方法，与此同时，还要保护自身免受辐射造成的细胞损伤。

[1] Dadachova et al. 2007, 2008.

真黑色素以其吸收波长各异的太阳辐射的能力而著称，特别是那些能量较高、可能有破坏性、波长超出可见光范围的太阳辐射，这些辐射被统称为紫外线（ultra violet radiation，UVR）。紫外线能破坏用于连接包括DNA在内的重要分子的化学键，从而破坏生物

系统。这会导致细胞中产生大量有毒物质，包括"自由基"（由易发生化学反应的原子或分子同可与其他分子结合的自由电子组成），还会中断细胞中正常的化学反应。[1] 当紫外线照射真黑色素时，后者能吸收辐射而不致分裂。可见真黑色素是一种有效的"防晒品"。除了吸收紫外线、阻断侵害之外，真黑色素还可以防止自由基的形成，它能使已经形成的自由基失去功效。这也是真黑色素被归入抗氧化剂的原因。

科学家不仅在皮肤上测试过真黑色素出色的抗氧化性，也在真黑色素的存在感不太明显的地方，比如眼睛，进行了检测。真黑色素是视网膜底下那层薄膜的主要成分之一，这层膜是眼球背后的光敏感层。视网膜不断遭到可见光和紫外线的高能辐射。组成视网膜的精密细胞能免于受损，就是因为底下那层膜中的真黑色素可以抵御自由基的侵害。[2] 科学家认为，诸如藏于内耳、大脑等隐秘角落的真黑色素，虽未能暴露在光线之下，实际上也能发挥类似的作用。[3]

所有的黑色素都是在一种叫作黑色素细胞（melanocyte）的特殊细胞中产生的。黑色素细胞位于皮肤表皮层的最下面与真皮层的连接处（图 2）。在胚胎发育的早期，也就是它们的早期细胞迁移到皮肤里之后，黑色素细胞就会来到这个位置。从这一刻起，它们

---

[1] 自由基、活性氧都是紫外线或其他形式的高能辐射对细胞造成影响时产生的小分子。紫外线对身体造成的伤害不仅是因为辐射本身，还有因其产生的自由基带来的破坏。有关紫外线的特性及其对生物系统的影响的详细讨论，参见 Jablonski 2006 第四章。其他可供使用的描述紫外线对生物和人体的影响的综合性参考资料还包括：Caldwell et al. 1998；Hitchcock 2001；Sinha and Hader 2002；Pfeifer, You, and Besaratinia 2005。

[2] 视网膜色素上皮层（retinal pigment epithelium，RPE）的抗氧化性能保护视网膜的完整性，从而维护视力。这种功能会随着人的年龄增长而有所下降（Wang, Dillon, and Gaillard 2006；Zareba et al. 2006）。

[3] Zecca et al. 2001。

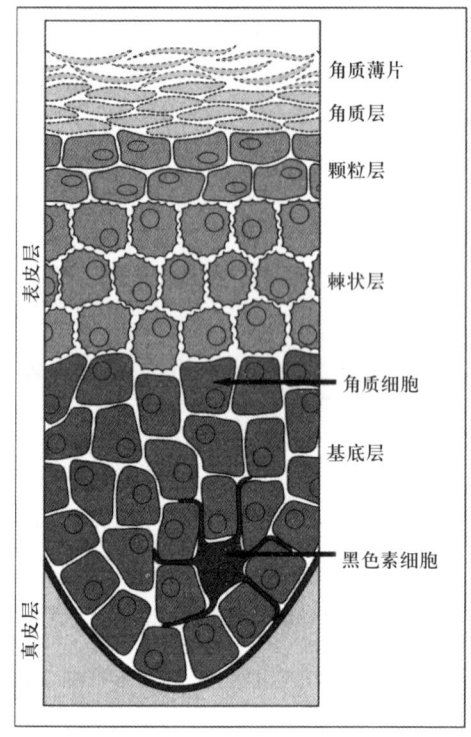

图2 黑色素在黑色素细胞中产生,以黑色素体为载体,输送到邻近的角质层细胞。所有人的身体里都能产生相似数量的黑色素细胞,但这些细胞产生的黑色素含量,以及它们在皮肤中分装排布的方式则有所不同。感谢珍妮弗·凯恩(Jennifer Kane)供图

同邻近的、被称为角质细胞的皮肤细胞建立了连接。所有婴儿出生时都很苍白:尽管黑色素细胞在胎儿发育早期就开始生成黑色素,它们的功能在青春期之前还得不到充分施展。

黑色素在一种被称为黑色素体的小型膜结合胞器中产生。当这些胞器中充满黑色素时,就会移动到黑色素细胞纤长突出的触手的怀抱中,再转移到角质形成细胞。正常情况下,黑色素体会聚集在角质细胞的细胞核顶部,从而形成角质细胞中遗传物质的保护盖。在由角质细胞信号主导的、复杂而精密的过程中,1个黑色素细胞能为36个角质细胞提供黑色素。角质细胞还能调节黑色素的生成

以及黑色素细胞的复制。[1] 这一点很重要，因为黑色素细胞与角质细胞之间的关系一旦遭到破坏，将对人体造成伤害。当黑色素细胞与控制它的角质细胞失联，黑色素细胞就会开始快速分裂，并完全从皮肤中挣脱出来，引发转移性黑色素瘤，这是最致命的皮肤癌之一。这一过程受到遗传和激素因素的控制，然而对多数人来说，如果暴露在紫外线之下，就会大大加速该过程。

人们之所以肤色各异，主要是因为他们身体里的黑色素细胞所生成的黑色素数量与种类有所不同。生成黑色素的遗传机制包括一系列很大程度上由酪氨酸酶主导的对化学通路的调节。[2] 肤色的差异也会因皮肤中黑色素体的大小及分布不同而产生。天然形成的深色皮肤含有较大的黑色素体，这些黑色素体中充斥着真黑色素。天生的浅色皮肤则含有较小的黑色素体，这些黑色素体中的真黑色素数量不等，多种多样，还包含真黑色素颜色较浅的远亲——褐黑色素（pheomelanin）。

同真黑色素一样，褐黑色素结构多种多样，颜色范围从黄色到红色不等。这一点明显地表现在来自北欧——以及不列颠群岛——的人们的头发颜色，以及当地诸如金狮面狨和爱尔兰雪达犬等动物华丽的被毛上。褐黑色素不仅外形与真黑色素不同，其作用也有别于真黑色素。真黑色素是能阻挡紫外线生成的自由基的抗氧化剂，而当遭遇紫外线冲击时，褐黑色素会生成自由基，这将进一步损伤

---

[1] 要说明角质细胞和黑色素细胞之间关系的性质，还有黑色素的生成及其在哺乳动物细胞中的输送机制，需要进行深入的长期研究（Jimbow et al. 1976; Quevedo 1976; Schallreuter 2007; Goding 2007）。破坏角质层对黑色素细胞的控制是造成黑色素瘤的根本原因。

[2] 对不同肤色的人来说，黑色素细胞中酪氨酸酶活性的调节是很复杂的，参见 Sturm, Teasdale, and Fox 2001; Alaluf et al. 2002。本书第十三章提到了故意漂白皮肤的行为，这主要是通过使用中断酪氨酸酶的生成或者削弱其活性的化学物质来实现的。

DNA 和活性皮肤细胞的其他成分。

肤色的微妙变化（常常在人类肤色分类技术的描述中出现的红色、浅黄色、蓝色及其他色调）是因不同形式的真黑色素和褐黑色素在皮肤中的占比各异而造成的，多数人皮肤中同时含有这两种黑色素，它们在每个人皮肤中的比例也各不相同。①

色素在人体表面的分布并不均匀，在这方面，色斑就是个典型的例子。色斑是一种小而平坦的色素斑点，会随着阳光的反复照射在皮肤上随机发展。色斑主要出现在肤色较浅的人身上，颜色从黄色到深棕色不等。雀斑是最常见于儿童面部的色斑类型。如果身体其他部位的皮肤长时间暴露在阳光下，也会长这种斑。如果皮肤在晒太阳的同时得到一段时间的保护，雀斑就会褪色，儿童长到十几岁的时候，雀斑往往就会完全消失。有时候，肤色很浅的人如果经常暴露在强烈的阳光下，身上的雀斑会变得非常顽固。另一种色斑是"肝色斑点"，或者叫"老年斑"（日光性黑子），多出现在老年人的手上和面部。老年斑是太阳光照造成的损伤，往往比童年时期的色斑颜色更深，且出现在各种肤色的人身上。老年斑不会褪色，对很多上了年纪的人来说，它们顽固得令人厌恶。销售人员会告诉你，皮肤漂白剂可以消除这些斑痕，但这种治疗通常是无效的。

人类皮肤中的黑色素生成如果发生显著异常，往往会流露出明显的迹象。因为如果身体的部分或全部肤色不正常，会影响人的健康和自我形象，科学家对这类病痛进行了广泛的研究。色素缺乏是由很多原因引起的。许多类型的白化病是由于一些遗传缺陷，这些

---

① 褐黑色素只占人类皮肤的黑色素含量中的一小部分，即便是在肤色很浅的人身上，也是如此，不过它的存在改变了可见光的反射方式，这足以使一部分人皮肤泛黄，参见 Thody et al. 1991；Alaluf et al. 2002。

缺陷要么会影响色素生成的部分途径,要么会直接影响身体各部位的黑色素细胞。有时候,黑色素细胞甚至完全不存在,或者无法产生黑色素,抑或黑色素体始终无法成熟,因而也不能转移到角质细胞那儿去。① 这些问题最终只能造成一种结果——色素的缺失。当一部分皮肤失去产生色素的能力,就会导致白癜风。

众所周知的白化病是多种色素缺乏病症的统称。在非洲,很多居民肤色呈现出棕色的不同色调,非洲人的皮肤中黑色素含量很高,然而,非洲也是许多白化病患者的故乡,非洲白化病患者的黑色素水平下降得非常严重,而且,因为肤色苍白,头发、眼睛的特征与周围的多数人相反,他们在非洲更容易显得与众不同。有些类型的白化病仅影响皮肤和头发;另外一些则会影响皮肤、头发和眼睛,或者只影响眼睛。这些白化病都是由包括肤色变深在内的各类基因突变引起的。白化病最常见的类型之一是眼皮肤白化病(oculocutaneous albinism,OCA),它有很多因各种基因突变引起的、严重程度不一的亚型(贴士2)。

在非洲,白化病,特别是OCA2型白化病,是一种严重的健康问题,因为当地的白化病患者暴露在紫外线的有害辐射下更容易受伤,包括极度的阳光敏感性、皮肤癌和眼睛损伤(图3)。这些人也因为其外表而面临严重的社会歧视。近年来,这种歧视已经引发了戏剧性的激烈变化,在坦桑尼亚和邻近的布隆迪发生的活人祭祀案中,有数十人遇难。当地的巫医断言,白化病人的四肢、头发和血液都是魔物的有效成分,这些魔物可以让人在生意场上和黄金开采中取得成功。据报道,带有从白化病人身上摘取的新鲜器官的魔法混合物底价为2000美元,巫医纷纷加入白化病人身体部位制作

---

① Robins 1991 和 Goding 2007 详细论述了白化病和白癜风的遗传基础与不同表现。

贴士 2　错综复杂的白化病

各种类型的白化病是由不同染色体上的基因突变引起的，需要用基因方法诊断。科学研究已经证实，人类身上至少有四种基因（TYR、OCA2、TYRP1 和 MATP）能导致不同类型的白化病，它们能通过生物化学途径发挥作用，影响色素形成过程的不同阶段，以及真黑色素和嗜黑色素的产生。[1] 白化病是一种染色体隐性疾病，这意味着同一白化病基因的两个副本（分别遗传自父母双方）必须同时存在，从而让这个孩子一出生就患有白化病。白化病在世界上的某些地区比其他地区更为常见，但据估计，七十分之一的人都携带了眼皮肤白化病（OCA）基因。最严重的眼皮肤白化病类型是眼皮肤白化病第一型（OCA1A），其特征在于终生完全无法生成黑色素。程度较轻的 OCA（OCA1B、OCA2、OCA3 和 OCA4）随着时间的推移能实现一定程度的色素累积，患者的皮肤和头发呈现不同的色素减少模式。

白化病患者面临的最严重的健康问题在于视力受到影响。他们的虹膜缺少黑色素，视网膜色素上皮中的黑色素也比正常人少很多，黑色素原本可以保护对光高度敏感的视网膜免受损伤。这些缺陷使白化病患者视力下降，色觉受损，眼睛对光的敏感度也变得更高。而且由于皮肤缺少保护性的真黑色素，白化病患者还面临较高的患皮肤癌风险，特别是当这些人生活在阳光明媚的地方，且未做好防晒措施或提前进行医学筛查时。

[1] 参见 Carden et al. 1998；Gronskov，Ek，and Brondum-Nielsen 2007。

图3 这位罹患白化病的坦桑尼亚姑娘戴着太阳镜,以及保护皮肤用的帽子和围巾,以使皮肤免遭强烈阳光的侵害。由于皮肤和眼睛缺乏保护性的黑色素,生活在赤道非洲的白化病患者面临很高的受伤风险。许多白化病人获得了由非洲非营利组织提供的防晒帽和防晒霜。照片由摄影师里克·圭多蒂(Rick Guidotti)提供,网址为 www.positiveexposure.org

产品的生意当中,据说这种产业已经形成遍布东非的强大网络。尽管有过公开审判,政府也对这些罪行的肇事者做了严厉打击,恐惧的阴霾却依然笼罩着非洲的白化病人。①

肤色的测量

今天,无论是在医生的办公室,还是在对肤色的形成进行学术研究时,肤色测量的客观性和可重复性显得尤为重要。数百年来,肤色测量一直未能发展成一项完美的技术。人类最早的肤色分类方

---

① 无论是在非洲,还是非洲以外的地区,白化病人总是饱受歧视,但发生在东非的凶杀事件似乎是一种新近产生的现象。新闻报道记录了这些杀人事件,以及审判凶手的情况。参见 Kapama 2009 和 Siyame 2009。部分组织机构,例如坦桑尼亚白化病中心(Tanzania Albinos Centre,网址为 www.tanzaniaalbino.org),可以为非洲白化病患者提供社会帮扶与医疗救助,以及遭遇迫害时的人身保护和避难所。

法出现于18世纪早期的欧洲，用一套简单且不准确的色彩语汇（诸如黄、红、黑、白）来描述皮肤的色调。他们没有亲眼见过欧洲以外地区的人，只是通过阅读探险者和商人的报告而对长途旅行略知一二。到了19世纪末20世纪初，人们显然需要一种更为精细的系统描述人类皮肤的各种色调，从那时起，欧洲科学家就开始开发用于描述皮肤色调的数字代码。这种代码系统用的是编号的带状纸质印刷品，或者色彩各异的玻璃砖；后来得以广泛流传的色调代码系统是以其开发者菲利克斯·冯·卢尚（Felix von Luschan）命名的。①

这些测量方法相对过去随意的颜色命名而言，是一种进步，然而，它们都失败了。匹配色彩的方法武断地将连续的色调割裂成彼此不相连的色彩，测量结果也很难在不同的观察者之间重复出现，因为在不同的光线条件下，这些彩砖看起来颜色也并不相同，其同肤色的匹配程度通常也得不到一致的判断。② 由于这些方法测量结果不准确，加之部分使用这些测量方法的人动机不纯，20世纪初，有关肤色及肤色遗传方面的研究顿时失去了方向，也缺失了学术的正直。更客观且可重复的方法是利用特定波长的反射光进行肤色测量，通常称为反射测量法。

肤色反射测量法的原理其实很简单：让光通过不同颜色的滤光片照射皮肤，测量反射回来的光的总量。反射计就是用这种方式测量肤色的。每个彩色滤光片会让一种特定波长的可见光照射进来，然后用反射回来的各种波长的光的百分比来测量肤色。浅色皮肤反

---

① 许多对世界范围内土著民族肤色的测量，包括对澳大利亚已经消失或被消灭的土著群体的肤色测量，都是用冯·卢尚开发的肤色砖进行的。
② 帕梅拉·拜厄德（Pamela Byard）在她有关肤色遗传学的经典论文中对肤色的测量做了简要回顾（Byard 1981）。这篇论文中有些过时的遗传学内容，不过这对回顾文章本身的价值而言是瑕不掩瑜的。

射的各种波长的可见光都比深色皮肤要多，其反射率也更高，但是各种皮肤对不同波长的光的反射量都不相同（贴士3）。深色皮肤吸收更多波长短的光（蓝光），它所吸收的波长较长的光（红光）则较少。浅色皮肤吸收较少的蓝光和较多的红光。过去几十年来，人们发明了各种便携反射计，无论是在观测现场，还是在医生的办公室，随时随地测量肤色都变得越来越容易。

贴士3　肤色的反射

不同颜色的皮肤能反射的波长各异的可见光的量是不一样的。人类学家尼格尔·巴尼考特（Nigel Barnicot）在他的作品中对这一现象进行了恰当的描述。他比较了一组肤色较浅的欧洲人（其中多数为英国人）和一组肤色较深的尼日利亚约鲁巴人（Yoruba）皮肤对光的平均反射率，数据如下表所示。[1]

		皮肤的光反射率（%）		
	分组	蓝光 （425纳米）	绿光 （550纳米）	红光 （685纳米）
男性	约鲁巴人	8.0	10.1	23.6
	欧洲人	32.8	37.9	45.4
女性	约鲁巴人	8.5	11.1	13.9
	欧洲人	34.3	40.5	63.1

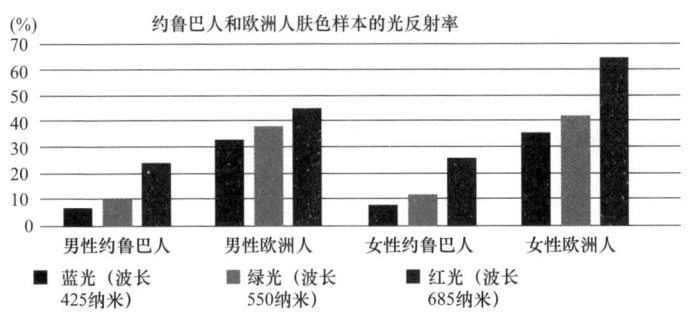

第一章　皮肤天生会变色

数值越小，说明吸收的光越多，反射的光越少。黑色素吸收的蓝光比红光要多。因此，对黑色素而言，用红光（685纳米）进行肤色反射率测量是很有效的。因为皮肤中含有血液，绿光的反射率（550纳米）可以测量在血液影响下皮肤所呈现的特定颜色。请注意，与波长较长的光相比，波长较短的光被反射得较少（被吸收得比较多）；与男性相比，女性的皮肤对所有波长的光都进行了较多的反射。换句话说，女性的肤色往往比男性更浅。

[1] 参见 Barnicot 1958。巴尼考特的方法与后来的研究者使用的方法不同，因为他测试的是前臂内侧表面，而不是上臂反射的光的总量。现在的研究者倾向于测量上臂的光反射，因为这一部位较少暴露在阳光之下。

肤色与紫外线照射

皮肤遭到含有紫外线的阳光强烈暴晒时会"晒黑"，但有些人晒黑的程度会比其他人严重。[虽然同样是紫外线照射带来的一系列生理反应，不过美黑（tanning）是一种休闲行为，和晒黑（sun-tanning）不同，因此我称之为娱乐性美黑，详见本书第十四章。]无论肤色深浅，每个人都有相同数量的黑色素细胞，但是天生肤色较深的人体内的黑色素细胞所产生的黑色素数量是肤色较浅的人的四倍。① 更多的黑色素含量能为 DNA 和其他重要分子提供更多的保护。肤色深的人和肤色浅的人之间黑色素含量的四倍差异在保护 DNA 免受侵害方面可以转化为七至八倍的差异，然而，即便是颜色最深的皮肤，也无法百分之百地保护一个人的身体。哪怕是较轻

---

① 田所（Tadokoro）及其同事在美国"黑人"和"白人"的皮肤样本中精确测量出了这种差异（Tadokoro et al. 2003）。这个研究团队还在同样的人群中仔细测量了经过紫外线照射后遭到损伤的 DNA 的数量。深色皮肤的人体内的 DNA 遭到破坏的程度比浅色皮肤的人要轻微一些。

微的紫外线照射，也会引起能被检测到的 DNA 损伤。

多数人皮肤中都有足够的黑色素，可以自然而然地晒黑，但是部分肤色较浅的人自始至终都只能产生数量有限的黑色素。即便是长时间、高强度地受到紫外线的辐射，也无法晒黑。[①] 相反，他们的皮肤对辐射的反应升级为猛烈的发炎性反应——晒伤。发红、发热、肿胀和疼痛都是皮肤对过量紫外线照射进行损伤控制反应的表现。在细胞层面，损伤会破坏表皮角质形成细胞；在真皮细胞中，损伤会破坏包括常驻免疫细胞在内的所有细胞；这种损伤也可能破坏皮肤中细密的小血管或毛细血管精细的内壁。毛细血管受伤后会流出液体，这会导致皮肤表面长出水疱。在化学层面，这种免疫反应使得导致过敏、疼痛和瘙痒的分子被从皮肤细胞中释放出来。

从皮肤的角度看，晒伤是灾难级的遭遇。即便是在发红和疼痛都消退之后，伤害依然存在。皮肤中的结缔组织和 DNA 会因晒伤遭到严重损害，如果受损的 DNA 无法完全实现自我修复，会导致皮肤老化，甚至有罹患癌症的风险。[②]

晒黑是个复杂的过程，当皮肤数日甚至数周持续暴露在阳光之下，就可能发生（图 4）。对一部分人而言，他们的皮肤对持续日晒的最初反应是迅速长出灰棕色斑点。这种反应就连最粗心、不做防晒的人也会有所警觉，它被称为即刻晒黑（immediate pigment

---

[①] 这种反应可以区分不同皮肤光型（skin phototype）的人群。科学家定义了人的六种皮肤光型，从根本不会晒黑的 I 型到能产生无数黑色素的 VI 型。这些在 Jablonski 2006 第五章中有所涉及，皮肤病学的教科书当中对此也有讨论，参见 Fitzpatrick and Ortonne 2003。

[②] DNA 能修复高强度辐射造成的大部分结构性损伤，但如果这种修复尚不完备，随之可能产生的现象是 DNA 的复制错误，这将导致容易诱发癌症的突变。如果你想看有关紫外线损伤与皮肤癌之间关系的评论，参见 Cleaver and Crowley 2002；Matsumura and Ananthawamy 2004。

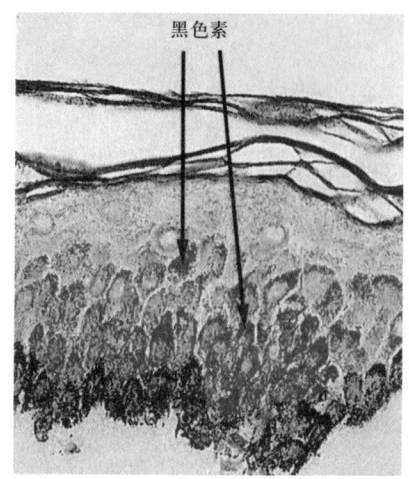 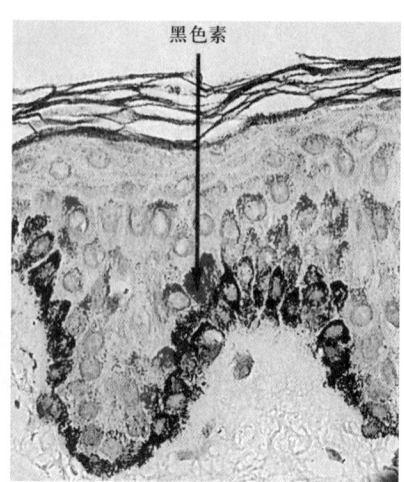

图 4 深色皮肤的一部分被紫外线照射七天之前与之后的对比。在紫外线照射之前（左图），黑色素集中于表皮层底部，但经过七天的照射后（右图），它们移动到靠近表皮层表面的位置，因为携带业已形成的黑色素的黑色素体已被运送并转移至靠近真皮层表面的角质细胞当中（图片来自 Tadokoro et al. 2005，转载已获麦克米伦出版公司许可）

darkening，IPD），科学家尚未完全理解这种现象。它往往发生于那些皮肤中已有适量黑色素的人群当中，似乎不仅是新黑色素产生的过程，还包括已有黑色素的再分配。当皮肤不再暴露于阳光之下时，IPD 造成的颜色变化就会自动停止。

在皮肤科医生看来，与即刻晒黑不同，普通人眼中一般程度的晒黑，叫作延迟晒黑（delayed tanning）。在延迟晒黑的过程中，黑色素细胞被调遣至强度更大的长期活动当中。皮肤被阳光照射的第一周内发生的多数可见的晒黑是由于表皮层中已然形成的黑色素向上移动，而不是产生了新的黑色素。之后，随着化学反应的渐渐增加，黑色素细胞内的黑色素的生成会有所增加。正如很多户外工作者所体会到的那样，长期暴露在紫外线辐射之下会导致皮肤中产生接近两倍的黑色素数量。这是黑色素和黑色素细胞的数量都有所增

图5 西南非洲赫雷罗族妇女。左边那位妇女的父亲是德国人,看起来和年龄相仿、父母都是赫雷罗族人的朋友(右边)相比,她的皮肤被紫外线伤害得更加严重。照片由杰弗里·库兰(Jeffrey A. Kurland)提供

加而导致的结果。① 在肤色天然较深的人群中,晒黑反应始于表皮层黑色素向上的剧烈运动,以及黑色素的持续产生。于是,天生皮肤较深的人在经历过一周或者更长时间的太阳照射之后,肤色会明显变黑,但当他们避开阳光的照射,数月后,肤色又会恢复原样。

晒黑真的能帮助皮肤对抗阳光的不利影响吗?在有些人看来,答案是肯定的,他们入夏伊始就会尝试"打造漂亮的深色皮肤",以便在能接受紫外线照射的漫长的季节里保护自己。不幸的是,严重晒黑的肤色无法提供比天然深色皮肤更多的保护。晒黑能增加皮肤的黑色素含量,但仅靠这个并不能让皮肤免于紫外线的损伤。在

---

① 黑色素在表皮层的重新分布是晒黑过程的一部分,关于这一点,学者在对生活于东亚、赤道非洲和北欧的人们进行实验后做了记录(Tadokoro et al. 2005)。

紫外线的照射下，天生肤色较深的人的皮肤能提供很好的保护，因为他们皮肤中含有更多的黑色素，以及顶部更大、更致密的黑色素体，能保护活体皮肤细胞中的 DNA，因为深色皮肤中的黑色素在由表皮层深处向靠近表面的位置移动的速度更快。黑色素移动到这里时，可以更便捷地吸收容易损害 DNA 及其他重要分子的紫外线。因此，决定黑色素能提供多少保护的不仅仅是它们的数量，还有它们的位置。

在史前时期和古代社会，人们往往是在日常活动中晒黑的。我们的祖先每天睡在天然避难所，或者简陋的小屋当中，白天花费大量时间，通过采集、狩猎、放牧、钓鱼、种植等方式获得食物。那时候，晒黑是皮肤适应太阳光照射强度季节性变化的一种方式。如今，多数生活在工业化国家的人工作和生活的主要场所都在室内，日常活动中只是偶尔会暴露在强烈的阳光之下。季节性的晒黑开始变成人们主动寻求的过程，通常是在放松和娱乐的环境下完成的（参见本书第十四章）。

肤色与年龄

随着年龄的增加，人会渐渐衰老。到了 30 岁以上，随着黑色素细胞的干细胞逐渐死亡，人体内能产生黑色素的活细胞数量平均每十年减少 10%—20%。面部和手部的皮肤由于经常暴露于紫外线照射之下，黑色素含量两倍于不常晒太阳的部位，或许是因为长期暴露在阳光之下，面部和手部的黑色素细胞会受到持续性的刺激。上了年纪的人手上和脸上的皮肤表面显得凹凸不平或有斑点，这一方面是因为黑色素细胞减少且分布不均，另一方面则是因为黑色素细胞和角质形成细胞的相互作用方式发生了变化。① 肤色更深的人往往没有很明显的皮肤老化迹象，因为他们皮肤中已经内置了防晒功能，帮助他们预防光老化（由阳光照射引起的衰老）。图 5 中的两位女性同属于西南非洲的赫雷罗族，她们年龄相当，但左边那位妇女的父亲是德国人。她肤色更浅，更容易遭受光老化，脸上的褶皱和细纹让她看起来比同伴老很多。

如果不是因为人类和其他灵长类动物一样是高度视觉驱动的，那么与年龄相关的肤色变化就不是什么问题。然而，我们会立即、无意识、不假思索地评价其他同类的外貌，根据我们看到的一切，给他们的年龄、吸引力和健康状况下结论。近期的研究表明，脸上肤色均匀与否，是影响人们对女性吸引力、年龄，特别是健康状况的主要判断标准之一。② 在人们看来，女人肤色越均匀就越健康，不仅整体健康，而且生殖潜力更佳。这些发现推动了使肤色更均匀的霜剂的研发和推广，让人唯恐自己的脸会受到阳光的伤害。

---

① 参见 Ortonne 1990；Fisher et al. 2002。
② Fink and Matts 2008.

第二章

最初的肤色

　　遇到不同肤色的人对今天的人来说是家常便饭，但对我们的祖先而言，却并非如此。在城市与高速长途运输兴起之前，对多数人来说，一辈子的活动范围也不会超出父母和祖辈生活的地方。为了适应生活环境，他们的肤色发生了相应的演化，他们经常遇到的人，肤色多半也跟他们差不多。

　　随着现代人类走出赤道非洲，逐步适应新环境，六万年来，他们的皮肤始终在演化，呈现出如今若深色彩虹般的色阶。在过去的几千年中，人们已经意识到肤色多样性的存在。在人类历史的早期阶段，居住地方相隔遥远的人们极少见到彼此。马、骆驼、车轮、船桨、风帆，以及后来的汽车、火车和飞机让相隔万里的人们得以接触彼此。现代人进行高速长途旅行的能力使我们很难想象自己活动范围受限是怎样的情况。但是我们必须重新造访那个世界，以了解肤色是如何演化的，以及在各种肤色的人类遍布全球之前，肤色的地图看起来是什么模样。

图6 黑猩猩宝宝出生时,全身的肤色都很浅。当它渐渐暴露在紫外线的辐射之下,脸部和手部便产生更多的黑色素。那些终年待在室内(比如在动物园和医学研究机构里)的黑猩猩脸上、手上都能保持较浅的肤色。照片由琳尼·纳什(Leanne Nash)提供

裸露的皮肤与炽热的骄阳

大约六百万年前,起源于赤道非洲的人类与近亲黑猩猩(chimpanzee)分道扬镳,成为灵长类的一个分支。我们的共同祖先和现在的黑猩猩不同,它们的生活方式和外形特征与非洲类人猿(African Ape)有许多相似之处。[①] 我们没有人类祖先的皮肤化石作

---

① 关于人类起源的化石和遗传证据,有很多不错的纸质或在线资源都很方便参考。有的在线资源相当可靠,比如美国亚利桑那州立大学人类起源研究所的人类起源网(Becoming Human website, www.becominghuman.org),还有美国自然博物馆的人类起源馆(Hall of Human Origins, www.amnh.org/exhibitions/permanent/humanorigins/)。比较好的新书包括卡尔·齐默(Carl Zimmer)的《史密森尼学会人类起源详解》(*Smithsonian Intimate Guide to Human Origins*, 2005),还有克里斯·斯特林格(Chris Stringer)和彼得·安德鲁(Peter Andrews)合著的《人类演化通史》(*The Complete World of Human Evolution*, 2005)。Jablonski 2006 第二章讨论了黑猩猩和人类共同祖先的身体外形,以及学界如何重构早期人类分支的皮肤特征。更多详细说明,参见 Jablonski and Chaplin 2000;Jablonski 2004。

第二章 最初的肤色

为确凿证据，因为皮肤会在人们死后迅速分解，最多也就只能保存几千年。正因如此，研究人员需要依靠对类人猿和人类的解剖学比较以及遗传学证据，重构数百万年前人类皮肤可能的外观与功能。

同猿类兄弟相比，人类之所以特别，就因为皮肤裸露在外。人类的体表除了头部、腋下和腹股沟上有毛发之外，几乎没有毛。在类人猿近亲深色的毛发底下，藏着一层苍白的皮肤（图6）。当这些动物处于婴儿期，它们体表没有被毛发覆盖的部分（比如脸部和手背）还很苍白，随着年龄渐长，这些动物暴露在阳光之下的机会越来越多，裸露部位的肤色也越来越深。因为这种情况在现代灵长类动物中相当常见，我们可以据此推断，在早期人类身上，这可能也是常有的现象。

化石告诉我们，人类祖先的典型特征就是直立行走，也就是拥有站起来用两条腿走路的能力。关于用双脚行走的人类祖先，或者说是原始人的化石证据有很多。研究人员从非洲获取的数十组肢骨化石显示，人类在五百多万年前就已经拥有强有力的双脚，发展到两百万年前，已经成为精力充沛的步行客和奔跑者。原始人解剖方面和行为方面的主要变化发生在大约两百万年前，这预示着包括今天的人类在内的人属的出现。东非和格鲁吉亚共和国出土的保存完好的化石表明，生活在一百五十多万年前的人类祖先身材高大，动作灵活，能用走路和跑步的方式进行长途跋涉。[①]通过对骨化石进行检测，可以了解到解剖方面和行为方面的变化其实也伴随着消化

[①] 研究人员在肯尼亚西图尔卡纳（West Turkana）和格鲁吉亚德马尼西（Dmanisi）发现的更完整的早期人属骨骼表明，在一百五十万年前，人类的肢体比例就已经与现代人无异：大腿较长，小臂较短。对肢体比例和关节的研究表明，这些人能够长途跋涉，甚至可以持续奔跑。科研人员对相关化石证据进行了大量研究，内容包括走路和跑步的演化、饮食习惯等，想了解这些研究，参见 Walker and Leakey 1993；Leonard and Robertson 1994；Aiello and Wheeler 1995；Bramble and Lieberman 2004；Lordkipanidze et al. 2007。

系统、脑和皮肤等方面的变化,这些变化虽不明显,却很重要。

皮肤是身体与物理、化学和生物环境的交界面。它能保护我们的身体器官,并帮助我们保持恒定的体温。当人类适应了更为活跃的生活方式,让身体保持清凉便成了他们面临的最大问题之一。比较活跃的动物,尤其是那些生活在阳光明媚的地方的动物,需要应对过热的挑战。冒着炎热天气运动的人如果躯干和脑部的温度超过40℃,会遭遇热衰竭(heat exhaustion);正常的体温是37℃。体温超过41℃时,人会中暑。这是一种严重的症状,可能引起神志不清、昏迷甚至死亡,因为受热导致的化学反应会产生大量毒素,可能会让脑中的神经细胞死亡,致使大脑血液供应骤停。

不同种类的动物已经为冷却脑的问题演化出了各种解决方案,但灵长类动物主要靠出汗来应对这个问题。[1] 当汗水蒸发时,皮肤和皮肤之下的血管将得到冷却。冷却的血液回归心脏,在肺部获得氧,然后输送给脑和其他器官。只要皮肤表面的蒸发还在继续,动物摄入的水量能持续补充蒸发掉的汗液,这个系统就可以持续运转。多数灵长类几乎没有汗腺,身体容易过热。例如,黑猩猩很容易罹患热衰竭,因为它们只在腋下产生大量汗液,不能通过其他方式迅速消散多余的热量。它们可以通过在一天当中最热的时候减少活动量来弥补这一缺憾。

---

[1] 有关演化出汗腺出汗(即从外分泌汗腺产生汗水的过程)的重要性,参见 Jablonski 2006 第三章。所有哺乳动物都会出汗,但不是每一种哺乳动物都像灵长类这样,在炎热的环境里或在运动过程中以出汗作为冷却自身的主要方式。同赤猴等体表均匀分布着汗腺的其他灵长类动物相比,黑猩猩的身体很快就会过热,因为其汗腺主要集中在腋窝(Whitford 1976;Elizondo 1988)。部分哺乳动物的身体有一种称为选择性脑部降温的机制,这种机制和汗水一道,将它们身体和脑部的温度控制在可以忍受的范围之内(Brinnel, Cabanac, and Hales 1987)。人的体外分泌汗腺增加与体毛退化这两个演化过程是同步进行的。大量出汗时通常需要补充水分(参见 Wheeler 1992)。

第二章 最初的肤色

在人类的演化中，以出汗为基础的高效全身冷却系统是一种重要的突破，尽管它在很大程度上被忽视了。我们全身都有汗腺，额头、后背、胸部等地方很快就会对热度和劳累有所反应。广泛分布在身体上的汗腺冷却我们的方式像极了一种古老的"凉凉衣"的工作原理——在潮湿的表面让空气流动。我们还有很多需要了解的内容，比如人类的汗腺和冷却系统是如何演化的，还有来自基因组研究以及人类与其灵长类亲属之间关键基因序列的比较，会得出怎样的看法。研究发现，人类和黑猩猩皮肤的结构和功能的一些重要差异与基因相关。[1]这些差异在很大程度上与表皮蛋白有关，这些蛋白能维持皮肤的屏障功能、汗腺的完整性，以及毛发的微妙特性。与黑猩猩相比，我们的皮肤更坚韧、汗腺更坚固，皮肤表面覆盖着一层更纤细，也更细腻的毛发。

遗传证据的另一条线索则揭示了人类裸体的演化。裸露的皮肤是脆弱的。失去功能性毛发之后，汗液的冷却功能得到了增强，但这让人的皮肤更容易被擦伤，也易于遭到外部刺激或紫外线的损害。对于前两种伤害，人类可以通过增加表皮层的强韧度来应对；至于后两种伤害，人类可以通过演化出遍布全身的黑色素来防御。决定人类肤色的重要因素之一是黑素皮质素受体1（melanocortin 1

---

[1] 人类和黑猩猩的基因组测序证实了这样一个推论：我们和我们的近亲有关脑结构和脑功能的几个基因是不同的。比较基因组学研究带来了一些有趣的惊喜，其中有一些与嗅觉，以及表皮蛋白的基因编码差异有关（*Chimpanzee Sequencing and Analysis Consortium* 2005）。人类和黑猩猩的角蛋白差异可能与人类皮肤的屏障功能增强有关，包括耐磨性的改善，以及人体汗腺功能的提高，这与人类毛发的特性也有关系。人类汗腺是由一大串不同类型的角蛋白（其中一种角蛋白为人类所独有）组成的，这些角蛋白能使汗腺在机械应力之下保持完整（Langbein et al. 2005）。人类皮肤中包含50多种不同类型的角蛋白，由于人类对皮肤和头发的天然表现和病理表现很感兴趣，这些角质蛋白的特性非常有意义（Schweizer et al. 2007）。关于人类皮肤演化，剩下的最后一个重要问题是，外分泌汗腺的数量究竟是怎样增加、何时增加的。

receptor，MC1R）基因。在如今的非洲，这种基因几乎没有任何变化，但在非洲以外的地区，它则高度可变。遗传学家就MC1R在非洲为何没有更多形式进行了调查，通过计算，他们发现这种基因可能在大约一百二十万年前经历了猛烈的正向选择——这种密集、定向的自然选择有时候被称为"选择性清除"。[1] 根据他们的推断，非洲的MC1R在促进健康和生殖方面实在有效，以至于它在人们身体里的数量呈现压倒性优势，取代了效果没那么出色的基因。非洲的MC1R基因让皮肤黑素细胞中真黑色素的大量繁殖成为可能。因此，在人属历史的早期阶段，我们演化出了无毛且爱出汗的皮肤，这种皮肤中含有大量保护性真黑色素。有了这种适应性，我们可以在炽热的阳光下长时间走路、跑步，寻找食物，也不致遭受过热或脑损伤。至此，人类已演化出一层能保护体表的皮肤，以应对环境的挑战。

深色皮肤的好处

颜色较深，富含黑色素的皮肤为容易被紫外线损伤的DNA提供了相当多的防护。同肤色浅的人相比，肤色深的人罹患皮肤癌的概率要低得多。密度很高的黑色素还能保护汗腺免受损伤。尽管有些关于肤色演化的理论表明，深色皮肤还能带来其他好处（贴士4），但这些理论中没有一个得到大量研究的支持。

---

[1] 在阿兰·罗杰斯（Alan Rogers）及其同事发表的第一篇论文（Alan Rogers et al. 2004）当中，他们根据对人口规模的估计，推算出非洲MC1R选择性清除发生大致的时间。他们估计当时非洲的人口为1.4万人，于是推算出时间大约是在一百二十万年前。即便当时的人口数量比估计出来的多，估计非洲MC1R不再发生变化的时间也是在五十六万年前。研究者认为，前一种估算结果相对来说更可靠。

第二章　最初的肤色

贴士 4　深色皮肤：保护色还是防病衣？

为了解释肤色多样性，科研人员进行了许多假设。最富创意的假设之一是 1959 年由动物学家考尔斯（R. B. Cowles）提出的，他认为人类演化出深色皮肤，是因为这种肤色能在黑暗的森林环境中更好地帮人们隐藏自己。[1]他认为，在人类演化的早期阶段，尤其对需要靠捕猎或觅食生存的人们来说，深色皮肤原本应该很受欢迎，因为相对于浅色皮肤，它能提供更好的防护伪装。考尔斯的观点似乎很荒谬，但在当时也显得不无道理。直到 20 世纪 70 年代，我们才知道演化的主要环境是在林地和草原，而不是森林。另一种假设是五十年前提出的，如今又卷土重来，这种假设认为人们肤色变深是演化的结果，因为深肤色增强了人体免疫系统，使其能更有效地对抗热带传染病和寄生虫。[2]在科学家看来，黑色素的抗氧化和抗炎特性佐证了这两种假设，因为，一方面，黑色素和黑色素体都是免疫系统的重要组成部分，另一方面，生物（包括人类在内）在演化过程中，免疫系统一旦受到细菌、真菌和寄生虫的严重威胁，体表颜色就会变得更深。根据这样的"抗菌假说"，对生活在赤道附近、被严重晒黑的人和动物的演化而言，相对于阻挡紫外辐射的作用，黑色素对抗微生物的保护作用更有价值。

然而，有两条证据能反驳这种假设。首先，事实上，生活在赤道附近潮湿多云环境中的人，比生活在干燥且阳光充足的地方的人肤色要浅。其次，尽管赤道附近有许多致病菌、真菌和其他生物，它们的流行主要是受降水量的影响。[3]这类生物大多生活在潮湿的热带地区，在这些地区，该类生物每年能获得持续不断的降水，而在相对干燥的地区，这类生物的数量就很少，可大多数人类演化，以及深色皮肤生物的首次出现，都发生在干燥地区。黑色素的抗微生物特性可能会让今天生活在潮湿的热带地区的人们获益，但在人类演化过程中，这种作用的重要性远远不及黑色素针对紫外线照射的持续严重损害带来的保护。

［1］Cowles 1959.
［2］这一说法是瓦塞尔曼（Wassermann）在1965年提出的，于2001年在麦金托什（Mackintosh）的一篇与前者无关的文章中再次出现。
［3］许多导致寄生虫病的生物需要全年都有充足供水才能繁殖。现代人类已经在赤道上或者赤道附近生活了十多万年，但他们主要住在干燥地区、森林边缘或沿海地区。直到一万年以前，人类都还没搬到生物高度多样化的潮湿热带环境。参见Guernier, Hochberg, and Guegan 2004。

多年来，有关深色皮肤的演化，学界最能接受的理论依据是，黑色素对皮肤癌和晒伤有预防作用。这种理论来自日常观察，提出该理论的人觉得太阳光的破坏作用威胁到了肤色浅的人的生殖成功率，他们认为，被晒伤的猎人无法养家糊口，这就是支持该理论的依据，可事实上，没有任何数据支持这种结论。1961年，生物学家哈罗德·布鲁姆（Harold Blum）对这样的观点提出了挑战。布鲁姆的分析数据表明，处于生育年龄的人很少被皮肤癌和晒伤夺去生命。即便他们的皮肤遭到了紫外线的破坏，严重的晒伤也几乎不会致命，即便DNA未能修复完善，也需要很长时间才会引发致命的皮肤癌。布鲁姆推论道，紫外线破坏的有害影响还没来得及起作用，那些被晒伤的人都已经生完孩子了。换句话说，他们逃离了自然选择。即便他们上年纪之后死于某种皮肤癌，其DNA也早已传给下一代。布鲁姆的结论是，深色皮肤不是一种适应性特征，因此科学家不应仓促地假设所有经自然选择产生的身体特征都会赋予人类某种好处。

布鲁姆的论述有其缺陷，且用了贬低性的言辞，但他的论文对相关研究带来了两方面的显著效益。一方面，他给用适应性解释肤色的说法泼了冷水，有效遏止了持续十几年的、对人类肤色进行功能性研究的取向。布鲁姆的说法还有另一方面，也是更有益的效用，那就是，激励科学家们用批判性思维思考，看似属于适应性特征的肤色，赋予了人类哪些真正的繁殖优势。

皮肤癌和晒伤本身并不能充分说明深色皮肤是演化而来的，这一点布鲁姆没有说错。他的发现也并未削弱以下问题的重要性：也就是说，当人类的祖先处于生育年龄时，很少因为皮肤癌或晒伤而死亡。[①]我们对皮肤颜色分布的研究显示，肤色和紫外线强度之间有很强的相关性，这意味着肤色的很多种变化可以用紫外线的变化来解释。[②]。然而，肤色的分布不太可能是偶然发生的。

我本人对有关肤色演化的研究是从1991年开始的，当时我找到一篇写于1978年的论文，内容是有关强烈的阳光怎样降低血液中的叶酸水平。之后我开始了有关肤色演化的研究。在一篇发表于1978年的论文中，作者提出一个观点：光所导致的重要分子的分解，可能与肤色的演化有关。[③]叶酸是一种天然存在于绿叶蔬菜、柑橘类水果和全谷物当中的水溶性B族维生素，那时，人们已经知道缺少叶酸会引起一种严重的贫血。直到20世纪80年代末，人

---

① 针对皮肤癌在不同人群的发病率和死亡率问题，学者已经做了广泛研究。黑色素瘤是皮肤癌中最严重，同时也是最罕见的类型。尽管这种癌症在浅肤色人群中的发病率还在上升，但它的患病平均年龄为50岁，早就过了生育年龄（Bishop et al. 2007）。对严重晒伤的患病率及其影响的多数研究都与皮肤癌研究相关，而且，有研究证实，20岁以前的多次晒伤与黑色素瘤的发病之间高度相关（Kennedy et al. 2003）。严重的晒伤本身很少与疼痛以外的直接副作用有关。只有一项研究报告将严重晒伤当作灼伤总体统计数据的一个组成部分，这是来自爱尔兰一家医院的一项一年期前瞻性研究，336例灼伤中有16例（4.7%）是严重晒伤引起的。参见Cronin et al. 1996。
② 参见Chaplin and Jablonski 1998；Jablonski and Chaplin 2000；Jablonski 2004。
③ 参见Branda and Eaton 1978。布兰达（Branda）后来继续撰写了其他有关叶酸的生理机能的论文，但并没有继续对其养分光解现象进行研究。

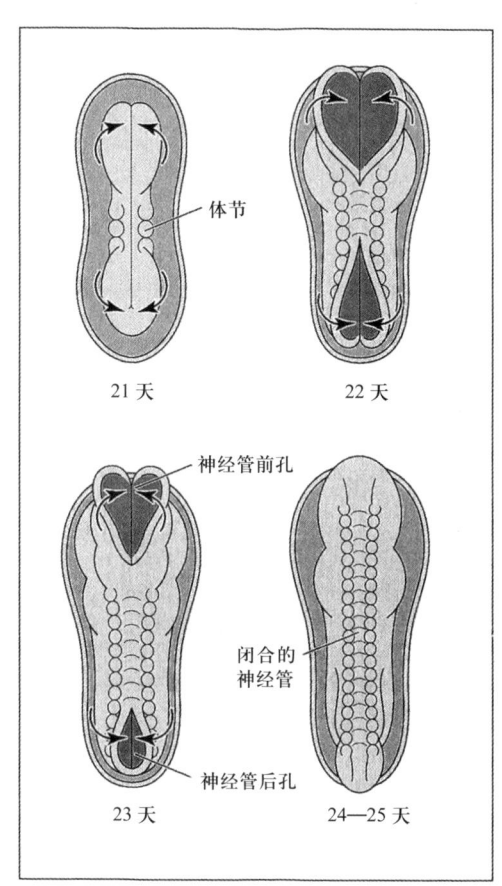

图7 如果神经褶在神经管上或神经管的某一端未能闭合,就会导致神经管缺陷的发生。大部分神经管缺陷都是由叶酸缺乏引起的。神经管缺陷最常见的症状是脊柱裂,严重程度取决于其所涉及的发育中的神经系统的层数。由于产检效率的提高,在世界大部分地区,神经管缺陷的患病率已大幅下降。感谢珍妮弗·凯恩(Jennifer Kane)供图

们都认为叶酸是 DNA 复制路径上的先导。为了制造身体中的新细胞,DNA 复制过程是必需的,因此,制造 DNA 所需的全部化学物质就是生命延续的基础。致力于检测疾病模式和起因的流行病学研究已经开始将很多健康问题,包括一些先天缺陷的发生归因于缺乏叶酸。到 20 世纪 90 年代初,妊娠期叶酸缺乏症和被称为神经管缺陷(neural tube defects,NTDs,见图7、贴士5)的婴儿先天缺

陷之间的关系得到了证实。[1] 我意识到，这个发现是了解肤色演化的关键所在。如果皮肤中高浓度的黑色素能保护叶酸，避免其被太阳光分解，正常的胚胎和胎儿发育就也需要高浓度的循环叶酸，那么，学界长期探究的肤色和繁殖成功率之间的关系便唾手可得。

贴士 5　叶酸和神经管缺陷

人类只能从食物中摄取叶酸，因为我们的身体无法制造这种物质。最好的叶酸来源是绿叶蔬菜（"叶酸"的拼写 folate 就来源于拉丁文的 folium，也就是"叶子"）、水果和干的豆类。叶酸稳定性不强，如果将新鲜食材煮沸、储存起来、暴露在阳光下或者与酒精混合，等等，它就会发生分解。人体能将从食物中获取的叶酸转化为多种形式，或立即使用，或储存于肝脏之中。

除在制造 DNA 的过程中发挥关键作用外，叶酸还可以进行基因的表达调控；氨基酸是蛋白质的基本成分，叶酸对维持适当的氨基酸水平至关重要；叶酸也参与包括神经鞘在内的髓鞘的形成，使电脉冲在身体内得以快速传导；叶酸在神经递质的生成过程中也起到重要作用，这些神经递质中就包括血清素，它能调节人的肠道活动、情绪、食欲和睡眠。[1] 叶酸缺乏可能是以下原因引起的：饮食中的摄入不足，肠道吸收不足，还有酒精或紫外线引起的血清叶酸（叶酸在血液循环中的形式）分解。在多数情况下，食用富含叶酸的食物或服用合

---

① 澳大利亚和英国学者的研究表明，叶酸缺乏症和神经管缺陷之间存在因果关系（Bower and Stanley 1989，1992；MRC Vitamin Study Research Group 1991）。这些研究和其他相关研究证实了叶酸的许多重要作用，在 1998 年美国和加拿大引入的多款叶酸强化型面粉制成的面包和早餐谷类食品中，这些作用都得到了发挥。对所有育龄妇女来说，适当摄入叶酸都是非常重要的。在受孕之前和受孕初期摄入叶酸补充剂的孕妇产下的新生儿罹患神经管缺陷的概率降低了 50%—70%（Copp, Fleming, and Greene 1998；Fleming and Copp 1998）。

成形式的叶酸补充剂，可以使叶酸缺乏症得到补救。

当神经系统的正常早期细胞分裂过程遭到破坏时，会引起胚胎发育过程中的神经管缺陷。在胚胎发育的第四周，神经管会像双头拉链一样从中间同时向头尾两端闭合。此时，由于胚胎及其神经系统的细胞增殖率很高，其对低叶酸水平非常敏感。如果两端未能完全闭合，神经管中间的位置也会产生孔洞（参见图7）。这样的问题有些会致命（如导致无脑畸形），有些会导致生命质量的严重破坏（如较严重的脊柱裂），此外，还有一些相对轻微的症状，可能尚未被发现（如隐性脊柱裂）。

[1] 关于叶酸及其对人体的作用，有很多不错的信息资源可供参考。美国国家卫生研究院（National Institutes of Health）膳食补充办公室提供了一份很好的在线说明书（National Institutes of Health 2009）。好的学术性评论则有 Lucock et al. 2003 和 Djukic 2007。后者强调了叶酸在婴儿发育与儿童健康中扮演的重要角色。

近年来，越来越多的实验研究和流行病学研究用更多证据证明叶酸在人的早期发育和整个生命过程中的重要性。女性需要摄入叶酸来维持卵子健康，从而让受精卵恰当着床，使胎盘在受精后健康生长。除对神经管的生长起作用外，叶酸对胎儿生长和器官发育的各方面而言也是必不可少的。叶酸也是男性生成正常精子所必需的物质：越来越多针对男性不育症的研究都将叶酸不足作为重要的病因。①

许多研究组织都在调查使叶酸水平降低的因素。模型系统研究显示，膳食补充剂中的叶酸遭遇紫外线照射时，其中的叶酸会分解，而波长更长、更有穿透力的长波紫外线对叶酸具有更强的破坏

---

① 三十多年前，人们才首次提及叶酸在精子形成过程中的重要性。有研究指出，低叶酸水平与精子中的 DNA 损伤和男性性能力下降有关（Boxmeer et al. 2009；Mathur et al. 1977）。

力。① 也许更重要的是，紫外线引起的损伤和压力也增加了人体对叶酸的需求，使人体内叶酸水平降低。这种结果支持了这样一种理论，那就是，深色皮肤的演化在本质上与以紫外线为媒介的叶酸代谢变化有关，也印证了保持体内叶酸水平的重要性。②

研究这一问题的另一种方法是查看流行病学数据，观察（在其他同等条件下）不同肤色的人群之间神经管缺陷患病率的差异。这种研究无法让肤色和神经管缺陷之间建立因果关系，但它也表明这种趋势有待进一步调查。如果深色皮肤有助于维持健康的叶酸状态，在暗肤色人群中，神经管缺陷的患病率应该较低——而事实也的确如此。许多原因都能解释肤色最黑的女性罹患神经管缺陷的比率最低，但有研究表明，皮肤中较高的黑色素浓度可以起到保护作用。③ 这一发现是建立在清晰流行病学调查基础上的。

---

① 德-彼得罗相（Der-Petrossian）及其同事（2007）是最早进行有关长波紫外线对人体血浆影响的受控定量分析的研究者，他们研究了紫外线照射下血液中叶酸的化学变化。来自挪威奥斯陆大学及其他机构的约翰·莫昂（Johan Moan）等学者率先进行了使用适应皮肤特性的模型系统的研究，他们的实验可以帮助我们了解紫外线照射对维生素水平的影响。针对叶酸光解的动力学和皮肤黑色素演化等相关问题，莫昂等人的团队已经写出了一系列重要的技术性论文（Off et al. 2005；Nielsen et al. 2006；Vorobey et al. 2006）。
② 对叶酸在人体外和人体内不同条件下的光敏感性的研究表明，皮肤黑色素和叶酸代谢之间的关系非常复杂。这些关系中涉及叶酸——主要形式为 5-甲基四氢叶酸（5-methyltetrahydrofolate，5-MTHF）——的直接光解，以及当黄素（flavins）和卟啉（porphyrins）同时存在时，叶酸通过活性氧被光解。要查清皮肤黑色素、叶酸代谢与神经管缺陷之间的关系，需要进行大量流行病学研究，不过黑色素在防止叶酸遭到损耗方面的作用是显而易见的（Off et al. 2005；Steindal et al. 2006, 2008；Tam et al. 2009；Lawrence 1983；Lamparelli et al. 1988；Leck 1984；Buccimazza et al. 1994）。
③ 科学家对南非和美国不同肤色人群神经管缺陷的患病率进行了调查。美国的研究人员调查了不同人群服用含叶酸的膳食补充剂对神经管缺陷患病率的影响。在这些国家，神经管缺陷的患病率受补充剂效果的影响并不十分显著，但在肤色较浅的人群中，这种合成成分对神经管缺陷患病率的影响就比较明显了（Buccimazza et al. 1994；Williams et al. 2005；Besser, Williams, and Cragan 2007）。

在紫外线很强烈的环境中，深色皮肤的演化保护了 DNA 并留住了叶酸，但这也引起了关于演化适应的有趣问题。紫外线辐射较强的地区普遍晴朗炎热。深色皮肤比浅色皮肤多吸收 30%—40% 的阳光。这对深肤色人群的健康有怎样的影响？表面上看，这些多余的能量转化成了热量。然而热量并没有让这些人的体温显著升高；相反，它只是提高了体表温度。[①] 同运动期间肌肉主动工作时产生的热量相比，这种少量的外部热负荷显得微不足道。无论人们的皮肤是什么颜色，他们都拥有通过出汗给身体散热的非凡能力。因此，人属的肤色变得越来越深，以保护身体免受紫外线的侵害，皮肤吸热的负面影响也因为他们在觅食或躲避捕食者过程中蒸发冷却的出汗机制而得以缓和。在紫外线辐射较强烈的赤道周边地区，肤色变深是一种福音，相形之下，额外的热负荷只是随之而来的一点儿微不足道的弊端。随着人类从这样的环境中四散到纬度更高、紫外线辐射较弱的地方去生活，黑色素的天然防晒性能带来了其他的麻烦。

---

① 在有关人体耐热性的调查当中，相对而言，涉及不同条件下肤色对热负荷影响的研究是比较少的。其中最著名的是由生物人类学家保罗·贝克（Paul Baker）主持、在 200 位美国在编士兵样本基础上进行的研究（Baker 1958）。

第三章
告别热带

人类起源和早期演化发生在赤道非洲。大约二百万年前，从身体比例和皮肤方面来看，原始人的祖先更像现代人类，而不是猿类。人类从最初的模样，向几乎赤裸、除出汗用的汗毛外无明显体毛、肤色显著变深等体貌特征的转变，几乎是非常彻底的。在过去二百万年前到一百五十万年前之间，非洲生态系统经历了许多变化。由于全球和地区气候发生改变，非洲生物的生存环境也变得更富于季节性。迅速而不可预知的转变导致了从森林到林地，再从林地到草地的一系列变迁。植物和动物要么发生演化，以应对剧烈波动的环境，要么只好灭绝。

在这一历史阶段，我们的祖先通过猎食动物来满足他们的部分食物需求。[1] 随着天气和气候模式的变化，为了在各种地形环境下觅食，有蹄动物群落的规模时增时减。

---

[1] 科学研究人员已经从许多角度研究过人类饮食的演化。从解剖学、遗传学和化学分析角度看，人类从纯粹素食或以素食为主的饮食，到含有更多肉类的饮食的演化，大约发生在二百万年前至一百五十万年前。参见 Milton 1987, 1993；Leonard and Robertson 1994；Schoeninger et al. 2001；Finch and Stanford 2004。

已故考古学家德斯蒙德·克拉克（J. Desmond Clark）写道，在人类演化的这一阶段，人口流向会因人类赖以生存的季节性迁徙动物群落的移动而发生变化，这种行为致使人们向北、向东移动，告别非洲，来到亚洲。这些原始人类并没有打算殖民新的地域，抑或逃离不利的生活条件；他们只是单纯追随着要狩猎的动物。①从大约一百八十万年前起，他们开始居住于中亚和东亚。他们比前辈身材高大、体格强壮，与现代人相比，他们的大脑较小，牙齿更大，他们已经能使用简单的石器。从现代人的角度看，他们当然还不够精明，但他们比以往任何的灵长类动物都要聪明机智，善于投机。

首批走出非洲热带地区的人类需要在身体、行为和文化方面有所改变，以适应新的环境，应对新的威胁。非洲热带地区的日照强度和年度日照模式与亚洲和欧洲大部分地区都截然不同。在北回归线以北和南回归线以南，紫外线的强度都在逐渐减弱（地图1）。夏天，生活在热带以外地区的人们仍然暴露在较强的紫外线之下。然而，秋冬季节，紫外线强度会变低，且随着纬度的增加而递减。这种趋势乍一看似乎有利于保护人的皮肤免受阳光伤害，其实不然，因为紫外线在人体中能起到一种重要作用：它可以促进皮肤中维生素 D 的产生。

---

① 德斯蒙德·克拉克是一位研究人属早期演化和旧石器时代文化崛起的专家。他起初在非洲，后来又在中国进行了广泛的考古学研究。他对人类过去行为的洞见是基于他对石器工具，以及对人类过去所应对的其他环境挑战的深入了解。由于在过去十五年里有研究者在非洲以外的地方发现了重要的化石，我们对人属早期演化的了解又有所增加。要回顾有关早期人属的化石证据、测定年代以及博物学知识，参见 Antón 2003。如果你想看关于整个人属的概述，参见 Finlayson 2005。最近几十年来，有关人类最初走出非洲的时间和原因的证据也大大增加，这方面的优质信息来源包括 Turner 1984；Turner 1992；Gabunia et al. 2001。

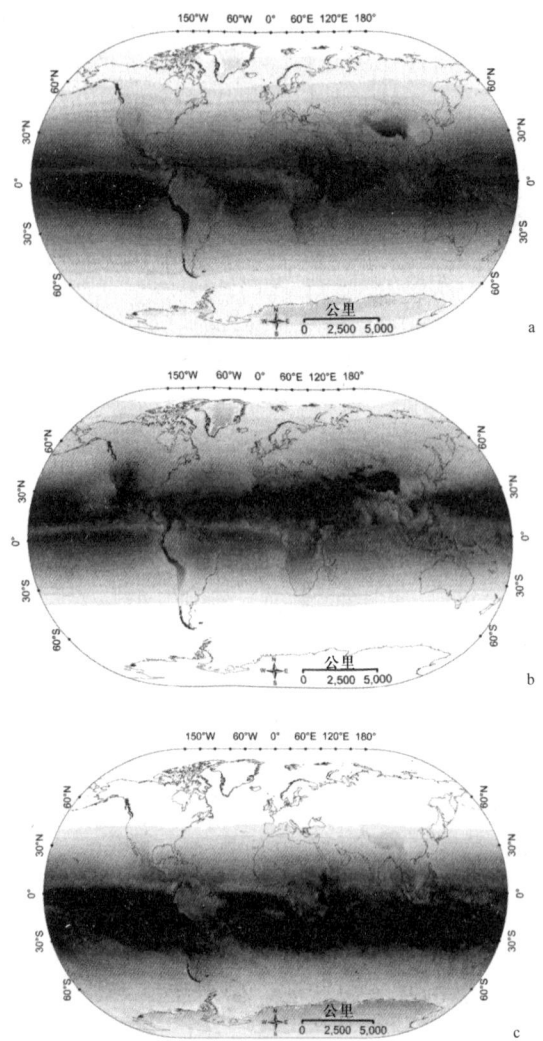

地图 1 中波紫外线在地球表面的分布。颜色最深的就是中波紫外线强度最高的区域。(a) 一年的中波紫外线强度的平均值。赤道附近和高海拔地区（喜马拉雅山脉与安第斯山脉）平均辐射水平最高。赤道地区的雨林因为云层覆盖、湿度较高，中波紫外线强度大大降低。一年中，随着地球以太阳为中心进行公转，中波紫外线分布也在变化。(b) 6 月的中波紫外线。中波紫外线强度最高的区域向北移动。(c) 12 月的中波紫外线。中波紫外线强度最高的区域向南移动。12 月，北半球大部分人口稠密的地区无法获得中波紫外线的照射。这组世界地图是由乔治·查普林（George Chaplin）根据美国宇航局（NASA）的 305 纳米中波紫外线遥感数据，用温克尔 II（Winkel II）投影绘制的

阳光带来的维生素

人体因维生素 D 的存在而得以吸收和利用钙质。从骨骼、免疫系统到大脑，人体几乎每部分都需要维生素 D。最遥远的脊椎动物始祖是生活在含有丰富钙质的海洋中的鱼类。鱼类似乎不需要额外的维生素 D 帮自己吸收钙质或维持健康，因为它们用鳃就可以直接从海水中获得所需的钙。[①] 除此之外，鱼类也通过饮食摄入相当多的维生素 D。鱼类摄取的浮游植物和浮游动物富含多种形式的维生素 D，自身不吃浮游生物的鱼类也会食用其他吃浮游生物的鱼。鱼的肝脏中含有浓缩维生素 D，这也是鱼肝油被视作维生素 D 补充剂的原因。

第一批陆生脊椎动物是在大约 3.75 亿年前演化出来的。我们称之为古老的四足类动物，它们有四条腿，是包括两栖动物、爬行动物、鸟类和哺乳动物，以及人类自己在内所有陆生动物的祖先。早期四足动物面临的挑战之一是如何吸收钙质。它们无法像生活在海洋里的祖先那样通过鳃从海水中吸收钙质，因此演化出一种从食物中吸收钙的方式。这一过程需要维生素 D 的参与。在陆地上生活需要许多新的适应性改变，在这些改变当中，获得通过日照在皮肤中制造维生素 D 的能力是最重要的。

当紫外线穿透皮肤表层，与一个胆固醇样分子相互作用，形成

---

① 鱼类在皮肤中生成维生素 D 的能力有限，只有通过长期暴露于短波紫外线之下才能施展这种能力，而这种情况在自然界很少发生。要想摄取维生素 D，最理想的食材就是鱼类，因为它们会吃食物链底部富含维生素 D 的微生物。出于同样的原因，吃鱼的鱼类含有更丰富的维生素 D。参见 Rao and Raghuramulu 1996；Lall and Lewis-McCrea 2007。迈克尔·霍利克（Michael Holick）写过一篇出色的评论，谈的是有关维生素 D 的生理机能，及其在四足动物演化过程中扮演的角色，霍利克也被誉为维生素 D 研究之父，参见 Holick 2003。

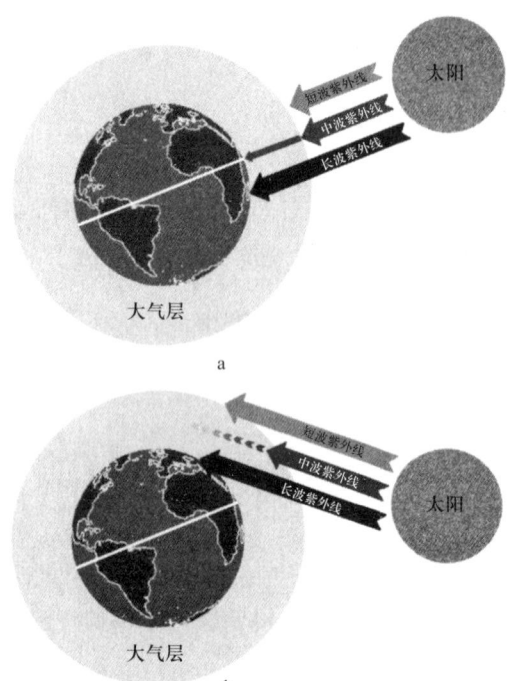

图8 到达地球表面的紫外射线类型和数量在很大程度上取决于受辐射地区的位置,以及当时所处的时段。短波紫外射线大部分都被大气中的臭氧和氧气完全吸收了。春分和秋分的时候(上图),太阳直射赤道,部分中波紫外射线穿过大气,到达地球表面。当北半球进入严冬(下图),太阳经过大气层的通路变得更长,中波紫外线被完全滤除。插图作者:特丝·威尔逊(Tess Wilson)。

被称为维生素 D_3 前体的化合物时,皮肤中的维生素 D 制造过程就会启动。该反应仅在有中波紫外线,而不是有长波紫外线的情况下发生。除可见光以外,地球绝大部分地区也都能获得长波紫外线的照射,因为在一年中的多数时候,波长较长的太阳辐射比波长短的太阳辐射更容易穿过大气层。多数中波紫外射线和所有短波紫外射线都遭到了大气中氧气、臭氧和灰尘的破坏或反射。当中波紫外射线从太阳出发,经由一条相对笔直的通路穿过大气层中较薄的部分时,就能达到地球表面(图8)。一个地方离赤道越远,其所接收的中波紫外线就越少,动物皮肤中产生维生素 D 的可能性就越小。

维生素 D 通过帮助人体从饮食中吸收钙质,为构建和维持强壮的骨骼做出了贡献。未摄取足量维生素的儿童容易罹患一种直观

贴士 6　维生素 D，一种非凡的维生素

因为维生素 D 在人体内产生，并能控制各种细胞和器官的功能，如果按照更严格的分类，它应被归入激素类。通过提高肠道从食物中吸收钙质的效率，它就可以发挥保持人体内钙质平衡的主要功能。维生素 D 有助于调动存储于骨骼中的钙质，使其在身体当中发挥应有的功能。当皮肤暴露于中波紫外线之下时，会形成维生素 D_3 前体，这种物质在人的正常体温下能转化为维生素 D_3。维生素 D_3 及其前体最初在肝脏内发生化学变化，然后在肾脏中转化为活性形式。

活性维生素 D_3 的水平在人体内受到严密控制，鲜有变化。另一种形式的维生素 D_3 被人体存储在脂肪和肌肉中，它最常被用来测定一个人是否患有维生素 D_3 缺乏症。当人体暴露于中波紫外线之下，或者吃了富含维生素 D_3 的食物之后，维生素 D_3 就会在体内形成，能在肌肉和脂肪组织中存储两个月。存储下来的维生素 D_3 可以被人体加以利用，或转化为活性形式。

通过过去十年的研究，科学界重新恢复了对维生素 D 的兴趣，研究者也越来越意识到其在人体内扮演的重要、多样的角色。人们已经在大脑、心脏、胰腺，还有免疫系统、皮肤和性腺的许多种细胞中发现了维生素 D 的受体。维生素 D 维持着所有这些部位的钙质含量和正常的细胞功能。维生素 D 的活性形式是几种器官异常细胞分裂的强效抑制剂，这可能就是长期缺乏维生素 D 似乎与某些癌症相关的原因。这是癌症流行病学研究中最热门的话题之一，目前仍受到学界争论。[1]

[1]第一项显示维生素 D 缺乏症与乳腺癌、结肠癌、前列腺癌和卵巢癌之间可能的因果关系的研究受到了媒体和科学界的广泛关注，也引来了一些质疑。此后，癌症流行病学家一直在进一步调查这个问题。这种情况很复杂，因为维生素 D 的状态受到许多因素的影响，比如皮肤制造出的维生素 D 个体的数量，人们的维生素 D 摄入量，以及影响维生素 D 与细胞结合方式的基因。参见 Garland et al. 2006; McCullough, Bostick, and Mayo 2009。

可见、容易使骨骼变形的病，叫作佝偻病。然而，我们现在已经知道，维生素 D 的作用远不止于建构骨骼，它在人体的诸多部位都发挥着重要作用（贴士 6）。

当维生素 D 缺乏症持续很多年，就会变成很危险的疾病，它现在也成了世界性的健康问题。缺乏维生素 D 成为越来越普遍的现象是因为近几十年来有更多的人生活在城市里，免受阳光照射，也不再食用富含维生素 D 的食物。维生素 D 缺乏症不会杀死病人，事实上，也不可能直接杀死他们。相反，它会削弱骨骼，损害人体防止癌细胞肆意分裂的机能，降低免疫系统的抗感染能力。

想了解维生素 D 在人类演化中的重要性及其与肤色的相关性，需要还原人属早期成员的生存条件。人们在赤道非洲，以及中亚、东亚、东南亚的化石出土现场发现了大约一百八十万年前至一百五十万年前的早期人属及其所用工具的遗迹。世界上两处最古老的欧亚大陆古人类遗址：格鲁吉亚高加索山区的德玛尼西（Dmanisi）和中国河北张家口的小长梁，距今约有一百七十万年的历史，它们均位于北纬 40°以北的位置。这些遗迹无论距离还是纬度，都与热带非洲相去甚远。

按照哺乳动物演化的普遍水平来看，人类分散到世界各地的速度非常快；这样的速度足以证明人类的智慧和适应能力。我们只能推测他们如何设法满足自己对维生素 D 的需求。这些原始人的非洲祖先肤色较深，皮肤中含有大量能够防晒的黑色素。黑色素作为防晒剂的副作用在于，大幅降低了皮肤中维生素 D 前体的产量。研究表明，分布在人体整个表皮层的黑色素容易吸收中波紫外线中的短波射线，并最大程度发挥防晒作用。为了产出和肤色较浅的人相同数量的维生素 D 前体，肤色深的人需要接受六倍的中波紫外线照射。① 这对生活在赤道附近的深肤色人群来说不是一个问题，因为那里全年能接收到的中波紫外线的辐射量太大，以至于人们利用日常的太阳照射就能产生足量的前维生素 D（图 8a）。但在热带地区以外，情况则完全不同，如图 8b 所示。在不同的地区、不同的季节、一天中的不同时间，以及湿度和污染程度各异的空气中，中波紫外线的值会有很大差异。很多城市要么污染严重，要么经常阴天，这些都降低了中波紫外线的穿透率，也减少了皮肤中产生维生素 D 的可能性。

化石、基因，以及人类祖先肤色变浅

有关人类深肤色演化的研究，早在学界掌握人类深肤色基因的 DNA 序列信息之前就开始了。人类学家推测，住在热带地区之外的原始人在向北迁移时可能因为演化的压力导致肤色变浅。该推测基于这样一个事实：深肤色加上中波紫外线照射的减少，使人们的皮肤很难生产出足量的维生素 D 来维持健康和生殖能力。于是，他们的肤色必须变得更浅。这就是久负盛名的"维生素 D 假说"的基础。② 有的学界权威认为，人体储存维生素 D 的能力可能会让皮肤在一年中的数月之内都不再生产维生素 D。但是储存维生素 D 的时间上限是两个月左右，在高纬度地区，从秋季最后一次中波紫外线照射，到春天第一次中波紫外线照射之间漫长的日子，瘦弱而

---

① 对人体内部和人体外部的研究都表明，紫外线对皮肤的穿透率与黑色素在表皮层中的数量和分布相关，黑色素越靠近皮肤表面，就越能有效地抑制维生素 D 前体的生成（Jablonski and Chaplin 2000; Clemens et al. 1982; Nielsen et al. 2006）。
② 参见 Murray 1934; Loomis 1967。一般认为卢米斯（Loomis）是发现维生素 D 同深肤色之间关系的人，但对这一问题的最初洞见应归功于穆雷（Murray）。

活跃的人类祖先要想渡过难关，这点儿"存货"恐怕不够。① 女性的体脂含量天生就比男性多，可以储存更多的维生素 D，但即使这些存量也不足以满足她们的全年需求。对高纬度地区的人来说，无论是让肤色变深还是变浅，都不只是选项，而是生死抉择。

过去十年，研究人员已经积累了大量有关人类深肤色基因变异模式及其意义的信息。② 很多不同的基因都有助于让人的肤色变深，包括本书第二章介绍的 MC1R 基因位点。MC1R 基因 DNA 序列的变异大多与肤色和发色的变深有关。对不同的现代人类族群 MC1R 基因比较的结果显示，非洲本地很少发生基因变异，但在非洲以外的地区，变化却很大。在人类早期历史上强大的自然选择力之下，MC1R 几乎未发生变异，这通常被称为正选择。从那时起，非洲原住民一直因为自然选择而维持着 MC1R 的低变异水平，避免了肤色的极端变化。相反，该基因在非洲以外的地区变化很大，尤其是在北欧，那里的 MC1R 基因变得与红色或金色的头发，以及浅肤色有关。③ 人们对这些基因变化性质和时间的了解是来自对斑马鱼和尼安德特人的研究。

---

① 马维尔（Mawer）的经典研究表明，人体内的维生素 D 主要存储于脂肪和骨骼肌当中；内脏（包括肝脏）、血液和骨骼中所含的维生素 D 只占很少一部分（Mawer et al. 1972）。阿什利·罗宾斯（Ashley Robins）则坚持认为，在皮肤无法产生维生素 D 的几个月里，存储于人体组织中的维生素 D 能够满足他们的需要，人类没有让肤色变浅的选择压力。罗宾斯的看法在两方面与现在我们已知的另一项研究完全相反：一是深肤色对维生素 D 生成的影响；二是在高纬度地区，一年中适合催化皮肤维生素 D 生成的紫外线波长分布是怎样（Robins 2009）。要了解另一方的观点，请参考 Chaplin and Jablonski 2009。

② 目前，全世界许多实验室的科研人员正在进行对哺乳动物皮肤和毛发着色基因的研究，有关皮肤毛发着色位点遗传变异的文献也已经有很多。

③ MC1R 由于能决定人类皮肤、毛发和眼睛的颜色而成了广为人知的基因，但还有许多其他基因与不同人群身体的着色能力和能被晒黑程度有着微妙的关联，参见 Sturm 2009。

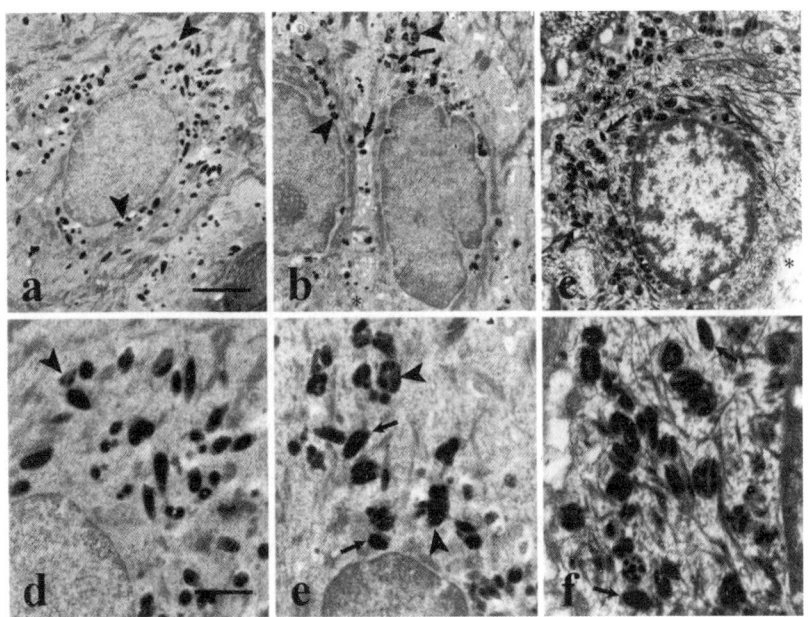

图9 箭头所指的是人类皮肤黑色素体,其大小、密度,以及黑色素组成、聚集方式有很大差异。这张图分别以低放大倍数(a–c)和高放大倍数(d–f)展示了三个不同人类族群表皮角质细胞中的黑色素体。深色皮肤的非裔美国人(a,d)皮肤中的黑色素体以较大体积、独立单元的形式存在,这些单元中都含有能吸收紫外线的真黑色素。东亚人的皮肤(b,e)呈现为个体与成群的黑色素体的组合。肤色较浅的欧美裔人群(c,f)皮肤中的黑色素体很小,聚集在隔膜室内,且这黑色素体中充满了褐黑色素,它在吸收紫外线的功能方面远不如真黑色素有效。文献来自 Thong et al. 2003。图片由雷德蒙德·布瓦西(Raymond E. Boissy)提供,经约翰·威利出版公司(John Wiley and Sons)许可转载

　　北欧原住民皮肤中的黑色素相对较少,且其中大部分是红黄色的褐黑色素,而非深棕色的真黑色素。褐黑色素聚集成小的黑色素体,这些小黑色素体组合在一起,成为膜结合簇(membrane-bound clusters)(图9)。这种褐黑色素的颜色及其聚集方式使人的皮肤看起来很苍白。当苍白的人类皮肤暴露在紫外线的辐射之下,皮肤会产生更多褐黑色素,而不是颜色更暗、更具保护性的真黑色素。褐黑色素不但不能像真黑色素那样,让危险的自由基失去功能,恰恰相

第三章　告别热带

反，当它与紫外线发生反应，还会让黑色素细胞内产生自由基。自由基在黑色素细胞中的产生是一种致命的化学反应，因为它是导致最严重的皮肤癌——黑色素瘤的因果关系链中的第一个环节。事实证明，浅肤色人群是在始终都受到较少紫外线辐射的人群中演化出来的。

多年来，科学家对和浅色皮肤有关的基因感到困惑。他们知道MC1R的多种变体都与北欧人的红头发和白皮肤有关，但令人好奇之处在于，在这类人群中，不同变体的MC1R与不同的头发颜色有关，但与不同的肤色无关。这导致他们怀疑MC1R以外的基因才是导致他们观察到各种北欧人群（比如斯堪的纳维亚人、爱尔兰人和苏格兰人）之间肤色有细微差异的原因所在。揭开这一秘密的重要线索最终被一个斑马鱼研究小组发现了。

斑马鱼是热带鱼，因身上饰有黑白条纹图案而得名。斑马鱼还有其他颜色，包括金色的变种，这就是给科学家带来有关人类肤色演化重要发现的斑马鱼变种。和普通斑马鱼相比，金斑马鱼身上的条纹相对细小和暗淡。这种区别同人类浅肤色和深肤色之间的差异类似。金斑马鱼的着色基因在结构和功能上与导致人类有浅色皮肤的基因相同（图10、贴士7）。[①]

对斑马鱼的研究带来了两项重要成果。首先，它使研究人员发现 *SLC24A5* 基因的欧洲变体对人类肤色可变性的重要作用。该变体因单一DNA碱基变化（通常称为"SNP"或"单核苷酸多态性"）而产生，经历了一番选择性清除，影响了数千年前的古代欧洲人。（在选择性清除的过程里，变体会被强有力的正性自然选择减少或清除。）

[①] 在发现斑马鱼体内金色基因的过程中，科研人员采取了优雅的实验设计，并进行了大量工作。这项工作真正有创造性的部分是调查的顺序，这一顺序是从金斑马鱼色素基因的失活，再到人类基因等价物中的mRNA对这种色素基因的援救，金色色素的产生证明了这种顺序的存在。

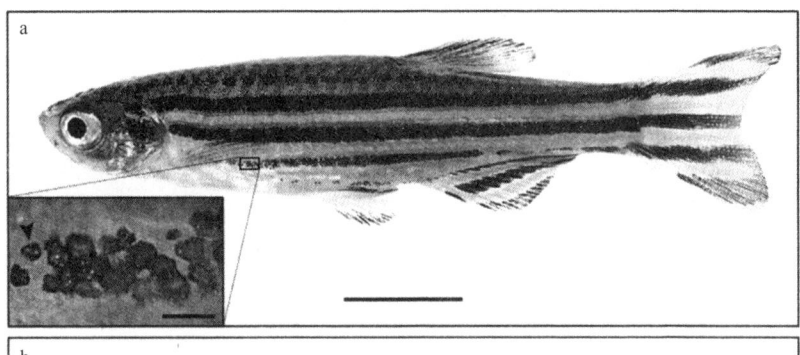

图 10　普通斑马鱼（a）和金斑马鱼（b）的颜色差异揭示了深肤色和浅肤色人群之间的差异。照片由基思·程（Keith Cheng）博士提供。研究成果来自 Lamason et al. 2005。经美国科学促进会（American Association for the Advancement of Science）许可转载

基因的演化和传播在欧洲人和非洲人肤色差异形成过程中占 25%—38% 的比例。其次，研究发现，*SLC24A5* 基因的欧洲变体在非洲人和东亚人身上并不存在。东亚人缺乏这种浅肤色基因是令人惊讶的，因为东亚人的肤色往往比多数非洲人要浅。这意味着东亚人必须通过另一种遗传机制完成肤色变浅的过程，这一机制与我们在欧洲人身上看到的那种变化是不同的。迄今为止，研究人员还没有发现导致东亚人肤色变浅的基因，但搜索范围已经缩小到几条有希望的线索之间。

有关现代欧洲人和东亚人的祖先各自独立演化出浅色皮肤的发

贴士 7　五颜六色的鱼和人类皮肤

由宾夕法尼亚州立大学基思·程带领的研究小组在金斑马鱼身上发现了一种他们命名为 *SLC24A5* 或"金色"（*golden*）的基因，该基因与黑色素颗粒的形成有关。金斑马鱼身上的这种颗粒比普通斑马鱼身上的体积更小，密度更低，形状也更不规则。由于研究者更想了解人类的肤色，他们决定研究斑马鱼金色基因的人类等位基因（或者说是直系同源基因），他们将这种基因称为 *SLC24A5*。他们推测，如果斑马鱼身上的金色基因与人类的 *SLC24A5* 基因相同，那么在色素基因已经失活的金斑马鱼的胚胎中，人类的这种基因也能导致色素的生成。研究人员将人类 *SLC24A5* 基因的信使形式注入已被"敲掉"金色基因的金斑马鱼的胚胎当中。他们发现，由于人类的同位基因让金色基因得以恢复，金斑马鱼的胚胎又开始形成黑色素颗粒了。该实验证明斑马鱼的金色基因和人类的 *SLC24A5* 基因在整个演化过程中并没有发生变化，人类的这种基因同北欧人皮肤中体积小、颜色浅的黑色素体有关。

现非常重要。这说明人类至少发生了两种不同的基因突变，以及，在世界上，有两个紫外线辐射水平相对较低的地区在发生正选择。这些遗传学发现佐证了之前的假设，即肤色变浅是生活在日照不甚充足的地球北部地区的人们对自然环境的重要适应方式。受到强有力的自然正性选择的 *SLC24A5* 基因的欧洲变体，其遗传特征说明，演化对它青睐有加，会让当地人百分之百地获得这种变体。这种变体的出现有可能是因为，它与在辐射强度有限的中波紫外线的照射下有助于形成维生素 D 的浅肤色有关。

大约三万年以前，现代人类，也就是智人开始走进欧洲和亚洲，在自然选择下，那些四散至北纬地区的人，皮肤开始褪色。然而就在这一切发生的约十万年前，另一批原始人大胆地来到欧洲，并在那里定居。这些人被称作尼安德特人，属于智人的尼安德特亚种。尼安德特人发源于八十万年前入驻欧洲的早期智人的一个分支。尼安德特人在狩猎和饲养方面非常在行，大约二十万年前至三万年前，他们生活在欧洲、西亚和地中海地区。我们和比我们更早开始做相关研究的科研人员从尼安德特人的化石分布中得出结论：他们的肤色一定非常浅，只能在中波紫外线辐射非常具有季节性的条件下，特别是在中欧地区，才能生存下来。①

从化石中可以找到尼安德特人的许多遗骨，其中一部分有将近四万年的历史，研究者能分析其中的DNA。随着科学家对尼安德特人基因组研究的不断深入，研究尼安德特人基因的功能成为可能。② 研究者从尼安德特人的DNA样本中将MC1R序列分离出来并进行复制，然后把它们移入活的皮肤细胞培养物中，来检测古老色素受体基因的功能。他们通过让人工培植的细胞"感染"古老基因的方式研究了细胞中的色素生成。他们发现这些标本中的MC1R基因变体形式并未出现在包括欧洲人在内的任何现代人类的身体里面。尼安德特人MC1R色素基因在制造改变头发和皮肤颜色的受体蛋白方面的能力有所减弱，说明至少有一部分尼安德特人拥有浅

---

① Jablonski 2006 用彩图 8 还原了尼安德特人颜色相对较浅（但也晒黑了）的皮肤和浅色头发。这幅插图是考古重构艺术家毛里奇奥·安东（Mauricio Antón）在我的指导下还原的作品。早先也有其他学者讨论过尼安德特人肤色浅的情况（Michlovic，Hall，and Maggs 1977）。

② 对尼安德特人的线粒体DNA测序（Krings et al. 1997）是将古老DNA现代化的一项划时代的重大成就。对一个尼安德特人MC1R蛋白质编码序列的公开又是另一项重大发现，这表明尼安德特人已经演化出了不同于现代人类的基因功能变体形式（Lalueza-Fox et al. 2007）。

色皮肤和红色头发。这一发现意味着现代人类和尼安德特人体内非活性形式的 MC1R 是各自独立演化的。①

对尼安德特人肤色基因的研究，以及对斑马鱼的色素基因的实验，使研究者得出了不容忽视的结论，即，在人类演化的过程中，浅肤色至少经历了三种独立演化过程：尼安德特人、现代欧洲人和现代东亚人。这些发现论证了自然选择能促使定居在光照程度较弱、一年当中大部分时间缺少中波紫外线的北部地区的古代人经历肤色变浅的演化过程。

我们在人类肤色的遗传学方面理解仍然不充分，不过，借助现代遗传学和比较基因组学的工具，相关研究正在取得进展。人类遗传学家早就知道某几种基因在控制肤色，彼此之间还在以复杂的方式相互作用。我们现在知道皮肤、头发和眼睛的颜色都受多种基因的影响，在某些人群中，这些基因的某些变体形式导致的肤色变化多于发色变化，反之亦然。这些基因不同变体的组合导致了今天我们所见的人类头发、皮肤和眼睛颜色复杂而持续不断的变化。

过去十年，遗传学研究的另一项重要成果是发现了色素基因自身也可以演化，而且发色的演化可以独立于其他特征的演化：它在本质上与其他外观、体质或行为特征并不具备内在联系。当人们谈论种族，比如"白色人种"或"黑色人种"的时候，他们以为这是真正意义上的生物学分类，认为肤色和其他外表特征甚至气质，可以打包成为一组存在生物学关联的可遗传特征。然而，事实并非如此。你可以说肤色是一种生物学现实，但种族不是。

---

① 对尼安德特人和现代人类基因组的最新比较显示，现代人类有 3%—4% 的 DNA 与尼安德特人相同，表明两种人之间发生过杂交。然而，这两种人类 MC1R 蛋白的基因编码是不同的。这个例子表明对尼安德特人基因组的测序在说明基因组中可能的正选择时有多大的用处。

第四章
现代世界的肤色

人类迁徙的历史由来已久。大约二百万年前,来自热带非洲的第一批迁移者便是人属的早期成员——"人",他们通常也被称作"直立人"。直立人从热带非洲一直分布到非洲及欧亚大陆最偏远的地方,他们在印度尼西亚、中国东部和欧洲西南部居住了超过一百万年,但其中的多数人口在二十五万年前就已经绝迹。① 但也有一些明显的例外,其中最著名的莫过于后来演化出尼安德特人的那部分智人。大约二十万年前,最早的尼安德特人从早期寄居欧洲地区的智人分支中演化而来。到了十万年前左右,尼安德特人的发展到达顶峰,居住地遍布欧洲和西亚。尼安德特人是非常出色的大型动物猎手,通常居住在大型哺乳动物群落附近。进入冰河时代,随着客观环境的恶化,哺乳动物们因为缺少食物而日渐消瘦,尼安德特人也渐渐消亡。尼安德特

---

① 在过去五百万年中演化出来的原始人大部分已经灭绝了。学界对从热带非洲走出来的第一批迁徙者的后人的命运还有争论。主张尼安德特人基因渐渗(杂交)模型的学者依然在发声,新的遗传学证据表明现代人类和尼安德特人之间确有杂交行为发生,以致尼安德特人的 DNA 占据着当代欧洲人基因组的一小部分。参见 Antón 2003;Finlayson 2005;Wall and Hammer 2006。

人最后生活的地区位于欧洲西南部，并于约三万年前彻底灭绝。

最早开始迁移的人并没有形成集中或统一行动的组织。一百五十万年来，他们在亚洲和欧洲的迁移是各自行动且多种多样的，之后，除了在非洲地区的部族之外，迁徙到其他地区的部族都灭绝了。对世界上多数哺乳动物来说，更新世（约二百五十万年前到一万年前之间）是个难熬的时期。气候越来越寒冷干燥，恶劣的天气杀死了亚洲和欧洲原始人类赖以生存的动植物，这场危机过后，幸存下来的只有少数几个人类族群。在非洲，直立人的后裔继续着演化意义上的多样化和适应过程。大约十九万五千年前，非洲演化出了第一批现代人类，也就是智人。

我们已知最早的智人化石是在埃塞俄比亚南部偏远地区的一处河谷地区发现的。我们的这些"远亲"是"解剖学意义上的现代人类"：他们拥有很大的脑部，牙齿和下巴则相对较小，体态轻盈。他们不仅看起来跟我们很像，而且同样有着成熟的文化和技术。他们造出了一系列锋利的石制工具，用它们捕杀像河马那样的大型动物。这些人类自身的骨头上也有切割的痕迹和抛光过的迹象，表明他们还会在意死去同伴的遗骨。[①]我们无法获取他们的思想或对话片段，然而借助他们的技术和狩猎行为不难判断，他们与我们非常相似。

在欧洲和亚洲直立人后裔逐渐衰落之时，智人却在非洲生生不息并逐步分化。大约八万年前至六万年前，在非洲的南部和东部，人口急速扩张，人类技术、社会和经济模式发生巨大变化，这可能

[①] 埃塞俄比亚中阿瓦什（Middle Awash）地区的发现让我们对现代人类的早期历史有了新的认识。那是十六万年前到十五万四千年前之间的智人遗迹，同时被发现的还有包括用黑曜石制作的刀片在内的一系列石制工具，以及被宰杀的动物的骨骼。有证据显示，这些人类的骨骼当中有一部分经过了仔细的骨肉分离，表明此时的人类已经能够进行丧葬仪式。参见 Clark et al. 2003。

与气候的急剧变化，以及人类认知能力的提高有关。这一时期的人类遗骸总是与身上戴的饰物、精致的石器、随葬品，以及富于象征性的生活的其他证据一同被发现，① 人类真正变得现代化了。

大约六万五千年前，一小群人从非洲东北部出发，可能是沿着亚洲南部海岸线向东行进。这次行动定义了非洲人与非洲之外的人之间的基因裂变。科学家目前掌握的证据表明，类似分化只发生了这一次，且仅牵涉几百人。绝大多数现代人源自留守非洲的那部分人类，他们在生物学意义上、社会学意义上和技术意义上都适应着环境的变迁。②

非洲的肤色遗产

现代人类起源于非洲，和在其他地方相比，人类花了更多时间在非洲境内迁徙、互动和适应。住在非洲的人的混血程度和遗传多样性比全世界其他地方的人都要高。③ 这种多样性也在肤色方面有所反映。非洲人肤色深浅程度不一。在不同人群之间，以及在撒哈拉以南非洲地区的多数族群内部，人们的肤色存在很大的差异。④

---

① 保罗·梅拉斯（Paul Mellars，2006）发表了一篇精彩的评论文章，提到有关非洲智人行为现代性出现的证据，以及他们在六万五千年前左右开始分化的大约时间和特点。
② Vigilant et al. 1991；Knight et al. 2003.
③ 人们将非洲人口内部的遗传多样性归因于持续居住的时间长度，以及历史上的许多迁徙事件的影响。有关这一主题，可以看这三篇出色的评论文章：Relethford 2008；Tishkoff et al. 2009；MacEachern 2000。
④ 我通过私人通信获知，人类遗传学家莎拉·蒂什科夫（Sarah Tishkoff）近期采集的撒哈拉以南非洲皮肤反射数据表明，仅在非洲之角（索马里和埃塞俄比亚地区）这一个地方，人与人之间的皮肤反射率就存在相当大的差异。差异可能来自 MC1R 基因位点以外的基因变异，因为 MC1R 基因位点在非洲人口中实际没有发生改变。这项研究仍在进行，以确定遗传变异、环境变化和迁徙（基因迁徙）对肤色的相对影响。

这种不确定性说明演化动力之间复杂的相互作用，肤色在任意时间点上的变化模式都是由这些相互作用促成的。

人群之间肤色的部分差异与紫外线的强度有关，可能是自然选择的结果（参见地图 2）。然而，个体群体内部肤色的多样性大多与长期的人口交换有关——由于迁徙、气候变化和战争——这些因素导致了大多数非洲群体的混合血统。非洲人肤色的差异几乎与 MC1R 肤色基因的变化毫无关系，在非洲（或在其他紫外线辐射程度非常高的环境，如新几内亚），这种基因几乎没有变化，在这些地区，MC1R 基因的作用在于保持大量起到保护作用、可以防晒的真黑素的生成。但其他基因促成了肤色深度的微妙差异。经过可见光反射，皮肤中真黑色素和褐黑色素的混合物呈现出从浅棕色到深棕色的"音阶"，伴着石榴红色和炭色的"弦外之音"，构成了一部基因相互作用的"交响曲"。非洲人肤色深度的差异反映的是自然选择、迁徙和因缘际会导致的漫长肤色变异史，但人们尚未弄清这些力量相互作用的细节。

非洲人最早发生混居的地域之一是尼罗河。尼罗河谷地有复杂的人口历史，一直以来，我们都很难复原这段历史，一方面是因为这里的考古记录既多且杂，另一方面也是由于复原结果涉及许多利益集团在这里的利害关系。迄今为止最全面的描述显示，从最后一个冰河期结束到公元前 3000 年左右，沿尼罗河谷地一带发生了多次人口迁移。[①] 这些迁徙活动是双向的，发生的原因有语言-族群的扩散、气候干旱，以及不同类型的居住方式和军事冲突等。迁徙让通婚与文化交流更为普遍，并造就了人们不断变化的多元肤色。

[①] 关于埃及人口史最全面的研究是由医生兼人类学家 S. O. Y. Keita 完成的，他的证据佐证了非洲人口呈长期动态混合状态的事实，参见 Keita 2005。

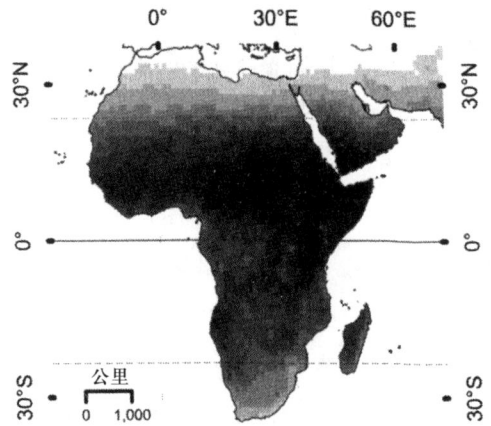

地图 2　非洲 3 月份的中波紫外线强度表明，这片大陆上各地区之间紫外线辐射的类型和强度多种多样。图中颜色最深的区域就是中波紫外线强度最高的地方。非洲人之间皮肤颜色深度有相当大的差别，部分原因就在于各地太阳辐射情况的不同。在 3 月和 9 月的春分日和秋分日，赤道非洲紫外线辐射水平最高。请看，非洲南部紫外线辐射水平较低，而在赤道非洲，东部沙漠地带和西部雨林地区之间的紫外线辐射水平形成了鲜明对比。这组地图是由乔治·查普林根据美国宇航局的 305 纳米中波紫外线辐射遥感数据用温克尔 II 投影绘制的

　　复原古埃及人的外貌很困难，因为尼罗河谷地的人口史非常复杂。法老们的肤色也不尽相同，有的浅一些，有的深一些，取决于他们生活在怎样的历史时期，以及是在尼罗河谷地的哪处地理位置上。根据我们所了解到的"地中海皮肤"和非洲皮肤对紫外线的反应，这些法老和他们的臣民应该都很容易被晒黑。[1] 埃及贵族通常享受着养尊处优的室内生活，没有太多暴露在阳光下的机会，当然也不会因在田间劳作而晒黑，他们的肤色应该在全国人口肤色色谱

---

① 弗兰克·斯诺登（Frank Snowden）撰写的一部兼具可读性与权威性的著作（Frank Snowden, 1983）详细记录了来自古希腊、古罗马和古埃及不同肤色的人们之间的交流史。"地中海肤色"作为一个统称，被用来描述生活在地中海周围所有人的皮肤。这个地区有许多不同民族和国家的人，当地紫外线强度随季节变迁而有所不同。根据一篇较晚发表的论文，未经阳光直射的地中海皮肤比经常暴露在太阳光下的地中海皮肤颜色"浅 10 倍"，参见 El-Mofty, Esmat, and Abdel-Halim 2007。

中颜色最浅的那一边。

年轻的图坦卡蒙法老（King Tutankhamun）曾经是学界特别感兴趣的研究对象，因为他的早逝，以及他光彩照人的坟墓和墓葬。图坦卡蒙于公元前1341—前1323年（新王国时期）居住在尼罗河河口附近。最近的复原结果显示他有着轻盈的、略显女性化的头骨，有点儿像当代北非人的样子。[①]人们可以参考图坦卡蒙在下埃及的家乡的紫外线水平，来还原他皮肤可能的色调和晒黑程度。因为下埃及的紫外线强度与今天的南非好望角附近最接近，我们可以推断，图坦卡蒙的肤色与生活在那里的科伊桑人（Khoe-San）相似。南科伊桑人的皮肤可以反射大约50%的长波可见光，肤色深度适中。除了防晒措施十分严密之外，年龄小这个因素也导致图坦卡蒙拥有相对较浅的肤色，因为黑色素的产出数量直到青春期过后才会达到峰值。

人类迁徙与肤色的历史

驱使非洲智人出走的原因并不是扩张势力范围或逃避灾祸之类，而是对生存的渴望。在这波浪潮中，原始人迅速迁移，刚开始是沿着海岸移动、跨越，因为那里食物资源丰富。他们的移动方向最初是西亚，继而南亚，然后抵达东南亚，最晚在五万年前，智人已经来到澳大利亚。这一系列迁移堪称了不起的经历。我们无从知晓这样的壮举是偶然发生还是精心策划的结果，但无论如何，事实

[①] 由美国国家地理学会委托的复原图坦卡蒙项目在该机构的官网上被称作"图坦卡蒙的新面孔：在法医学重建的背后"（King Tut's New Face: Behind the Forensic Reconstruction）。该复原工作的重点是恢复这位年轻法老头部的整体形状。参与复原的团队并没有对法老的肤色进行特别的评论，不过作为一种近似合理的处理，美国《国家地理》杂志在相关报道的配图上画的是一位黄褐色皮肤的年轻法老。这一选择引起了争议，因为在有些人看来，图坦卡蒙的肤色应该更深，看起来也更"非洲"一些。

都证明，这些原始人敢于冒险且善于沟通。

  并非所有智人都生活在海岸附近。有一部分人进入了位于里海和黑海之间的中亚腹地。在那里，大约四万五千年前，这些智人再次分裂，向西的分支分别分散到欧洲中部和北部，而向东的分支最终进入东北亚地区。人类最后占领的几个地区之一是欧洲和东亚的北纬度地区，这些地方在大约两万年前开始有人居住。在这样的地方生活对于稍早之前的人类来说是难以想象的，因为当时人类的生存能力尚无法适应偏远北方极端的自然环境。诸如制作衣物、搭建住所、在不同地区间移动、生火、获取饮用水和储存食物等生存技术的进步，使人类可以到这样的环境下生活。第一批美洲人来自亚洲中北部，从一万六千五百年前到一万三千年前开始，他们沿着美洲海岸线行进，经过白令陆桥（位于今天的西伯利亚和阿拉斯加之间），进入北美腹地。直到一万年前，美洲一直被各种各样的狩猎者和采食者占据。史前智人最后的目的地是遥远的太平洋岛屿，在不同的历史阶段，来自台湾岛，以及随后一波又一波来自美拉尼西亚境内岛屿的航海民族逐步移居到这些岛上。①

  在充分理解人类早期活动之后，我们就可以开始重构肤色的历史了。在既有化石证据，又有分子证据的情况下，我们已经有了概述直到大约一万年前农业起源时期人类肤色演化简史的良好基础（地图3）。

---

① 考古学家、历史语言学家和分子遗传学家对美洲和太平洋地区的人口进行了广泛研究。美洲移民多沿着西海岸或腹地路线行进，沿海路线能让他们获得丰富可靠的食物保障。参见 Erlandson et al. 2011。在大约一万一千五百年前，人类已经分散到了北美和南美的大部分地区。这里强烈推荐一篇权威评论（Goebel and colleagues, 2008），内容是关于最早的美洲人的分子证据，另外，我也有一些经过专业人士编辑的相关研究成果，可以作为参考（Jablonski 2002）。学界有关太平洋地区人口的共识相对较少。有分子标志物表明，这些人最初是从台湾岛来的，随后又有从美拉尼西亚迁来的大量人口。参见 Hagelberg et al. 1999，以及 Underhill et al. 2001。

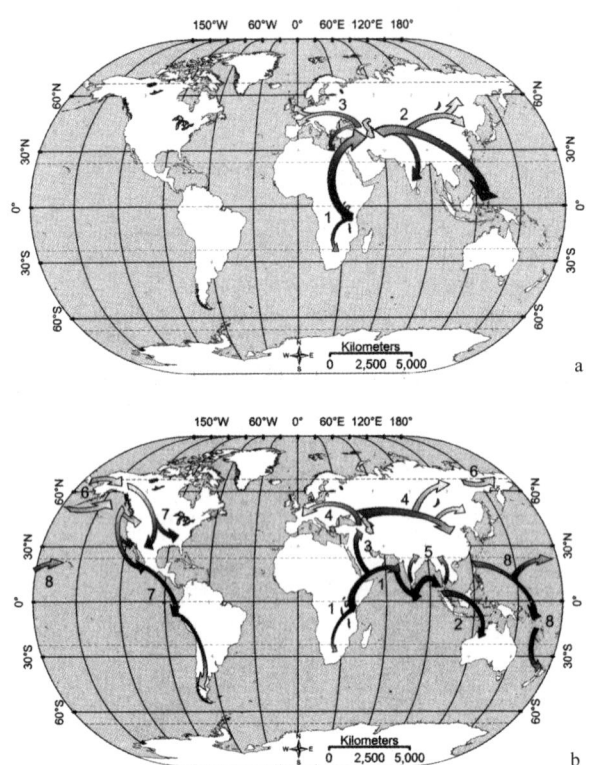

地图3 上图是人类祖先的分散路线，展示了科学家眼里人属当中的一些分支的肤色演化轨迹，下图则是现代人类的相关轨迹。箭头的颜色深度大致对应着人类肤色的深度。在近二百万年前，人属的后裔在非洲演化。他们裸露的皮肤颜色会变暗，仿佛始终涂有防晒霜。

（a）人类最早从热带地区分别向南、向北分散（1），这一过程大约开始于一百九十万年前。为了适应中纬度地区的气候，人类的肤色变得没有之前那么深了。一百多万年前，直立人开始从中亚向东南亚和东北亚分散（2），在这一过程中，人的肤色深度进一步变化，这是皮肤对当地紫外线强度的反应，是自然选择的结果。直立人及其后代（包括尼安德特人）在向欧洲分散的过程中，肤变得越来越浅，当他们重新回到黎凡特（Levant）时，肤色又会变深（3）。

（b）十万多年前，深色皮肤的人类从非洲出发，前往世界各地。大约六万五千年前，他们当中的一部分人顺着沿海路线进入欧亚大陆（1）。这番行动，以及大约五万年前进入澳大利亚的那波迁徙（2）可能伴随着肤色的微小变化。离开非洲的人从五万年前开始在欧亚大陆上向西移动（3），并从那里进入西欧和东北亚，在这一过程的不同阶段，人们皮肤在褪色（4）。从沿海地区向北扩散的亚洲人肤色也可能变浅（5）。从大约一万五千年前起，那些迁徙至新大陆、肤色较浅或肤色适中的人重新回到热带，他们的皮肤经过演化，变得更容易晒黑（7）。最后迁出去的是近一万年前那些肤色适中的人，他们进入了大洋洲，这些回归沿海热带环境的人，皮肤重新变成了深色（8）。

地图作者为特丝·威尔逊，她是根据乔治·查普林的地图用温克尔 II 投影绘制的和二十年前相比，今天，我们更清楚地了解了人类演化出各种肤色的原因，但是关于肤色深度差异的遗传机制仍存在疑点。我们知道有几种基因会导致不同人群之间皮肤、头发和眼睛呈现不同的颜色。[1] 不过，其中涉及多少种基因，这些基因在不同人群中各自起到的作用是什么？当人类脱去毛发时，自然选择就会导致肤色变深，当人们由紫外线辐射严重的环境迁徙到其他地区时，他们的肤色就会变浅。对古人类迁徙的研究也表明，当一部分人再次回到赤道地区生活时，自然选择可能会倾向于重新让他们的肤色变深。剩下最重要的问题之一是，这些转变需要多长时间。根据我们的研究，人类大约需要一万到两万年的时间才能使他们的肤色达到与其最终生活地区相适应的深度。当自然选择给予他们的压力更大时，这一过程也会发生得更快。这一过程所持续的时长也受到当地人与环境接触方式的特性的影响——包括食物、穿衣和居住方式——人就是通过这些途径与环境互动的。因此，重新审视史前时代的人们从位于赤道非洲的家园一步步向外迁徙的过程中所面临的环境挑战是非常必要的。

极端条件下的生活

在大约五千年前，人类就已经能生活在除南极洲以外的所有大陆，以及开阔洋面中的多数可居住岛屿。只有海拔超过 5000 米和一些极端偏远的岛屿尚不能让人类长期生存。不久以后，人们也开始占领这些地方，但由于缺氧，以及寻找或培育食物的难度太大，相对而言，过高的海拔给人类定居造成了更大的障碍。截至有历史

---

[1] 参见 Makova and Norton 2005，以及 Sturm 2009。

记载之前的时期，地球上几乎没有无人居住之地。在极冷、极热、海拔极高和极其干燥的地方，人类的身体被迫达到生物学意义上的极限，在许多情形下，技术和生物学的结合让人类生活了很长时间。在紫外线辐射极强或极弱的环境下生活的现代人当中，有一些样本值得我们仔细研究。

非洲沿海地区、东南亚，以及赤道附近的太平洋岛屿，是地球上紫外线辐射最强烈的地方。在这些地区，除了春分日和秋分日的辐射量会增大之外，紫外线的强度是不变的。其中有两个地区——赤道非洲海岸和西太平洋的美拉尼西亚——特别有意思，因为有人在那里居住了相当长的时间。赤道非洲的人口史略有些复杂，因为过去五千年来，人们一直在这片大陆上来回移动，在海岸进进出出。于是，在这里，多数人类活动发生在紫外线辐射水平非常高的环境当中。人类也在美拉尼西亚的部分地区定居了数千年之久。美拉尼西亚西端，即从新几内亚到所罗门群岛西侧，早在约四万年前至二万九千年前便有现代人类居住了。[①] 从那以后，人们便占据了这些岛屿，开始了波澜壮阔的漫长交流史和侵略史。

住在美拉尼西亚所罗门岛链北端的布卡岛和布干维尔岛上的土著人，以及生活在非洲东南沿岸莫桑比克的乔皮人（Chopi）的肤色比非洲其他地方的人都要深一些（参见图 11）。虽然相距甚远，这两群原住民却享有相似的自然环境和生活方式。在这两个地区，人们在赤道附近直接暴露在经由无云的天空照射下来、并经由水和

---

① 近年来，美拉尼西亚史前史引起了考古学家和遗传学家的兴趣，因为其所涉时间跨度很长，在此期间人类的交流史也颇为复杂。其中最有趣的一些人类居住模式实验还研究了老鼠的遗传学，因为当人类分散到该地区的不同岛屿时，老鼠也会随之迁徙。诺顿（Norton）及其同事对皮肤和头发颜色多样性的研究，为美拉尼西亚人肤色和毛发颜色多样性的成因提供了大量数据和猜测。参见 Matisoo-Smith and Robins 2004; Norton et al. 2006。

图 11　巴布亚新几内亚布干维尔岛的土著人是世界上肤色最深的人。该图由迈克尔·菲尔德（Michael Field）提供

沙子反射回来、强度极高的紫外线之下。海水能反射约 10% 的紫外线，不同颜色的沙子对紫外线的反射率不尽相同，约在 10%—30% 之间。[①] 在这两个地区，许多人靠捕鱼为生。人们在水中、船上或海滩上度过很长时间。由于在这些地方捕鱼时穿衣服会碍事，即便有文化和技术上的办法，也无法降低人们遭受强烈的紫外线照射，他们的皮肤经常完全暴露在太阳辐射之下，可能接近或达到了人类深肤色的极限。

与美拉尼西亚和莫桑比克充斥着紫外线的海岸形成鲜明对比的是北半球那些紫外线照射严重不足的地区。斯堪的纳维亚半岛和亚洲的最北端，以及加拿大和阿拉斯加的北部，这些地区的紫外线

---

① 我们如今可以在全世界的政府出版物中找到各种自然物质表面反射紫外线的百分比数据。请从 www.who.int/uv/publications/en/GlobalUVI.pdf 下载世界卫生组织的全球太阳紫外线指数。如需查看近期的相关出版物，参见 Chadysiene and Girgzdys 2008。

第四章　现代世界的肤色　　　　　　　　　　　　　　　67

强度之弱，对史前人类造成了极大的挑战。占整个地球很大比例（24%）的陆地都集中在北极附近，这里只能受到极少的紫外线照射，这当中能制造维生素 D 的紫外线数量就更少了。此外，这些地方极度寒冷，冰原覆盖，到处是冰川，缺乏易得的食物。当我们在地图上标注古代人类居住地的分布时，发现这些寒冷地带直到大约一万两千年前才有现代人开始居住。考古学家将这些地方的杳无人烟归因于"文化缺陷导致人类难以适应北方针叶林地带"。①

但这也可能是由于高纬度地区一年中的大部分时间都缺乏紫外线照射，人类皮肤中维生素 D 的生成受到了限制。因为北半球高纬度地区的日照模式是高度季节性的，进入深冬以后往往全天或几乎全天都是黑夜。即便是在有白昼的几个月里，照到这儿的太阳光中也几乎不含有紫外线。人类很难常年居住在这样的自然条件之下，因为在这里，他们无法靠晒太阳来获得足量的维生素 D。②

为了在这里常年定居并保持健康，成功生养下一代，人们必须补充各种维生素来确保自身能产生维生素 D，他们需要摄取的食物包括鱼、海洋哺乳动物和陆地大型哺乳动物。

人们使用带刺的利器和鱼梁来批量捕鱼的证据可追溯到九万年前至八万年前，不过，可能在更早之前，人类就开始将鱼类作为食物，最早的考古证据也表明，人类用真正的带刺鱼叉捕捉海洋哺乳动物的历史可以追溯到大约一万三千年前。生活在远离海岸的内陆地区的人们需要猎杀其他动物，从而吃到富含维生素 D 的优质食物，才有可能在北半球的高纬度地区生存下去。住在欧亚大陆北部

---

① 由于极端环境给人的身体造成巨大挑战，许多考古学家对人类在北半球高纬度地区定居的相关课题很感兴趣，其中有一些不错的回顾文章，谈的是人类在北欧和西伯利亚的居住史，比如 Goebel 1999；Bergman et al. 2004。

② 参见 Jablonski and Chaplin 2000。

偏远地区的人们逐驯鹿而居,他们放牧驯鹿,然后吃它们的肉。[①]驯鹿的肉、内脏和脂肪中富含大量维生素 D,这些维生素 D 是驯鹿通过进食大量低俗、慢速生长的地衣来获得的。

捕鱼和狩猎技术使人们得以健康地生活在地球最北端原本荒无人烟的地方。对人类而言,生活在北极圈附近既需要生物适应,也需要文化适应。他们肤色变浅,而围绕充分利用富含维生素 D 的食材,人们形成了独特的文化和技术动力。

这一结论引发了一个问题:是不是所有住在地球最北端的人肤色都很浅?居住于加拿大北部和阿拉斯加的因纽特人大多生活在北极圈内,那里的太阳光照射极富季节性。如果只看他们居住地的纬度,预计他们的肤色会非常浅。然而事实并非如此:这些因纽特人的肤色稍微有点深,而且能被晒得很黑。我们可以通过详细了解这些人接受日照的情况,以及他们的饮食习惯,来理解其肤色变深的原因。在一年当中,因纽特人接受少量至中量的紫外线直射,这些直射大部分是以长波紫外线的形式进行的。即使是在夏至临近时的中波紫外辐射高峰期,因纽特人受到中波紫外辐射的量也可以忽略不计。因纽特人生活在冰雪覆盖的环境中,他们的传统食材以如海豹这样的海洋哺乳动物为主。在一年的大部分时间里,他们所栖息的北极地区天色都是昏暗的,但在夏天,这些因纽特人大部分的时间都很活跃,沐浴在被冰雪和水反射的太阳光之下。新鲜的白雪

[①] 很多居住在北半球偏远地方的族群,包括芬兰的萨米人、亚洲东北部的楚科奇人,以及生活在加拿大北部和美国阿拉斯加的因纽特人,都被学者以及萨米人自己分为"捕鱼"和"狩猎"两个群体,分别狩猎海洋哺乳动物和驯鹿。人们认为驯鹿是一种半驯化的动物,出于对其重要性的考虑,科学家对它们的食物进行了详细研究。驯鹿吃很多种地衣,但真正的"驯鹿地衣"——鹿蕊(*Cladina rangiferina*)中含有大量的维生素 D_3。斯堪的纳维亚半岛北部和北美的一些原住民也吃烹煮的地衣,并将煮沸的地衣制成饮料。参见 Bjorn and Wang 2000。

图 12 由于冰雪和开阔水面能反射大量紫外线（尤其是长波紫外线），因纽特人裸露在外的身体部位皮肤呈深棕褐色。该图由佩尔·米切尔森（Per Michelsen）提供

能反射 94% 的长波紫外线和 88% 的中波紫外线，这是滑雪爱好者从冬季晒伤的痛苦经历中得到的教训。[①] 因纽特人的肤色是个很好的例子，能证明人类肤色是生物学与文化之间相互妥协的结果（图12）。他们的皮肤能被晒黑，这有助于帮助他们免受雪所反射的大量紫外线的伤害，他们的天然饮食中富含维生素 D，这能让他们保持健康，使他们的肤色不必变得太深。

因纽特人是从东北亚人演化而来，这些人大多肤色较深，而且有可能被晒得更黑。相比之下，北欧的萨米人则几乎都是从肤色很浅的欧洲祖先演化而来的，无法通过遗传获得被晒黑的能力。在因纽特人的例子当中，晒黑的能力增强似乎反映了自然选择的调节作用，但在萨米人身上，类似的过程似乎并没有发生。因纽特人和萨米人传统饮食文化的核心都是吃富含维生素 D 的食物。这样有所侧重的饮食习惯使他们得以通过吃东西来补充无法通过皮肤产生的

---

① 这些数据来自近年发表的一篇有关各类天然表面对紫外线的反射率的综述（Chadysiene and Girgzdys 2008）。

维生素 D。因纽特人和萨米人都在坚持传统的饮食习惯，也依然保持着健康，但如果他们改吃维生素 D 含量较低的西餐，就会遭遇维生素 D 缺乏症的困扰了。①

中间地带

生活在赤道附近的人们往往是肤色能晒多黑就有多黑，而两极附近地区的人们通常肤色很浅。其余人的肤色覆盖了这两极之间各种肉眼可见的色阶。生活在中纬度地区的人往往肤色略深且容易晒黑。晒黑不仅表现为皮肤因对紫外线有所反应而产生更多黑色素，还表现为表皮最外层（角质层）的增厚。晒黑的现象主要发生在居住于赤道附近所有肤色较深的原住民身上，但在原本肤色较浅的人群中，这一现象会更为明显。晒黑的过程可以通过增加皮肤的防晒系数来增强皮肤对紫外射线的保护作用，但是晒黑的潜在好处能有多少，很大程度上取决于这个人最初的肤色以及当地日照的类型。

当我们探讨人类肤色变深的演化过程时，应该意识到，古代人类所经历的日照方式与今天的人有所不同，因为直到大约一万年前，多数人大部分时间都待在户外。在这样的情况下，一个人暴露在紫外线之下的程度会有很强的季节性，肤色也会相应地变深或变浅。对于这种经历了每年的自然暴露周期、皮肤呈浅色至深浅适中的人而言，晒黑所提供的防晒系数可能会使他们接收到的紫外线剂

---

① 在不再食用富含鱼类、海洋哺乳动物或其他体内含有维生素 D 的动物的因纽特人和萨米人当中，维生素 D 缺乏性佝偻病和其他因缺少维生素 D 而引起的疾病的患病率很高。这是北极附近国家高度关注的公众卫生焦点问题。

量减少 50%。① 这种模式与只有在"休假"时才能晒到太阳的现代室内工作人群的生活形态迥然不同（贴士 8）。

南北半球之间陆地面积分布不均，北半球位于热带地区的可居住陆地面积相对较少，而南半球却有很大一部分可居住陆地是在热带地区。这种地理上的偏差给人类肤色在南北半球之间的分布带来了影响。生活在南半球热带地区的多数原住民肤色很深，而生活在北半球热带地区以北的人们肤色没有那么深——更准确地说，肤色较浅。很少有人了解、关注全球陆地及人口分布情况，但它对人类生物和文化的发展产生了许多影响。②

古代移民与文化之盾

现代人类已经习惯通过文化适应环境。直到大约一万五千年前，人类都只能用原始的手段保护自己的身体免受环境的侵害。人们可以生火、利用洞穴等天然避难所，披上动物的皮毛，但那时没有缝制衣物或建筑。对当时的人类来说，皮肤就是他们的雨衣和遮阳伞。

随着时间的推移，"物质"对人类的重要性日益提高。我们的房屋、运输系统、食品采购手段，以及每天随身携带的"必需品"

---

① 人类皮肤对于紫外线辐射的反应是复杂的，在自然条件下或在实验研究中，需要考虑许多变量。这些变量中包括个体在遗传学上确定的（结构性）肤色，以及皮肤于每天、每年暴露在紫外线辐射之下的程度和时长。有关人类皮肤晒黑的实验研究表明，对多数人而言，晒黑反应所产生的额外的黑色素数量是很少的，其对紫外线的防护作用适中。与肤色较深的人相比，肤色较浅的人皮肤暴露在紫外线之下时产生的黑色素较少。对肤色较浅的人来说，在接受紫外线照射时，相对于黑色素的产生，角质层的变厚似乎是一种更重要的光保护能力。针对这一问题，有两项实验室研究可以参考，分别是 Sheehan et al. 1998；Tadokoro et al. 2005。
② 要了解有关陆地分布情况与紫外线照射之间关系的详细信息，参见 Chaplin and Jablonski 1998。

贴士 8　你实际上获得了多少太阳光和紫外线照射？

个体接受太阳光和紫外线照射的量取决于其所处的地理位置、年龄和日常活动。通常情况下，在室外工作的人所获得的紫外线辐射量约等于其所在地区受到的紫外线照射的 25%—40%，在同一地区从事室内工作的人即便周末充分进行室外活动，其所获得的紫外线照射也只占当地所受紫外线照射的 10%。在室内工作的人如果能到一个阳光充足的地方休假两周，其所受到的紫外线照射量相当于在其所生活的地方一年的紫外线照射量。[1]现代人的日晒模式与我们的祖先相去甚远，这会给人的皮肤和整体健康带来许多问题。

进行户外活动的时间和活动的性质也会对获得光照的多少产生影响。当太阳光与地平线的夹角为 30 度时，即便是在人体大部分都暴露在外的夏天，阳光中也只有约 8% 的中波紫外线能照到人身上，这是因为光线在穿过厚厚的大气层时，大部分都被过滤掉了。阳光直射人的头顶时中波紫外线最强，而紫外线则能通过一条更短、更直接的路径穿过大气层。人在直立的时候只能裸露一小部分皮肤，但在夏天的中午躺下来（例如躺在沙滩上）时，危险的辐射将会对人的皮肤造成全方位的影响。

[1]关于人们在各种环境工作或休假条件下所接受的平均紫外线照射量的研究，参见 Urbach 2001；Diffey 2002；Thieden, Agren, and Wulf 2001。

的复杂程度令人震惊。生活在五万年前左右的早期智人几乎没有这些东西。那时候所有人都靠采集和捕猎为生。他们已经掌握了必要的技能，可以利用采集到的物品或狩猎来的动物制造出许多有用的东西，当人们迁徙到另一个地方时，几乎不需要携带任何物品。

大约五万年前至一万年前的晚更新世是人类历史上的一段艰难

图13 这个厄瓜多尔人有着南美原住民典型的肤色——中等程度的棕褐色，晒黑之后的样子。他脸上醒目的标记可能是用乌鲁库（Uruku）的植物色素染出来的。照片由爱德华·罗斯（Edward S. Ross）提供

岁月，因为世界上许多地方都变得异常干燥寒冷。在北半球高纬度地区，温度的剧烈波动致使气候突变，对动植物来说，生存条件变得极其不利。[①] 赤道地区以外的人类群体生活非常困苦，因为他们赖以生存的兽群因缺乏食物而濒临死亡。那时候，许多人类群体的规模都缩小或灭绝了，另一些人群则跟随兽群做季节性的迁徙。这些人当中的一部分便是最早的美洲人的祖先，从那时起，人类便能通过沿海和内陆的路线进入北美。这些人来自西伯利亚，他们之所以能活下来，是因为他们在自身和环境之间建立了新的连接方式，比如，他们把动物的皮做成衣服，搭建简单的庇护所，将食物储存起来。当时的自然环境迫使他们多数时候都要穿上衣服。

这是一种独特的人类扩散方式，因为它发生在相对晚近的时期，涉及的人多数是穿着衣服而非赤身裸体。这些因素致使新大陆居民肤色没有旧大陆上的人们那种明显的渐变性。美国原住民的外表和肤色

[①] 来自冰芯和海洋沉积物芯的证据很好地记录了晚更新世和早全新世突然的气候变化，参见 Taylor et al. 1993。

差异很大，多数人肤色深浅适中，很容易晒黑。（图13、贴士9）

贴士9　新大陆的人类肤色

公元1500年以前，"最早的美洲人"的后裔成了新大陆的原住民，他们的祖先可以追溯至西伯利亚的北亚人群。从那时起，欧洲人和非洲人与当地人的混血使得原住民彼此的基因愈发同质化，所以很难确定哥伦布发现新大陆之前，这里的人肤色到底是什么样。进入20世纪，有科学家对美洲原住民肤色进行了研究，结果表明，在美洲紫外线很强的地方，肤色深的人比较多，但从赤道到两极肤色变化的梯度不如非洲和亚欧大陆明显。多数美洲原住民的肤色从各种初始的、深浅适中的肤色开始，经历紫外线照射，肤色逐渐变深。因此，生活在玻利维亚和秘鲁高海拔地区的原住民大部分是后天晒成深色皮肤的。如今，美洲人皮肤晒黑的遗传基础已成为学术研究的热点，初步的研究结果表明，在这些人群中，使人容易晒黑的基因是正向选择基因。[1]在紫外线强的地方生活的美洲人皮肤的演化并不以肤色变深为基础；相反，他们演化出了很强的被太阳晒黑的能力。

[1] 很久之前人们就已经意识到，新大陆的原住民比旧大陆的原住民肤色更浅，但是可以直接用来比较的皮肤反射数据很少。考虑到美洲，尤其是南美地区紫外线辐射情况的多样性，在这个大洲，不同地区的人群之间肤色的差异度算是相当小的。宾夕法尼亚州立大学的马克·施赖弗（Mark Shriver）实验室，尤其是埃伦·奎林（Ellen Quillen），在美洲人肤色的演化方面做了重要的工作。参见Relethford 2000；Quillen 2010。

随着农业的发展，人类对马、牛等可用作交通工具的动物的驯化，以及车辆和帆船的发明，人类得以快速运输大量物品。① 这意

---

① 有关早期智人和复杂文明崛起的描述和解释，可参考的图书和论文多达数百种。如果你只需要一份最新的相关资料，可以查阅一本论文集（Christopher Scarre, 2005），其中对史前重大事件的描述既专业又引人入胜。

味着人们可以将自己的生活方式带到遥远的地方，包括他们喜欢的食物、工具，以及用于保护自身免受环境影响的技术。因此，当需要迁徙时，人们可以利用文化在自己的身边创造比较稳定、可预测的微环境。这种能力的发展彻底改变了人类的生活，意味着人类实现了自身演化史上的一次突破：能在不到一代人的时间内移动数千公里并在新的居住地重建"家园"。

现在有据可查的一次史前大规模的人口迁徙发生在非洲，在迁徙的人当中，包括说班图语（Bantu）的人。大约公元前900年之前，在非洲西部和北部的几个农业族群中，铁制品对人们的经济来说已是至关重要。最初，人们用铁制作礼器和饰品，但很快，他们就将铁当成制作工具和武器的高级材料。公元前600年之前，这些会做铁器的人将农业文明带去了非洲西部和东部的沿海地区，公元前300年左右，他们开始向非洲南部扩张。从非洲东部向非洲南部的第二波移民浪潮发生于公元1000年至公元1200年。

这种移民导致说班图语的人口大规模扩张。使用铁器的农业人口在赤道以南的地方迅速蔓延开来，非洲中部和南部地区开始有了许多常住居民，而依赖石器、说咔哒语（click languages，咔哒语会用到独特的搭嘴辅音，与广泛使用的班图语截然不同）、靠采集、狩猎获取食物的族群变得流离失所。生活在赤道附近的农业人口大多肤色较深，而住在南部，以采集、狩猎为生的人们肤色没有那么深。说班图语的移民保留了来自赤道地区很深的肤色，这是因近代人口迁移而引起的典型特征——实际肤色和根据紫外线水平推测出来的肤色之间不匹配（地图4）。

另一个肤色与紫外线水平不匹配的有趣例子是在阿拉伯半岛发现的。尽管该地区处在古老贸易通道上的中心位置，但学界对这里的人口史知之甚少。遗传学证据表明，半岛上不断有大批人口定

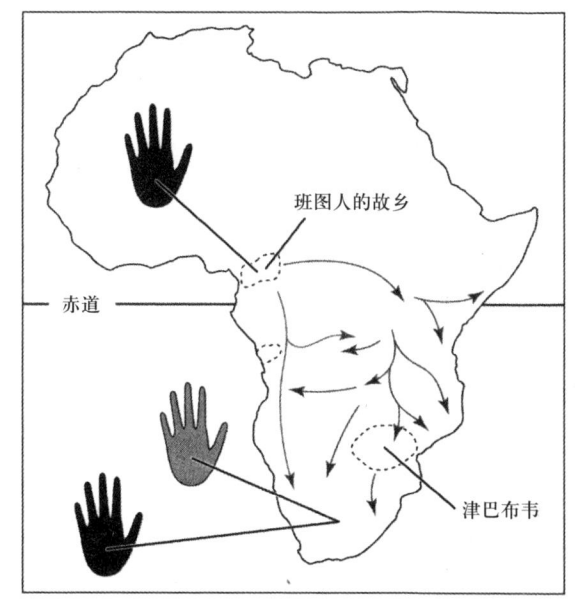

地图4 班图人向非洲东部和南部迁移的示意图。手的颜色代表肤色。在今天的非洲南部，肤色较深的班图人多为农民，他们住在曾经由肤色适中、靠狩猎采集为生的人们占据的地区。感谢珍妮弗·凯恩供图

居，其中大部分人来自西亚，这些人是在人类史上非常晚近的时期才移居到阿拉伯半岛的。在过去五千年左右的时间内定居阿拉伯半岛的西亚人肤色适中，很容易晒黑。

为了适应地球上紫外线最强烈的地区之一，这些来自西亚的移民采取的是文化策略。他们穿上宽松的外套或长袍，戴防护帽，搭起帐篷，这些手段在防晒和保持凉爽方面非常有效。① 与用文化适应紫外线的方式不同，住在红海以西的沙漠上的人们在非洲东北部的时间远比那些西亚移民要长，这些人当中包括丁卡人（Dinka）和努尔人（Nuer），数千年的演化让他们适应了周围的环境，他们的皮肤颜色变得很深，体形也长得高大瘦长，这让他们体表的皮肤面积增加，能在炎热的环境里保持凉爽。

---

① 参见 Abu-Amero et al. 2007。

最近几个世纪以来，长距离迁徙越来越普遍，以至于人们将其视为稀松平常的事。人类（在任何时间）将"家园"运到地球上几乎所有地方的能力，使他们富于满足感和文化傲慢。然而，多数人都不知道，这些行为对我们的健康带来了出人意料的不利后果——这些将在第六章进行详细讨论。

第五章
肤色与性别

两性之间有许多差异，其中，肤色的差异很少被人们提起。尽管大多数人甚至没有意识到这种差异，但各个时代的艺术家对此都很敏感，而且通常把男性的肤色描绘得比女性更深（图14）。不同性别的人的肤色，也会随着各自年龄的增长而改变。男人和女人的肤色最初没有差异：在性激素的影响下，从青春期开始，两性的肤色变得不同。怀孕期间，女性身体的某些部位肤色会变深。尽管这些差异很微妙，它们始终存在，肤色的性别差异模式值得进一步调查，也引发了一些争议。

真实的情况

在科学家研究过的绝大多数原住民当中，女性的肤色都比男性要浅。这一结论是根据成年被试者上臂内侧晒不到太阳的区域的皮肤反射率得出的。在某些人类族群中，肤色的性别差异十分显著，而在另一些族群则没那么明显。在所有案例当中，根据被试者所在地理位置所接收到的紫外线强度，肤色深浅的性别差异在组内和组

图14 数世纪以来，让男女之间肤色有差异已成为艺术中的固定套路。图中的彩绘石灰岩雕像刻画的是古埃及吉萨王室的一对夫妇（Iai-ib and Khuaut），其历史可以追溯至古埃及第四王朝（约公元前2575—前2465），布鲁斯·怀特（Bruce White）摄影。版权所有©美国大都会艺术博物馆，莱比锡大学古埃及博物馆许可使用

间是一样大的。不过，这种现象恐怕没有那么大的说服力，因为上述实验通常不会给被试者的腋窝拍照做研究。

过去，人们以为男人比女人肤色更深，是因为他们在户外花更多时间，晒了更多的太阳，但事实并非如此，因为男人没有被晒到的地方，肤色也比女人深。① 当相同年龄的男人和女人接受了相似

---

① 科学家用反射仪测量这些原住民上臂内侧晒不到太阳的皮肤的反射率，得出的结论是，在所有原住民当中，男性的肤色都比女性要黑。在身体部位测量协议标准化之前，这种模式似乎并不适用于一些特殊人群，有两项研究评估了这些例外现象：Kalla 1974；Byard 1981。我与查普林合写了一篇关于肤色演化的论文（Jablonski and Chaplin 2000），文末有一份清晰完整的附录，记录了使用标准协议和EEL（Evans Electroselenium Limited）反射仪测出的不同族群男性和女性的皮肤反射率。对于肤色的性别差异的起源，学界已经提出许多解释。我们的研究强调的是自然选择在肤色演化中的基础性作用，性选择的加性效应则在某些族群中起更大的作用。彼得·弗罗斯特（Peter Frost）的研究则强调性选择的主要作用，他认为建立在性别差异基础上的自然选择起到的是次要作用。学界的辩论仍在继续：参见 Frost 1988, 1994；Aoki 2002；Madrigal and Kelly 2007。

图 15 当男人和女人在相似的环境条件下生活时,肤色的性别差异就很明显,照片上的男女可能是生活在格陵兰岛的约克角或图勒的北极因纽特人兄妹。据说由于饥荒,这位妇女的一个乳头被她幼小的儿子咬掉了。这张照片由一位不知名的摄影师拍摄于19世纪80年代,由佩尔·米切尔森提供

程度的日晒之后,女人仍然显得肤色略浅(图15)。性别之间的肤色差异并不是因为晒太阳的时间长短,它背后有潜在的、基于遗传的因素。

由于性激素在皮肤中起作用,孩子们进入青春期时,肤色会变深。肤色变深的现象在性器官部位的皮肤上,如乳头周围的乳晕、女性的大阴唇,以及男性的阴囊部位等尤为明显。某些族群的人进入青春期后腋窝部位的皮肤也会变暗。遗传、激素和环境因素在成年人的肤色形成方面相互有着怎样的作用,学界至今仍没有足够的了解。但我们可以确定,在不考虑日照等方面影响的情况下,男性在30岁左右时肤色最深。大约在同一个年龄段,许多女性的某些身体部位颜色开始变深。

很多妇女怀孕期间会长出"妊娠面斑",也称黄褐斑或肝斑,

它会导致人的脸颊、上唇、下巴或前额的肤色略微变深——从浅棕色到灰色或深棕色不等，具体的色泽取决于不同个体的体质。黄褐斑主要是由女性激素（孕激素和雌激素）的增加而引起的，服用避孕药或使用激素替代疗法的女性也可能长出黄褐斑。① 这些女性在晒太阳的时候很容易长出黄褐斑，而且在这种状态下，黄褐斑的颜色会变得更深，因此，做好防晒是抵御黄褐斑的最佳方法。当激素水平升高时，人脸上能产生黑色素的细胞似乎就会"启动"，以响应哪怕只是很小幅度的紫外线强度增高。黄褐斑通过这种方式呈现了随着年龄增长，人体的遗传因素、激素因素，以及外在环境因素之间复杂的相互作用。据说，50%—70%的孕妇都会受到黄褐斑的影响。随着时间的流逝，这些斑点会自然褪色，但它们恢复正常颜色的速度让很多女性感到沮丧，这使得她们想要寻求快速修复皮肤的方法，而这些方法通常比黄褐斑本身对皮肤的伤害更严重。

乳晕对激素尤其是雌激素的波动特别敏感。在女性月经来潮之前，乳晕部位的皮肤会稍稍变暗，而在怀孕期间这一现象更为明显。② 连续怀孕之后，乳晕的肤色会变深，并且通常会慢慢恢复到原来的颜色，但对于一部分女性来说，此后，乳晕的肤色一直都会稍微深一些。

---

① 许多女性对黄褐斑深恶痛绝，认为它会降低自己的魅力，这是个令人不安的话题。许多热门文章和博主都在讨论这一主题，其中包含许多错误甚至有害的信息。如果你需要讨论有关黄褐斑及其他类型的肤色话题，最好询问健康护理专业人员。有关黄褐斑成因的科学讨论，参见 Costin and Hearing 2007，这篇论文探讨的是，面对压力时，人的肤色会发生怎样的变化。有关黄褐斑及其治疗方法则可以参见波兰卡（Bolanča）及其同事的论文（Bolanča 2008）。

② 女性乳房部位的肤色尤其要取决于性腺激素黄体酮的水平，以及雌激素的水平，还有这两种激素对促黑素细胞激素（MSH）的影响。如果怀孕三次或三次以上，肤色较浅的女性乳晕部位肤色的变深将变得不可逆。详细信息参见 Pawson and Petrakis 1975。

男人肤色更深，还是女人肤色更浅？

人们总是从女性比男性肤色浅这个话题出发，谈论肤色的差异。当我们观察其他物种时，通常会发现情况与人类刚好相反。人们通常认为，雄性肤色较深是由于睾酮增加以及其他因素（贴士10），于是呈现出与该物种基准条件有差别的样子。

在我们自身和外面的世界之间，只有一层裸露的皮肤。许多其他动物的皮肤上长着羽毛或毛皮。不论这些动物由于雄性或雌性的择偶偏好演化出怎样的色彩差异，羽毛、毛皮的基本保护功能都是不变的。然而，对人类来说，失去具有保护作用的体毛，就意味着缺少了一些控制身体颜色的能力。换句话说，人类在演化过程中失去体毛，而黑色素作为人体接触环境时的一种内在保护结构又十分重要，这些都让人类在发明与肤色相关的装饰时缺乏发挥的空间。这是个有建设意义的起点，人们可以由此开始探讨学界已经提出的一些理论，也就是有关人类肤色的差异是否部分或完全取决于性选择，也就是选择异性作为配偶的过程。

通过观察大多数族群中男性和女性肤色的系统性差异，一些学者提出了这样的假设：女性肤色较浅是男性性选择的结果。（顺便说一句，没有任何研究人员探讨过与之相反的可能性，即女性故意选择了肤色较深的男性！）在这个"男性喜欢肤色浅的女性"的大前提之下，学者又有许多不同的看法。[①] 有一种假说认为，女性肤

[①] 许多工作人员在这一研究领域做出了贡献。二十多年来，彼得·弗罗斯特（Peter Frost）就这一话题撰写了多篇发人深省的论文。他最初发表的与皮埃尔·范登贝耶（Pierre van den Berghe）合写的文章提出了这样一种假设：男性更喜欢浅色皮肤的女子，因为肤色浅是女性激素状况的标志，他们认为这样的女性有较强的生育能力。在一系列独立完成的论文当中，弗罗斯特又提出，由于实效性别比（operational sex ratio, OSR）的变化，肤色较浅的女性得以演化。所谓实效性别比，是指男性（转下页）

色浅首先是两性激素水平差异的副产品，也就是说，由于不同的性激素对黑色素有不同的影响，从青春期开始，女性的肤色就没有男性那么深了。于是男性下意识地注意到肤色较浅的女性，他们将这种特征视为衡量激素状况和生育能力的标准，因此便不那么青睐肤色深的女性了。

另一种假说认为，女性较浅的肤色是女性之间性竞争的产物。在这种假说当中，冰河时期，为了追逐成群的动物，漫长而冒险的狩猎行动造成不少男性的伤亡，女性会争夺数量有限的男性的注意力。据称，住在相对高纬度地区的女性比生活在赤道附近的女性肤色要浅，因为高纬度地区的男性不得不长途跋涉，才能找到猎物，因而死亡率更高，这一情况迫使高纬度地区的女性为获得为数不多的交配机会而展开更激烈的性竞争。一种与此相关的假说表明，较浅的肤色是女性孩子般的特征（包括更高的音高、更光滑的皮肤和更像孩子的面部特征）当中的一项，它不仅使男性降低侵略性，还使男性愿意为女性提供食物。还有更多研究支持这类假设。近期发表的一篇论文表明，一般来说，较浅的肤色，尤其是女性的浅肤色，是父母一辈的人亲代选择的产物，他们想生出肤色更浅的婴儿。[①]

以上所有观点都是站不住脚的。在研究早期人类采集和狩猎社会时，将明显的性别劳动分工作为前提本身就是错误的。尽管女

（接上页）和女性彼此成为配偶的机会比。在冰河时代末期，由于争夺女性的竞争加剧，许多男性过早死亡，男性数量锐减。弗罗斯特认为，在高纬度地区，这种竞争尤为激烈。因此，在这些地方，对浅色皮肤的性选择也更迫切。弗罗斯特的假设受到了略雷纳·马德里加尔（Lorena Madrigal）和威廉·凯利（William Kelly）的有力挑战，这两位研究者分析了许多族群中成年男性和女性的皮肤反射数据，发现没有证据表明肤色差异会随着纬度的增加而扩大，这意味着性选择假说缺乏数据支撑。经过分析，这两位学者发现，事实上，在两性肤色差异问题上，并不存在性选择方面的科学依据。参见 Van den Berghe and Frost 1986；Frost 1994；Guthrie 1970；Madrigal and Kelly 2007。

① 参见 Harris 2006。

贴士 10　一出由羽毛和鬃毛演出的情节剧

睾酮是一种能量很大的激素，男性和女性的体内都会产生睾酮，但男性的睾酮生成量要多于女性。许多鸟类和哺乳动物中，睾酮的产生与各种颜色的皮肤、羽毛或毛皮的生长有关，这一现象使得雄性和雌性之间产生外观上的区分。在大自然许许多多的物种当中，这些由色素构成的"装饰"与激素水平和交配成功率都有关系。例如，绿头鸭头上羽毛幻彩绿色的强烈程度与它的睾酮水平和雄性气概有关。头上羽毛最花哨的雄鸟是不会受到雌鸟偏爱的，但这种雄鸟更可能在与其他不那么俗艳的雄鸟竞争时获得交配的机会。在绿头鸭的世界里，头上羽毛的颜色是男性竞争力"最诚实的信号"。[1]

科学家在狮子身上也观察到了类似的效应，这蕴含着微妙的生物学意义。有深色鬃毛的雄狮往往睾酮水平更高，这种特征意味着它可能支配着其他的狮子。研究人员发现，一般的雄狮不太爱与深色鬃毛的雄狮抢食物，或者与同深色鬃毛的狮子嬉戏的雄狮们进行争斗，深色鬃毛的狮子的后代还能优先享受猎物。此外，雌狮似乎更喜欢深色鬃毛的雄狮，因此，这些雄狮的存在不仅不利于其他雄狮，而且它们更能吸引异性。[2]

[1] 有关激素水平导致动物身体颜色的性别差异的资料浩如烟海且众说纷纭。研究者对究竟有哪些进化机制（是雌性的择偶观，还是雄性之间的竞争）导致了两性差异进行了激烈争执，这些进化机制致使不同性别的动物之间有所差异，让两性展现着截然不同的外观。色素构成的装饰，包括彩色东南亚原鸡的羽毛，或者绿头鸭头上的毛等，都被视作雄性竞争力的"诚实的信号"，因为它们用有利于信号发出方的办法将信号发给了接收者——可能的雌性伴侣。
[2] 参见 West and Packer 2002。深色鬃毛的雄狮的成功也不是没有代价的，深色的鬃毛让它们的身体吸收更多的热量，和那些浅色鬃毛的狮子相比，它们更容易中暑。

性始终需要生孩子，不得不应对与怀孕、分娩和抚养孩子有关的生理和心理负担，但这些并没有阻止她们主动为族群带来食物。在新型的传统采集和狩猎社会，女性也是活跃的捕猎者，即便是在常常需要长途跋涉进行采集狩猎的高纬度地区，她们通常也不会待在家里等待男性把食物送上门来。① 此外，当我们分析男女肤色差异模式的数据时，也没有发现较高纬度地区存在有关肤色的性选择的证据。事实上，根本没有经验性证据表明肤色会在性选择方面起作用。至于有关肤色较浅的婴儿，特别是女婴的亲代选择，要知道，所有婴儿出生时肤色都很苍白，无论他们的肤色将来会变成什么样子。妈妈对初生婴儿肤色的选择，最终对所有人或者女性的肤色产生显著影响，这几乎是一种无稽之谈。

多数考虑过肤色性别差异的人并没有注意到维生素 D 的重要性，有些人则继续无视维生素 D 在维持人体健康方面的作用。② 通过研究，我们提出了这样一种观点，即两性之间演化出细微的肤色差异，最初可能是由于在育龄期间，女性皮肤中产生了更多的维生

---

① 人种学观点认为，在新型的传统采集和狩猎社会觅食活动中，无论族群生活在什么样的纬度环境，女性都不得不参与到狩猎当中，主动做出贡献。在一些地方，女性得独自或与其他妇女儿童一起打猎；在另外的一些地区，女性和男性一道长途狩猎，帮助男性埋伏或处理大型动物。在传统采集狩猎社会，我们找不到足够新的证据证明有女性待在家里，完全依靠男性提供的食物来过活。参见 Hawkes et al. 1997；Goodman et al. 1985；McDonald et al. 1990。
② 一些学者坚持认为，为提高产出维生素 D 的潜能而进行的自然选择在人类演化的过程中并没有多重要，他们尤其相信，在高纬度地区，这种自然选择在人们肤色逐渐变浅的演化进程中并没有起什么作用。2002 年，青木健一（Kenichi Aoki）提出一种观点，他认为，在高纬度地区，人类不再有肤色变得更深的（演化）选择压力，总的来说，无论男女，肤色演化的主要动力在于，人们普遍更偏爱拥有比平均肤色更浅的肤色的性伴侣。青木效仿查尔斯·达尔文（Charles Darwin）进行推理，认为不同族群的人类之间的肤色差异是由于性选择，而不是自然选择的结果，参见 Aoki 2002。另一篇论文则有力地反驳了青木的观点，参见 Madrigal and Kelly 2007。

素 D。在地球上的任何地方，肤色的变深都是人体在抵御紫外线和促进维生素 D 产生之间取得平衡的结果。对育龄女性而言，获取、分配足够的资源以顺利怀孕，抚养子女直至其可以独立，是一项重大挑战。她们不仅必须吸收足够的能量，还必须摄取足够的关键营养素（包括维生素 D 和钙质），以支持胎儿和哺乳期婴儿的成长，并维持自身的健康。

新生儿需要母乳喂养，他们骨骼生长很快，对母体的钙质的储量要求非常高（新生儿对钙质的需求量是产前发育过程中钙质需求量的四倍）。[①] 这些需求可以通过母亲骨骼中的钙质储备来满足。母亲和新生儿之间维生素 D 和钙质水平的关系非常复杂，而且实际上会涉及母亲为婴儿健康做出的牺牲：即便母亲体内缺乏维生素 D，她也会溶解自己骨骼中的一些钙，以便给婴儿提供食物。为了能让自己再一次顺利怀孕，母亲必须恢复钙质储备。对结束哺乳的妇女的研究表明，这些母亲的骨骼会经历快速的再矿化过程，在三到六个月的时间内，她们的骨矿物质含量就能恢复到母乳喂养前的水平。

此时此刻，医学和实验证据的线索却淡出了研究者的视线。学界尚无研究证实女性体内的维生素 D 水平、钙质吸收情况，以及哺乳结束后的骨骼恢复程度之间的关系。在这一阶段，女性肤色变浅可能会引发她们身体的变化，使其比同组的男性皮肤中能产生更多维生素 D，有助于结束哺乳之后的骨骼恢复。这种现象

---

① 女性怀孕和母乳喂养的生理过程复杂而有趣。女性将储存在身体里的营养和刚刚吃下去的营养转移到发育中的胎儿或新生儿那里。由于在怀孕期间，调节钙质代谢的激素水平发生变化，即便是体内缺乏维生素 D 的女性，也能生出骨骼健康的婴儿，因为她们身体中留存的钙会被输送到婴儿体内。有一篇综述文章全面总结了女性在怀孕、母乳喂养以及断奶后对于钙和维生素 D 的需求，参见 Christine Kovacs 2008。

值得进一步研究。

因为连续怀孕而长期缺乏维生素 D 的女性会罹患一种被称为骨软化症的骨质退化疾病。骨软化症对后怀上的孩子以及母亲本人的身体都会带来不利影响，因为它会大大增加母亲骨折的风险。毋庸置疑，保障育龄女性的健康对演化来说至关重要，因此，事实上，我们现在正在研究，是否可以用观察女性肤色变浅与否这样一种简单的方法，来确保女性在怀孕和哺乳期间摄入足量的维生素 D，使其身体可以快速复原。为了在多次怀孕后保持骨骼健康，女性在营养上的需求可能是演化意义上导致两性肤色差异的根本原因。

差异的产生

促进女性体内维生素 D 的生成，使她们即便多次怀孕，依然能保持骨骼健康的身体机制，可能并不是两性肤色差异的唯一原因。我们几乎可以肯定，性选择扩大了两性之间的肤色差异，但是性选择并不能造成两性肤色的基线差异，这种差异很可能是常规的自然选择导致的。许多社会都有对浅肤色女性的强烈文化偏好；在部分地区，人们一直都更青睐肤色浅的女性，以至于这可能会导致男女肤色差异的系统性扩大。换句话说，由于对浅肤色女性的偏好得到了系统性、文化性的鼓励，两性肤色的自然差异可能会增加。在以文化的方式增强肤色的性选择方面，最有据可查的案例发生在日本，数百年来，女性的皮肤白皙会受到美术和戏剧领域的珍视、追求和颂扬。日本男人钟爱皮肤白皙的女人，饱含深情地说她们"皮肤好像舂碎的白米"：他们将肤色与女人味、贞操、纯洁和母性联系在一起。① 目前学界还不清楚这种偏好让女性肤色变浅的程度。印度男性也更偏爱肤色较浅的女性,他们的这种偏好可能与日本人有类似的古老源头。这两个国家的女性都是世界上最主要的皮肤美白产品消费人群,这并非巧合(参见本书第十三章)——如果你不是天生的白皮肤,就买这些产品吧。不过,在某些地区的人们,特别是女性对于明显更白的皮肤的偏好是比较晚近的现象,源自普遍存在的对深色皮肤的系统性偏见。

---

① 有一篇文章全面而风趣地介绍了日本人对于肤色的态度,其中有一部分内容讲述了现代日本男性喜欢何种肤色的女性,参见 Wagatsuma 1967。

第六章

肤色与健康

肤色会影响健康。我们的肤色是否对自己有利取决于我们处在什么样的地理位置，从事什么样的活动。皮肤是人体的防御第一线，因此，关于皮肤结构和功能的任何方面都无法逃脱自然选择的检验。与皮肤的其他特征一样，在我们采用先进的文化手段保护自己免受环境侵害之前，肤色已经开始了漫长的演化过程。我们只需要回到大约一万五千年前，就能与人类尚未学会缝制衣服、建造庇护所的时期相逢，那时候，人们只能依靠临时的自然庇护所和自己的皮肤来抵御自然环境中的伤害。

因为太阳辐射决定了我们的肤色、身体与环境之间的关系，我们首先评估它的属性。太阳辐射的范围非常广，从最活跃、最具破坏性的X射线，到通过紫外线、可见光、红外线和无线电波发出的电离辐射，一应俱全。其中对肤色来说最重要的是紫外线。紫外线最具活力和潜在危害的形式是短波紫外线（波长为220—290纳米），它能被大气中的氧气和臭氧完全吸收（参见本书第三章

图 8）。① 在射向地球的紫外线当中，中波紫外线（波长为 290—315 纳米）只占很小的一部分。根据纬度、季节、一天中的时间、湿度和空气污染程度的不同，地球表面接收到的紫外线当中只有 1%—5% 是中波紫外线，其余都是长波紫外线（波长为 315—400 纳米）。中波紫外线能被皮肤表面（角质层和表皮层最外面）完全吸收，但对于肤色较浅、缺乏黑色素保护的人来说，最高可达 50% 的长波紫外线可能会渗透到他们的真皮层当中。

我们祖先当中的一部分人在阳光明媚、充满紫外线照射的地方演化出了很深的肤色，并且能比来自多云或偏北、紫外线照射较少地区的人晒得更黑。对史前时期的人们来说，终其一生，也不会去很多地方，世界各地原住民的皮肤在年复一年、自然选择的演化过程中适应了他们居住的地方的紫外线照射量循环规律。但是，随着时间的流逝，由于技术、动物驯养、环境变化、对冒险的热爱和对不了解的地方的强烈好奇，人们越来越想要到处走走。在过去的几千年里，这种流动性导致人们前往远离家乡的地方去定居。最近四千年，特别是近四百年，是人类历史上人口流动最快、流动距离最远的时期，这也让人类在健康方面付出了意想不到的代价。

对一部分人而言，长途跋涉并非出于自愿，比如被跨大西洋贩卖的奴隶，以及被流放到澳大利亚的犯人。无论是否自主选择，这些迁徙都会造成相同的结果：人们所到之处的太阳辐射量迥异于自己祖先的演化发生地。这样的变迁导致了肤色与环境之间的不匹

---

① 人造化学物质（如氟氯烃等）使臭氧层变薄的现象引起了人们的关注，这使得到达地球表面的短波紫外线和中波紫外线数量有所增加，可能导致皮肤癌发病率攀升。采取限制措施，减少消耗臭氧层物质的排放量，虽然让这种威胁得以降低，却并未消除隐患。两极地区的臭氧层比其他地方更加稀薄，因为这里几乎无人居住，所以对人类而言风险并不是很大。然而，生活在南半球中纬度地区，比如新西兰的人们却因臭氧层消耗受到严重影响。

配。当迁徙涉及纬度的巨大变化时，这些现象最为明显，但其他气候因素也会产生作用。在一些横跨赤道的地区，比如非洲西部，全年紫外线辐射强度很高，而在热带以外的地区，夏天的紫外线强度则高于冬天。在澳大利亚的某些地区，冬季紫外线强度最低时的辐射量几乎与不列颠群岛夏季紫外线强度最高的时候差不多。在美国西南部和澳大利亚，较高的紫外线强度是由普遍较低的湿度造成的。从不列颠群岛移居到这些地方的肤色较浅的人们，来到了肤色很深的原住民常年居住的紫外线强度极高的地方。相反，过去几百年来，来自非洲西部或南亚、已经适应了高强度紫外线、肤色很深的人们迁往了美国东北部或不列颠群岛，那里的原住民皮肤很白。演化并没有帮助我们为这些情况做好准备。我们正在面临这些全球性迁移为健康带来的后果。

智人是我们的物种名称，但在有关自然的事情上，我们的自负却往往大于智慧。多数人从不认为自己的身体条件和祖先是不同的。我们生活的世界在很大程度上被人类的创造力和技术支配着，而这种文化保护层给我们提供了很多难得的体验，使我们不必过多地考虑到自然，或者人与自然之间的关系。人类（尤其是富裕阶层的人们）已经习惯了随意迁移，习惯了随心所欲地做事。在决定定居或度假地点时，人们很少会考虑"不合适的日照条件"，尽管健康统计数据表明，经常考虑相关情况是非常明智的。在数世纪甚至数十年前，人们也许还不了解紫外线强度、肤色和健康之间的关系，很有可能到现在还不知道。

肤色变深：太过得天独厚？

人类起源于非洲，从非洲出发分散到各地的人类祖先肤色非常深。他们离开了日照强烈的赤道地区，走向日照强度较低，阳光和紫外线的季节性较强的其他地方。真黑色素是一种天然的防晒物质，它非常有效，在阻挡中波紫外线方面可以与皮肤中的维生素 D 前体分子相媲美。黑色素能吸收大部分（但不是全部）的辐射，这些辐射可以开启在皮肤中合成维生素 D_3 前体物质的过程。人的肤色越深，制造足够数量的维生素 D_3 前体物质所需要的时间就越长。在人类演化过程中，有一些原始人的肤色变得越来越浅，以应对中波紫外线强度不足的情况，但是在 21 世纪搬去"新家"的人们已经不能让自己的肤色变浅了。

当医学界认定维生素 D 缺乏症与佝偻病（一种导致骨骼畸形的儿童病）有关时，人们才第一次意识到维生素 D 与骨骼健康之间的关系。典型的佝偻病儿童生活在工业革命后污染严重的英国和北欧城市，即便在夏天，他们也几乎得不到中波紫外线的照射，因而有些弓形腿。我们恐怕很难想象，南北战争之后的一段时间，在美国东部城市长大的成千上万黑奴也患有佝偻病。这些早期的工业城市以晦暗狭窄的街道和严重污染的空气闻名于世。即使孩子们有机会到室外去玩耍，潮湿污染的空气也滤掉了大部分能促进维生素 D 生成的太阳辐射。在这样的条件下，肤色较深的儿童罹患维生素 D 缺乏症的风险会更高。农村地区的部分儿童尤其是小女孩也容易罹患佝偻病，因为她们大部分时间都待在室内（图 16）。

当时，佝偻病非常普遍，以至于"巴尔的摩、华盛顿、孟菲斯和里士满的医生都以为，所有黑人孩子在成长过程中都会罹患这种疾病"。[①]1894 年，华盛顿特区的一位医生发现他接触到的每个

---

① Kiple and Kiple 1980，216.

图 16　玛丽安·波斯特·沃尔科特（Marion Post Wolcott，1910—1990）的摄影作品《被严重侵蚀的土地上的黑人儿童和老房子》（*Negro Children and Old Home on Badly Eroded Land near Wadesboro*），1938 年摄于美国北卡罗来纳州的沃兹伯勒（Wadesboro）。旧时代黑奴的子女和孙辈往往在美国东部的农舍或城市公寓里长大，因为很少晒太阳，饮食当中也缺乏维生素 D，他们当中有很多人都患有佝偻病。图片由美国国会图书馆印品与照片部提供，编号为 LC-DIG-fsa-8c30011

非裔儿童都患有佝偻病。① 他注意到佝偻病似乎是在从美国南方乡下迁至东北部地区城市的家庭当中很常见的疾病。在 20 世纪初期，很多人认为，美国的黑人儿童罹患佝偻病的原因在于南北战争以后，城市公共卫生水平有待提高，黑人家庭饮食习惯也容易导致佝

---

① 托马斯·米切尔（Thomas Mitchell）1930 年发表的一篇论文对佝偻病在 1894 年的华盛顿特区的普遍存在进行了观察。

图 17　患有佝偻病和肺结核的人经常要接受日光疗法，以加快维生素 D 的产生，从而恢复健康。图片由丹佛大学彭罗斯图书馆（Penrose Library）特藏和档案部的贝克档案馆（Beck Archives）提供

偻病的发生。专家们鼓励这些家庭的母亲多给孩子吃些富含乳脂的食物。之后，一些儿童的身体状况有所好转，但大部分儿童还是饱受佝偻病的困扰。

在评估了美国东北部佝偻病的高发病率之后，富于观察能力、足智多谋的医师阿尔弗雷德·赫斯（Alfred F. Hess，1875—1933）决定，对位于纽约市哥伦布山（Columbus Hill）的主要黑人社区进行全面调查。赫斯和他的同事观察了许多家庭，记录他们的生活状况、饮食习惯，以及小孩是否患有佝偻病。这些医生进行了动物实验，尝试了解是什么原因导致了这种疾病，以及用哪些疗法可以逆转佝偻病的进程。赫斯经过数年的研究证明，佝偻病不是由卫生状况不理想或饮食不佳所导致，而是由于缺乏日照才引起的，这种病可以通过"日光疗法"（晒太阳）和食用富含鱼肝油的补充剂来逆转，因为鱼肝油当中含有丰富的维生素 D（图 17）。因为赫斯的研究，鱼肝油也已成为 20 世纪美国和欧洲城市厨房和药柜的必备品，即便佝偻病早已成为过去。

赫斯最具洞察力的地方在于，他认识到，是深色皮肤而非种族原因让孩子们患上佝偻病的：

> 主要区别在于……皮肤黑的婴儿比皮肤白的婴儿需要更多有效的太阳辐射。佝偻病人不是因为种族才患病，这一点，根据他们生活在西印度群岛的故乡便不会受此病困扰的事实就可以证明。毫无疑问，肤色深也是来自意大利南部、叙利亚和其他南部族群容易罹患佝偻病的原因。我的陈述并不意味着患病与否仅仅取决于肤色。不过，太阳光照不足才是佝偻病的重要成因，而肤色是决定太阳辐射效率的重要因素。①

就这样，赫斯成了第一个在肤色、生活条件和疾病之间建立科学连接的研究者。他认为，深色皮肤中的色素对日光产生了过滤作用，阻止了骨骼的正常发育。因此，佝偻病不是非洲血统导致的遗传疾病，而是由生物学因素和环境因素的意外共谋所致，主要诱因在于肤色太深和光照不足。赫斯和他的同事还观察到，非裔美国人和其他肤色较深的孩子还发生了肌肉无力和牙齿发育方面的问

---

① 之所以要强调阿尔弗雷德·赫斯在研究、治疗佝偻病过程中的作用，是因为他对深色皮肤有一种先见之明，他发现，深色皮肤降低了光辐射的效率，这才是佝偻病的诱因。赫斯的这段引语来自他有关佝偻病的经典论文（Hess 1922, 1183）。另见 Kiple and Kiple 1980；Rajakumar and Thomas 2005。

题——我们现在认为这是维生素 D 缺乏症的另外一些典型症状。

缺乏维生素 D 引起的问题不仅发生在儿童身上。实际上，成人因缺乏维生素 D 导致的疾病更加严重，因为这些症状通常是不可见的，并且涉及骨骼的逐渐退化，以及免疫系统功能的降低。在 20 世纪初，城市里的非裔美国人社区当中，这类疾病引发了很高的致死率和致残率，然而，有些人对这种现象的解释是，这是奴隶被解放后身心被损耗殆尽的证据（贴士 11）。今天，我们很难想象，这样的观点在不到一个世纪以前是如此普遍，但这就是奴隶制对受过良好教育、看似善良的美国人进行思想束缚的结果。对当时的多数人而言，肤色与一系列构成"种族"概念的生理、心理和行为属性密不可分。在他们看来，"种族"是普遍适用的科学事实。

贴士 11　"黑人健康问题"

1915 年，《美国公共卫生杂志》(*American Journal of Public Health*) 刊发了一篇论文《黑人健康问题》，作者是艾伦（L. C. Allen）医师。这篇论文提供了有关生活在城市里的非裔美国人和欧裔美国人结核病发病率的统计数据，艾伦表示，曾经的黑奴及其后代的结核病发病率很高。以下段落便引自这篇论文，这段文字值得回顾，因为它说明了在今天看来几乎不可思议的父权主义和种族主义在当时到了怎样的地步，这篇文章还将高发病率的原因归结为那些曾经的奴隶的家庭缺乏纪律性。在从南北战争到第二次世界大战之间的那些年，艾伦是科学界许多类似人物的典型，他们强烈赞同种族是真正的生物实体，认为包括肤色在内的一系列身体特征必然能与某些心理属性和行为偏好联系在一起。他的论文代表了有关少数族裔的许多"科学"研究成果的扭曲逻辑：

传染病最容易在美国城市中最肮脏的黑人聚居地以及最不卫生的黑人家庭中蔓延。每天，在受疾病困扰的地区那些肮脏的家庭中，黑人之间都在进行密切接触。我们在家，在办公室、商店、出租车，以及去到的几乎所有地方都能遇见他们。想到这样的事实，实在令人不快，但情况就是这样，如今，在美国南方许多最好的房子里，染上淋病、梅毒和结核病的有色人种还在做帮佣。

毫无疑问，自奴隶制时期以来，黑人的健康和道德水平都在持续恶化。黑人在某些方面或许已经变得更聪明，但自由既没能让他们的身体受益，也未使他们的道德水准有所提高。与南北战争之前相比，黑人的健康程度每况愈下，对工作也愈发不称职，犯罪率还在提高。老一辈的医生告诉我们，在奴隶制时期，他们没听说过有黑人得肺病（肺结核）。但我认为，事实是非常明显的。

由于人们对于结核病在黑人当中致死率高的印象已经渐渐远去，许多人便以为黑人对这种疾病的确没有那么高的易感性。考虑到所有的事实以后，我认为，这样的结论毫无道理。为什么黑人在奴隶制时期没有得结核病呢？答案很明显，因为那时候黑人必须遵守纪律；必须每天洗澡，保持清洁；那时候，主人会为黑奴提供舒适的住处，他们居住其中，严格保持卫生；奴隶主会为黑奴提供或许没那么可口但有益健康的食物……黑人儿童的健康也得到了细致的关照。奴隶主之所以付出这些，是因为这一切符合自身的利益。奴隶越讲卫生，就越有价值。患病的黑奴没有价值可言，死了就更不值钱了。在南北战争之前，世界上没有比美国南方黑人更健康的人种了。[1]

[1] Allen 1915.

数十年来，人们认识到维生素 D 在调节人体免疫系统方面扮演着重要的角色，长期缺乏维生素 D 使人容易患上某些癌症和多种传染病。[①] 维生素 D 缺乏症不仅会增加人们罹患肺结核的风险，还有可能导致乳腺癌、前列腺癌和大肠癌的高发病率。[②] 这在一定程度上解释了这样一种现象：当深肤色人群，尤其是非裔美国人生活在中波紫外线不足的环境中，或者花太多时间待在室内时，会比生活在同等条件下的浅肤色人群更容易罹患某些癌症。

建筑之内的生活

在人类历史的绝大部分时间里，我们都居住在室外。从广义上说，直到大约五万年前至四万年前，才有所谓的建筑物。而且最早的所谓建筑物是逼仄而通风不畅的围篱，人们并不会花多长时间生活在其中。直到约公元前 3500 年，世界上才出现了拥有许多建筑物和大量人口的城市；甚至直到 1800 年，才有大约 3% 的人口居住在城市里；而到了 1950 年，这一比例就飙升到了 30% 左右；

[①] 有几篇不错的评论文章探讨了与维生素 D 缺乏症相关的多种复杂的健康问题，参见 Norman 2008；Holick 2003, 2004；Kimball, Fuleihan, and Veith 2008。研究人员还指出，缺乏维生素 D 的情况与免疫系统，特别是 ThI 介导的（T-helper-cell-type-I-mediated，即 ThI 辅助细胞介导的）自身免疫系统与抗感染免疫系统的活性受损有关（Cantorna and Mahon 2005）。缺乏维生素 D 也与对流感病毒的免疫反应减弱有关，通常容易使儿童患上呼吸道感染疾病。参见 Holick and Chen 2008。

[②] 这里特别要推荐一篇富于启发性的评论文章：Giovannucci et al. 2006。另见 Holick 2004；Garland et al. 2006；Fleet 2008。在对非裔美国男性的研究当中，科学家已经发现了维生素 D 缺乏症与前列腺癌之间的密切联系，这与阿尔弗雷德·赫斯发现肤色、光照减少和佝偻病之间的关联有一定的相似性（参见 Grant 2008）。但是，真实生活中的情况很复杂，高纬度并不是导致深肤色人群体内维生素 D_3 含量较低的唯一因素。较高的身高体重指数（BMI）、维生素 D 含量低的饮食，以及较少的户外体育活动，等等，也都是诱发前列腺癌的因素。

如今，城市人口的比例已超过 50%，预计到 2050 年将达到 70%。①不仅有更多的人住在城市里面，这些城市人口也在建筑物及车内消磨大量时光，从演化论的角度看，这都是前所未有的现象，生活方式上的改变会让人类付出代价。许多原因都让城市生活对人的健康造成损害，但直到近些年，人们才意识到城市生活的一种负面效应是容易让人罹患维生素 D 缺乏症。现在，我们已经知道，维生素 D 在人体健康方面的影响比想象的要大很多，多数人已经不再渴望户外活动，但其实户外活动能使他们的身体通过定期晒太阳产生维生素 D。

现代生活意味着人常常待在室内。长波紫外线能穿过窗户照到室内，但中波紫外线做不到这一点，因此，待在屋里的人们体内没办法产生维生素 D。②由于疾病或身体虚弱而全天生活在室内的人极有可能完全无法受到紫外线的照射，体内因此缺乏维生素 D。据科学家估计，全世界疗养院或长期照护机构中的老年人约有 50%患有维生素 D 缺乏症。这一发现促使人们计划通过晒太阳和补充

---

① 考古学家普遍认为，最早的城市起源于公元前 3500 年左右的美索不达米亚，随着农业人口的增加，城市在许多方面迅速崛起。自 1950 年以来，联合国一直在密切追踪城市人口占全部人口的比例，我们可以从联合国人口司的官网（UNPD 2007）获取以十年为单位的相应统计数据。对现代城市居民的研究表明，他们有 80%—90%的时间都花在室内或车中。这个比例随着地点、季节的不同以及休假与否而变化，但由于多数城市人口都是在室内工作或接受教育，该比例一直居高不下。见 Andreev 1989；McCurdy and Graham 2003。

② 中波紫外线会被所有的玻璃过滤掉，但是不同数量的长波紫外线可以穿过不同种类、不同颜色的玻璃。部分长波紫外线能穿透多数房屋和汽车的挡风窗玻璃，坐在这些窗户附近的人可能会受到严重的长波紫外线辐射。许多办公大楼使用的深色玻璃或反射玻璃能大大降低长波紫外线的透射率，而用作汽车挡风玻璃的夹层玻璃在阻挡长波紫外线方面尤为有效。现在，长波紫外线过滤技术已用于家用玻璃涂料当中，将来还会被更多领域使用。参见 Tuchinda et al. 2006。

维生素来解决这个问题。① 典型的城市白领只有在出去吃午餐时才能晒到太阳。由于高层建筑挡了大部分的天空，这些白领所接受的紫外线照射只占同一时刻落在平坦开阔地面上的紫外线的5%—25%。②

预防和治疗维生素 D 缺乏症的计划正在制订当中，政府对维生素 D 消费方面的建议也在改变，但是这些过程多半进展缓慢。膳食补充剂可以预防和逆转维生素 D 缺乏症，没有任何有害副作用，也不会使人因为暴露于短波紫外线之下而导致皮肤损害，甚至增加罹患皮肤癌的风险（贴士12）。这对现代人而言非常重要，他们比较长寿，而且希望避免皮肤损伤或因为紫外线照射而罹患皮肤癌。几年前，一个由英国政府派出的工作组采取了一项不太符合主流路径的做法，他们建议人们在夏季的中午（也就是中波紫外线达到峰值的时候）花一小会儿时间将皮肤暴露于直射的太阳光之下，认为这样做对皮肤的伤害最小，而且能让肤色较浅的人体内尽可能多地合成维生素 D。③ 学界对于到底是维生素 D 缺乏症还是皮肤癌对人体会造成更大伤害的争议始终没有停止过。

人们可以通过穿着防晒衣或涂防晒霜来预防大部分因紫外线照射导致的癌症。这种保护的代价是减少甚至消除了皮肤制造维生素 D 的可能性，但是这样做的影响有多大，取决于防晒衣的特性，以

---

① 老年人的维生素 D 缺乏问题比其他人更为复杂，因为他们皮肤合成维生素 D 的速度较慢。参见 Davies et al. 1986；Solanki et al. 1995；Lauretani et al. 2010。
② 布赖恩·迪菲（Brian Diffey, 2002, 2008）的出色研究为我们了解有关紫外线，以及从事不同活动或拥有不同生活方式的人们接受的紫外线照射方面的知识做出了重要的贡献。他发表于 2008 年的论文很好地描述了假期对个体所受紫外线照射的影响。
③ 该研究小组（英国食品标准署的一个工作室）得出的结论是，在英国，人们夏季短时间内接受富含短波紫外线的阳光的照射，可以降低罹患维生素 D 缺乏症的风险，而且不会显著增加罹患皮肤癌或紫外线晒伤的风险。参见 Ashwell et al. 2010。

贴士 12　摄入多少维生素 D 才是足够的呢？

除了鱼油和像鲭鱼、沙丁鱼之类的油性鱼类以外，普通的天然食材中很少有哪些富含大量的维生素 D（参见本书第三章），因此除了服用维生素 D 补充剂，人们很难通过饮食手段预防或治疗维生素 D 缺乏症。并非所有类型的维生素 D 补充剂都能有效提高血液中的维生素 D 循环水平。维生素 D_2 是植物中常见的维生素类型，在维持血液中维生素 D 的含量方面，其有效性仅为维生素 D_3 的三分之一。[1] 因此，人们需要重视服用含有维生素 D 的补充剂，并就有关剂量的问题咨询健康专家。

最近，美国政府修改了膳食营养素参考摄入量（dietary reference intakesDRIs）。美国国家医学院（Institute of Medicine）在 2010 年 11 月出版的一份报告中发布了有关维生素 D_3 摄取量的新建议，即大多数成年人每天应摄入 600 IU（国际单位）的维生素 D_3；70 岁以上的成年人每天应摄取 800 IU 的维生素 D_3。每人每天的维生素 D_3 摄入量不得超过 4000 IU。[2] 这份新的膳食营养素参考摄入量遭到了许多人的批评，因为他们认为其中维生素 D 的建议摄入量是不够的，而且没有反映出当下学界对与维生素 D 重要性的理解。

通常，一颗维生素 D_3 补充剂的含量是 400 IU。每天服用一次，会使普通成年人血液中维生素 D 含量保持不变，甚至缓慢下降。每天服用 1000—10000 IU 的维生素 D 会使血液中维生素 D 的含量逐渐增高，约 90 天后达到稳定水平。研究人员没有观察到这样的摄入量会引发有害副作用，他们建议人们在接受不到中波紫外线照射的情况下，将维生素 D 摄入量调整为每天 1500—2000 IU。如今，维生素 D_3 补充剂的广泛供应和低成本证明，长期补充维生素 D 是使多数人达到维生素 D 健康循环水平最安全的方法。

皮肤拥有制造维生素 D 的巨大潜力。当整个身体表面暴露在中波紫外线之下长达 10—15 分钟时，肤色较浅的人会产生并释放 10000—20000 IU 的维生素 D。而相同的日照程度只能让来自非洲或印度、肤色较深的人产生相当于浅肤色人群三分之一的维生素 D。

[1] 参见 Armas，Hollis，and Heaney 2004；Hollis 2005。2005 年的这篇论文提供了大量证据，它告诉人们，维生素 D_3 的饮食参考摄入量需要增加，平均每天要补充 2000 IU。
[2] 参见 Institute of Medicine 2010。

及人们使用防晒霜的方法。戴大檐遮阳帽可以完全保护脸部，使其免受阳光照射，防止紫外线伤害脸部和眼部的皮肤，除非强光从下方反射回来。这样做也完全阻止了维生素 D 在面部皮肤中的形成。多数衣物都会让到达皮肤的中波紫外线照射量减少，但白色的棉质衣物只能阻挡约 48% 的中波紫外线，黑色羊毛则可以阻挡近 99% 的中波紫外线。① 因此，出于谦卑或虔诚的考虑而每天穿着黑色羊毛服装导致的一个意外的后果是完全摒除了皮肤中产生维生素 D 前体的可能性。这种穿着习惯极易使人罹患慢性维生素 D 缺乏症和骨质疏松症（贴士 13）。

化学防晒霜也可以减少或完全阻止皮肤中维生素 D 的产生。防晒产品会因不同的特定类型，以及 SPF（防晒系数）而有所不同，但皮肤中维生素 D 制造能力降低的最有效预测指标在于防晒霜的用量。多数人并没有遵照制造商的提示，在暴露于太阳光下之前先

---

① 参见 Matsuoka et al. 1992。

> **贴士 13　由面纱引起的维生素 D 缺乏症**
>
> 　　在某些文化中,尤其是某些社会当中的女性,会因为谦卑或虔诚的宗教目的穿着遮盖全身的衣物。在澳大利亚和美国南部等地,不论男女,人们都很注重防晒。近期,有一篇对多项研究的综述表明,这些习惯会导致维生素 D 缺乏症并引发疾病。[1]一项对东正教和非东正教犹太妇女体内维生素 D 含量的研究表明,平常身着宗教服饰的东正教妇女明显更缺乏维生素 D。生活在昆士兰州的欧裔澳大利亚人也比较缺乏维生素 D,因为他们一直穿长袖衬衫和长裤来防晒。
>
> 　　经常戴面纱的妇女更有可能罹患骨质弱化疾病(骨质疏松症和骨软化症),经常穿长袍的儿童则容易罹患佝偻病。这些发现表明,无论是出于旧习俗还是新文化的遮阳方法都会对健康带来不期而至的后果,这些旧习惯带来的副作用必须通过服用维生素 D 补充剂等新习惯来扭转。
>
> 　　[1] Springbett, Buglass, and Young 2010.

大量涂抹防晒霜,并在出汗或游泳后重新涂上防晒霜。① 因此,防晒霜通常不会完全抑制维生素 D 的产生。

晒伤的危险

　　现在,请想象一个肤色很浅的人生活在阳光过于充足的地方

---

① 化学防晒剂减少或抑制皮肤中维生素 D_3 产生的程度尚未得到学界的充分研究。极少数研究是在受控的条件下进行的,多数相关研究的结果往往模棱两可,因为涉及太多变量,如个体的基线肤色、当地的紫外线条件、涂抹防晒霜的方式等。有一篇论文仔细梳理了相关主题的文献,参见 Springbett et al. 2010。

时遭遇的麻烦。世界上肤色最浅的人主要来自欧洲西北部的偏远地区，特别是苏格兰北部和斯堪的纳维亚北部。这些人演化出了颜色最浅的皮肤，这样，他们的身体就能在夏天最大程度利用有限的中波紫外线。在他们生活的极北地区，一年中的大部分时间，日照中都没有足够的紫外线，无法让他们的皮肤制造维生素 D，幸而，他们演化出了突变色素基因（包括 MC1R 的变体），身体产生的保护性黑色素越来越少。也就是说，在中波紫外线照射极少的情况下，正选择让他们的肤色变得很浅。

直到大约五百年以前，在这些地方出生的人们以农民、牧民或渔民的身份过着以户外劳作为主的生活，经历着紫外线强度的季节性波动。这样的生活方式对当地人的健康有两方面的重要影响。首先是他们没有单靠阳光获得足够的中波紫外线照射来满足身体对维生素 D 的需求，而是依赖于富含维生素 D 的饮食，比如新鲜或腌制的油性鱼和驯鹿。其次是这些人群很少被严重晒伤，因为在春天，他们的皮肤，尤其是脸部、颈部和手上裸露部位的皮肤会变厚，从而逐步适应日益升高的紫外线强度。[①] 当人们从这些地区移民至紫外线照射强度一直都很高的地区，比如英国殖民者移居印度、非洲或澳大利亚，他们关注的焦点会集中在晒伤，而不是维生素 D 缺乏症上（图 18，贴士 14）。

过去几十年来，多数人已经意识到由紫外线引起的皮肤癌和皮肤过早老化的风险，至少在某些时候会采取一些预防措施。生活在澳大利亚、美国佛罗里达州，以及美国西南部等阳光充足地

[①] 肤色极浅的人（包括白化病人）接受紫外线照射后，皮肤不会因为真黑色素的产生而变黑，而是角质层会变厚。皮肤最上层变厚，能对紫外线起到一定程度的防护作用，但程度远低于真黑色素带来的肤色晒黑，或防晒霜、防晒衣所提供的防护。参见 Olivarius et al. 1997；Elias 2005。

图18 19世纪后期,人们认为,穿着热带探险家的服装,以及类似的防晒衣,对欧洲白人男性在非洲和亚洲殖民地强烈日照下工作时保持健康来说至关重要。亨利·莫顿·斯坦利(Henry Morton Stanley)爵士便穿了这样一套精心设计的服装。照片由美国华盛顿特区史密森学会图书馆(Smithsonian Institution Libraries)提供。

区的欧洲或北亚移民倾向于更严格地遵守防晒准则,因为这些地区都开展了强调紫外线照射的健康风险的公共卫生运动。生活在日照程度有强烈季节性地方的人们对于防晒这件事可能没有那么上心。许多正在阅读本书的人可能会意识到这一点。经过漫长的、几乎晒不到太阳的冬季,人们在春天和夏天倾向于出去晒太阳,因为这让他们感到很舒服,而且别人也跟他们说,晒黑的皮肤看起来很健康。在夏季的周末,通常在室内生活、很少晒太阳的人们在户外度过了相当长的时间,却没有为自己做好足够的防晒措施。"假期效应"(vacation effect)是指人们在夏天或阳光明媚的地方度假时忽视一些有关晒太阳的基本准则的倾向,这对人接受紫外线照射量,以及罹患日晒相关疾病的可能性有很大影响。

贴士 14　在殖民地，如何防晒

自 17 世纪初开始移民到非洲、亚洲和澳大利亚的北欧人在异乡面临的日照条件与他们在故乡所熟悉的日照情况是迥异的。他们在异乡遇到的许多疾病和困境都被归咎于烈日的照射，其中有一种疾病被称作热带神经衰弱。这种疾病据说是因为太阳的"光化性"射线对神经的过度刺激，其特征是一系列令人困惑的症状，包括疲劳、烦躁、注意力涣散、记忆力衰退、软骨病、食欲不振、腹泻和消化疾病、失眠、头痛、抑郁、心悸、溃疡、嗜酒、贫血、性欲减退、性功能低下、月经早熟症或经期延长、精神错乱乃至自杀。[1]一位备受推崇的权威人士于 1898 年写道："人们几乎普遍认为，欧洲人不能殖民热带地区，因为我们迟早会不可避免地沦为热带致命气候的受害者。我将尽力证明这一说法是错误的，欧洲人没有理由不去征服热带世界。"[2]看来，无论对个人还是殖民企业的成功而言，防晒都十分重要。

要征服热带地区，欧洲人体质方面的主要缺陷在于皮肤不够黑："白人的皮肤缺乏保护性色素，无法像有色人种那样适应热带的环境。"[3]开发防晒面料和防晒衣成了一项新的挑战，富于野心的公司和企业家纷纷行动起来。从 19 世纪末到 20 世纪初，人们不断进行野外试验，以测试在极端的日照、高温和潮湿条件下，不同颜色、材质的织物性能如何。由韦斯滕拉·桑邦（L. Westenra Sambon）医生开发的名为"索拉罗"（Solaro）的织物之所以流行，是因为它"仿效自然"，既具有防晒作用，又"样貌美观，材质舒适"。索拉罗是一种精美的致密羊毛，至今仍由伦敦的史密斯公司（Smith & Co. Ltd.）制造，用于缝制"热带薄型"（tropical-weight）定制西装。

[1] 这份详细的症状清单直接摘自 Kennedy 1990，第 123 页。
[2] Sambon 1898，589。
[3] Johnson 2009，531。

假期效应是人类历史上一个值得重视的新问题。当假期来临，人们会脱下在城市里常穿的外套，换上轻便的度假服装，开始野炊。人们在此期间很少涂足量的防晒霜，或做好必要的防晒措施，这样的后果就是，他们经常会被晒伤。大量的紫外线照射到尚未充分保护或完全暴露在外的皮肤，致使人们的皮肤反复晒伤，酸痛难忍，并且最终导致皮肤明显老化。由于假期中，人们通常躺在躺椅或沙滩巾上，暴露在日光下的皮肤面积比平常在家时要大得多，因此问题变得更为复杂。遭到暴晒之后，皮肤基因受到的致癌性质的损害并不是那么明显，因此，许多想要晒黑的人不会改变这种行为模式。①

在全世界所有诊断出的癌症当中，皮肤癌占到三分之一，而且发病率在继续急剧攀升。80%—90% 的皮肤癌都是紫外线辐射导致的，但是多数人并不认为皮肤癌是一种严重的疾病，因此没有采取足够的预防措施。人们的这种态度令公共卫生专家感到困惑，他们明明已经通过印刷品、广播和数字媒体开展了四十多年的增强防晒意识宣传活动。但人们似乎不愿意相信皮肤癌会严重影响他们的生活，更不认为它能致死。在美国因皮肤癌死亡的人当中，患黑色素瘤的人数占到了 75%，每年，大约有 8650 人死于这种疾病。根据美国癌症协会（American Cancer Society）的资料，2009 年，美国新增了 68720 位黑色素瘤确诊患者。在美国每年报告的全部 100 多万的皮肤癌新增确诊病例当中，这些人只占一小部分，但是每个美国人一生当中罹患黑色素瘤的风险约为五十八分之一，而这个数字

---

① 科学家已经充分研究了假期效应。有学者对不同条件、不同时间照射到人类皮肤的紫外线进行了量化研究。行为科学家则想了解，为什么在需要承受痛苦和风险的情况下，人们还是渴望晒黑。参见 Diffey 2008；O'Riordan et al. 2008。

在1950年仅为五百分之一。① 一旦确诊黑色素瘤，意味着终生都要接受复查，以及生活方式的重大改变，需要小心翼翼地防晒和防止紫外线辐射。

现在有一种令人担忧的趋势，即肤色中等或偏深的人越来越容易罹患黑色素瘤，原先，这些人患上此类癌症的风险是很低的。在佛罗里达州的西班牙裔和"非西班牙裔黑人"当中，黑色素瘤的新发病率正在上升，其中一部分的上升原因似乎在于墨西哥湾沿岸紫外线辐射率的升高。许多中等肤色或肤色偏深的人并不认为自己有罹患皮肤癌的风险，因此没有采取措施保护自己免受紫外线的伤害。② 在这些人身上，由于黑色素瘤周围的皮肤也很黑，在肿瘤开始侵袭底层的组织之前，许多黑色素瘤没有被及时发现。③ 对于肤色较浅的人来说，反复晒伤会增加罹患黑色素瘤的风险，根据最新的统计数据，在美国，46%的男性和36%的非西班牙裔浅肤色女性每年至少会被晒伤一次。

长期暴露在阳光下还会显著增加罹患非黑色素瘤皮肤癌（例如基底细胞癌和鳞状上皮细胞癌）的风险。人们不觉得这些癌症有多危险，因为它们在医生办公室里便可以被处理掉，而且不需要后

---

① 年轻女性罹患黑色素瘤的风险正在增加，但男性死于该病的风险则更高。关于黑色素瘤，有许多不错的信息源，其中包括一些会定期维护更新的网站，比如，美国癌症协会（www.cancer.org/Cancer/SkinCancer-Melanoma/DetailedGuide/index）和美国皮肤癌基金会（www.skincancer.org/Melanoma）。这里推荐一篇已经发表的关于日照与黑色素瘤之间关系的学术综述（Garibyan and Fisher 2010），还有一篇对1990—2006年11个国家的黑色素瘤死亡率的简短总结，使人读后心情沉重（Marugame and Zhang 2010）。有非黑色素瘤类皮肤癌病史的个体显示出更高的罹患其他癌症的风险，但其原因尚不清楚（Wheless et al. 2010）。

② 参见Rouhani et al. 2010。与肤色较浅的欧裔佛罗里达人相比，在这些社区中，人们对于黑色素瘤的风险意识不足，而且他们往往病得更严重，因为他们通常会等病程发展到晚期才去医院做诊断。

③ 相关晒伤统计数据来自美国癌症协会（American Cancer Society），2009年。

续的护理，但它们并不是单纯的疾病。拥有非黑色素瘤皮肤癌病史的人比没有患上过这类疾病的人更容易罹患其他癌症（包括黑色素瘤）。

如何让人们（尤其是肤色较浅的人）认真对待紫外线辐射的风险？这个问题的答案与人们对于风险的感知程度有关。年轻人倾向于从事危险的、暴露在紫外线之下的活动：小伙子们在户外更容易被晒伤，年轻姑娘则经常参加日光浴沙龙。年轻的皮肤癌幸存者感言常出现在女性杂志、时尚博客和纪录片里，没有什么证据显示它们能让受众了解紫外线有多么可怕。尘世的虚荣比死亡预警更能引起年轻人的共鸣。因此，公共卫生部门致力于强调皮肤过早老化的风险，这一风险是对紫外线防护不到位的后果。"皮肤癌可能不会致死，但阳光会破坏您的容貌。"在青春和美貌占主导的世界，当年轻人看到长寿者下垂的皮肤上满是皱纹和斑点，这种未来比死亡更易使他们感到恐惧。

美黑的诱惑

尽管公共卫生官员发布了大量关于暴露于紫外线之下有危险的信息，但美黑的吸引力却难以抵挡（参见本书第十四章）。颇具讽刺意味的是，在人类历史的大部分时间里，晒黑是户外活动的副产品，而不是户外活动的目标；仅仅是在过去的几十年当中，美黑才被认为是一种时髦的行为。在人类历史的早期，人们不会进行快速的长途迁徙活动，生活方式也没有受到假期的影响，亦未曾沉迷于做全身美黑。相反，由于长期待在户外，经历着日照的季节性变化，他们的肤色在紫外线强度增加的时候渐渐变深，再因紫外线强度的减弱而逐渐复原。这样的生活方式带来的深肤色足以保护人们免受当地最强紫外线照射所带来的严重伤害（晒伤，以及对可用叶酸的激烈争夺）（参见本书第二章）。早在农业时代来临之前，很多人就已经有了农民般的深肤色。

皮肤能不能晒黑因人而异。通常，从出生开始肤色就很深的人是最容易被晒黑的。而天生肤色浅或患有白化病的人没办法晒黑。[①] 当肤色适中的人晒太阳时，皮肤会呈现很大的变化：暴露在阳光下的皮肤（已产生黑色素）和没有被晒到的皮肤之间的"晒痕"会非常明显。

在美国、拉丁美洲和北欧大部分地区，休闲日光浴的持续流行让皮肤科医生和公共卫生专家感到沮丧，他们要敦促这些国家或地区能像澳大利亚那样成功地大力推广针对紫外线的防护措施。澳大利亚是世界上皮肤癌发病率和死亡率最高的国家。为了让皮肤癌的蔓延程度有所降低，澳大利亚人从1980年开始发起"Slip! Slop! Slap!"（穿上防晒衣，涂上防晒霜，戴上遮阳帽）运动，目的是鼓励当地人做好防护，以免被太阳晒伤。尽管预算有限，这场运动却广受欢迎，因为它的宣传手段是让一只看起来傻乎乎的、名叫海鸥锡德（Sid the Seagull）的鸟，在电视上唱一首简单好记、朗朗上口的广告歌。[②]

澳大利亚的防晒运动明智地强调了多种防晒法：除了"Slip!

[①] 用于测量人类皮肤晒黑能力的菲茨帕特里克量表（Fitzpatrick scale，常译作菲氏量表，参见本书第一章）的设计是基于这样一种假设：晒伤和晒黑的趋势之间存在某种相互关系。总是晒伤的人（I型）永远晒不黑，总是晒黑的人（V型和VI型）很难被晒伤。皮肤科医生都会用菲氏量表来快速评估病人罹患皮肤癌的风险。

[②] 澳大利亚最近的政府报告得出的结论是，该国用于防治皮肤癌的个人支出和医疗保险开销是全球最高的（Australian Institute of Health and Welfare 2005）。有关"Slip! Slop! Slap!"和"SunSmart"（阳光智慧）运动的成功经验，可以参见回顾文章 Montague, Borland, and Sinclair 2001。其中，SunSmart 的学校准则非常全面，他们很重视对儿童进行有关日照和防晒的教育，参见 Cancer Council of Western Australia 2011。

第六章 肤色与健康

Slop! Slap!"的口头禅,还提倡大家寻找阴凉,避免阳光直射,佩戴墨镜。该运动得到了法律支持,政府立法要求雇主保护工人免受日光照射特别是紫外线照射,减少让工人在炎热、阳光充足的环境中作业,以免造成危害。法律还规定澳大利亚的学校有义务保护儿童免受有害的紫外线的侵扰。在澳大利亚的多数学校中,孩子们参加户外活动需要戴帽子,穿防晒服,涂防晒霜。无论男女,人们待在户外时都会戴上全檐的防晒帽。

与澳大利亚成功说服民众使用多种形式的防晒装备相比,美国的情况则有所不同,在美国,人们越来越依赖化学防晒霜。由于人们很难做到适量并足够频繁地使用防晒霜,其防晒效果十分有限。化学防晒霜的广告宣称产品在不断改进,这使得许多人放弃了其他防晒方法,只涂一些防晒霜就长时间暴露在阳光下,其实这样做比在没有保护的情况下晒一小会儿太阳受到的紫外线辐射量还要大。[①]这导致了美国人很高的晒伤比例,并且被认为是美国人,特别是年轻女性皮肤癌患病率持续增加的原因。

在信息混乱的世界做个健康的人

现代生活方式和机动性带来了新的健康问题,我们的肤色和生活环境之间的不匹配便是其中之一。维生素 D 缺乏症和紫外线照射过度不只是肤色特别深或特别浅,以及生活方式具有风险的人需要关注的问题,每个人都应当了解这些情况的危害。我们现在至少有两个非常明确的健康目标:争取并保持健康的维生素 D 水平,

---

① 这只是近年的一篇有关紫外线辐射和皮肤癌预防的综合研究报告中的几个重要结论之一,详见 Saraiya et al. 2004。

并采取措施预防皮肤老化和因紫外线照射而引起的皮肤癌。只要遵守一些简单的原则,这些目标即可轻松实现。首先,人们需要了解自己的祖先是什么样的人,他们的肤色和其他人相比是深还是浅,他们生活的地方紫外线强度如何(我们可以通过很多途径找到各地的紫外线指数)。其次,人们需要审视自己的生活方式和饮食习惯。这意味着人需要确定自己每天、每个季节会受到多少紫外线辐射,以及需要从皮肤里和饮食中获取多少维生素 D。医生和其他健康专家也能在这些问题上给我们指导。最后,人们必须根据需要做出改变。每个人的"太阳处方"都不一样,没有一劳永逸的解决方案。

下篇

社会学

第七章
独特的灵长类动物

人类是高度视觉化的动物，所以会如此在意肤色这件事。我们主要通过视觉来形成对他人及周遭世界的印象。人类通过对用视觉感知到的新事物与旧的视觉记忆进行比较，来品评人物或地点，据此决定自己从当下到未来应该做些什么。作为这个社会中的一员，每个人对视觉的依赖都渗透到了生活的方方面面。我们主要根据自己所看到，而不是听到或闻到的信息，来评估他人的年龄、情绪和意图。我们会敏锐地观察周围的人，如果不知道下一步该怎么做，就会通过观察熟悉或尊敬的人的举动来做决定。"有样学样"（monkey see，monkey do）简洁地表达了灵长类动物的这种倾向。尽管心理学家和神经科学家针对人类的模仿机制进行了激烈的争论，但各学科对于"模仿是人类社会学习的最重要过程"这一点是没有异议的。[1]

---

[1] 针对模仿在文化传播中的作用，有一篇综述已经做了全面的讨论，参见 Nicolas Claidière and Dan Sperber（2010）。学界针对模仿的潜在神经机制进行了激烈的辩论。有学者提出，镜像神经元是人类模仿行为的神经基础（Caggiano et al. 2009; Iacoboni 2009），近年来，其他神经科学家对这一观点提出了挑战（参见 Hickok 2009）。由格雷格·希科克（Greg Hickok）和戴维·珀佩尔（David Poeppel）主持并时常更新的博客"Talking Brains"则就与此相关主题进行了探讨，该博客的网址为 www.talkingbrains.org。

处于婴儿期的人类会观察并模仿母亲和其他照料者；进入儿童期以后，人类会模仿年龄较长的兄弟姐妹、亲戚和老师。他们会注意观察别人的面部表情、姿态和手势在表达上的微妙差别。观察力的增强和模仿力的日趋娴熟有助于使人适应其所在的社会群体，他们会因此了解，为了在身体意义和社会意义上生存下来，还需要学些什么。这些观察和适应活动也会让人更受他人的欢迎，具有正面意义。

我们不仅向权威人士学习如何行动，还会认真听取他们的意见，沿用他们所使用的社会标签和社会分类。在幼儿阶段，我们就开始从微妙的观察和言语中了解：谁是我们这个群体的人，谁不属于这个群体，谁是善良的人，谁没那么友善……儿童会加倍留意周围成年人在行为或语言上反复强调的个人或群体，即使大人从未明确地赞美或批评过这些人。① 于是一部分人的偏见开始缓慢、微妙地传播开来。我们学会根据人们的相貌、行为方式，或者权威人士对一些人采取的行动来给他们归类。我们的思维似乎井井有条，可

---

① 从20世纪50年代以来，学界已经在仔细研究人类发展出的"刻板印象信息激活"（用可重复的方式将人或事物进行归类）及其神经基础，因为从那时起，社会科学家就在试图了解种族偏见的生物学及社会学基础，他们探索了群体刻板印象形成的原因，以及群体刻板印象是怎样导致了漫长的种族偏见。关于分类思维及其发展过程有一篇不错的背景回顾文章，参见 Macrae and Bodenhausen 2000。另一篇文章则提供了简短而权威的观点，其主题是种族分类，参见 Fiske 2002。罗斯·哈蒙德（Ross Hammond）和罗伯特·阿克塞尔罗德（Robert Axelrod）发表于2006年、关于内群体偏见和民族中心主义可能的演化学基础的论文，在这个领域具有里程碑式的意义。在这篇论文中，作者打造了一个抽象模型，在模型中分别用不同的颜色表示竞争对手和合作者。在模型中共享特定颜色的个体属于特定的内群体。研究表明，愿意与自己颜色相同的人合作的人群扩张的速度远大于愿意与自己不同颜色的人合作的人群。这种内群体偏见的现象，与人类早期可能促进弱势群体社会凝聚力的行为具有一致性。珍妮弗·埃伯哈特（Jennifer Eberhardt）一直处于种族社会心理学背景下解释神经科学研究成果的前沿，她的评论文章出色地综合了关于该主题的复杂信息，尤其是关于脑成像的部分，参见 Eberhardt 2005。

以轻松将人分成不同群体,继而更偏爱自己的群体,也就是"内群体"(in-group)。即使分组的方式是随机的(例如用掷硬币的方法),人们也会倾向于偏爱自己这一组的成员。①

人只要表现出偏向自己群体的偏见倾向,无论多么随意,这种倾向都会被称为"最简群体范式"(minimal group paradigm),该倾向非常普遍。② 或许,由于这种倾向能提高我们发现社会盟友,以及在弱势社会群体中展开合作的能力,因而在人类演化过程中受到青睐。当我们发现周围人的恐惧或焦虑并对此感同身受时,大脑会通过改变神经反应来增强这种倾向。这些反应在大脑的杏仁体中表现得最为强烈,杏仁体参与大脑对情绪反应的习得,也是恐惧和焦虑的中心。为响应"外群体"(out-group)成员而激活杏仁体,是人类演化遗产的重要方面。

尽管人们可以根据分类来识别他人,他们并不是每次都会激活这些与类别相关的刻板印象。大脑对"外群体"的反应并不是非黑即白的,这种反应本身也不会形成刻板印象。不过,如果反复强化正向或反向的反应,尤其是通过言语标签来强化这种反应的话,就有助于形成刻板印象了。以这种方式形成的刻板印象和偏见可能会持续很长时间。但是,对"外群体"的反应并不是恒定的:这些反应会不断变化,因为潜在的神经反应可以根据情况和动机对大脑的反应进行调节。有意识的努力可以避免大脑对"外群体"的负面反应被自动激活而造成麻烦。我们天生就能接受人与人之间的视觉差异,也倾向于对权威人士的反应做出响应。人们都会产生刻板印象,但每个人对刻板印象的反应又受到文化因素的决定性影响,存

---

① 社会学家和社会心理学家已经对这种偏好进行了广泛的研究,特别是在种族主义发展的背景之下,参见 Eberhardt and Fiske 1998。
② Patterson and Bigler 2006.

在一定的偶然性。在整个生命周期中，每个人对他人的看法有多大的顽固性或可塑性，是学界研究的重点。①

这种抽象的讨论对象包括视觉和视觉评估的重要性、偏见的发展，以及建立在肤色或其他身体属性基础上的社会歧视。1968年，美国艾奥瓦州赖斯维尔市社区小学的简·埃利奥特（Jane Elliott）老师设计了一项戏剧性的实验来研究这个问题。马丁·路德·金遭到暗杀一事使埃利奥特老师内心难以平静，她希望以8岁的孩子能够理解的方式，向班上同学讲述有关歧视的知识。她认为孩子们需要感同身受地理解社会歧视，在她看来，在课堂上实现这一目标的唯一方法就是将班上的同学分为两组。经过同学们的允许，埃利奥特根据孩子们的眼睛颜色对他们进行了划分：蓝色眼睛组和棕色眼睛组。这两组学生被赋予了不同的标志、资格和特权。

数小时以后，眼睛颜色被贴上"上等人"标签的孩子呈现出优越感，他们的表现明显优于另一组被标记为"下等人"的孩子。这堂课成了埃利奥特和班上孩子永远无法忘记的一课（贴士15）。当为期两天的实验完成时，孩子们已经可以完全掌握偏见产生的机制和意义，这类基于外观差异的歧视没有任何道理。孩子们也理解了埃利奥特设计这堂课的目的。一个孩子写道："马丁·路德·金希望黑人能像白人一样得到自己想要的东西。为此，他被杀害了，他是被歧视所杀。"埃利奥特的课堂练习告诉人们，在几乎没有任何明显的身体特征（比如眼睛颜色）差异的情况下，人们都能快速建立起区分"内群体"和"外群体"的行为刻板印象。这种事在历史

---

① 对"种族认识内隐联系测验"（Implicit Association Test for Race）的开发者来说，回答这个问题是他们的既定目标之一（参见 Baron and Banaji 2006）。

上经常发生，最著名和普遍的歧视都源自肤色或其他身体特征。①

贴士 15　简·埃利奥特的大胆实验

在埃利奥特社会歧视实验的第一天，她告诉班上的孩子："蓝色眼睛的同学是全班的最底层，而棕色眼睛的同学则在最上层。我的意思是，棕色眼睛的人比蓝色眼睛的人要优秀。他们比蓝色眼睛的人讲卫生，也比蓝色眼睛的人更文明。他们还比蓝色眼睛的人聪明。这些都是真的，真是这样的。"接着，她告诉棕色眼睛的孩子们，他们可以照常使用饮水机，有更多的休息时间，午饭时还可以享受加餐。蓝色眼睛的孩子被剥夺了这些特权，老师说，只有在受到邀请时，他们才能跟棕色眼睛的孩子一起玩。当她问全班同学谁应该坐在前排时，棕色眼睛的孩子会精神饱满地回答："棕色眼睛的！"

实验当天发生的情况让埃利奥特感到讶异和震惊，因为数小时后，班上棕色眼睛的孩子的表现好像确实更出色。他们变得对蓝色眼睛的孩子们不屑一顾，在课堂上的表现也确实优于蓝色眼睛的孩子。蓝色眼睛的孩子们变得越来越灰心、焦虑，尤其是，他们中的一些人前一天还跟棕色眼睛的同学是好朋友，今天这些同学却开始疏远他们。第二天，规则反转，蓝色眼睛的孩子被重新赋予了前一天被剥夺的特权。埃利奥特期待蓝色眼睛的孩子此刻能够顾及棕色眼睛孩子

---

① 1970 年，美国广播公司新闻频道（ABC News）的《风暴之眼》（Eye of the Storm）节目组录制了简·埃利奥特实验的纪录片并在电视上播放。1971 年，这部纪录片的制片人威廉·彼得斯（William Peters）首次出版了描述这一实验的书，书名叫《分裂的课堂》（A Class Divided），这本书后来又出了增订版（Peters 1987, 34）。1985 年以后，当埃利奥特的实验和威廉拍摄的原创影片出现在美国公共电视系统（PBS）的《新闻前线》（Frontline）节目的同名纪录片中时，受到了观众的热烈欢迎。该片当中还有埃利奥特老师在实验结束十四年后与班上同学团聚的镜头，以及埃利奥特本人对该实验在十四年前才播出时的重要性的反思。读者可以在线观看完整的纪录片：www.pbs.org/wgbh/pages/frontline/shows/divided/etc/view.html。

的感受，结果却事与愿违。这些蓝色眼睛的孩子开始幸灾乐祸，享受着自己的优势。蓝色眼睛的孩子在这一天唯一的变化是，他们对棕色眼睛孩子的态度更加恶劣。第二天快要放学时，埃利奥特宣布实验结束，她问全班同学："你的眼睛颜色跟你是哪种人有关系吗？"全班同学大声回答："没有关系！"第三天，埃利奥特要求全班同学写一篇作文，为歧视下定义，并描述他们在前两天实验过程中的感受。一位同学写道："人们会根据你的肤色、眼睛颜色，以及你出入什么样的教堂来歧视你。"另一位同学则是这样写的："周一的时候我很高兴，我感到自己充满力量，而且非常聪明。我们可以多休息5分钟。我们有权先做所有的事情，可以早早就开始在操场上玩。我不喜欢被歧视，这让我很难过。我可不想一辈子为此愤怒。"[1]

接下来的几年，埃利奥特都带领班上的同学做了"歧视日"实验。1969年，美国广播公司新闻频道（ABC News）为她的班级拍摄了纪录片，有上百万美国人观看了这部纪录片。

[1] Peters 1987，32，33.

人类很容易受到别人的影响。如果某种身体特征与某些不良事物产生关联，那么负面的刻板印象就会快速发展。一个典型例子是与红头发相关的负面人格特质。这种偏见可以追溯到《圣经》时代，源于人们对长着红头发的撒旦（Satan）和犹大（Judas Iscariot，背叛耶稣的使徒）的怀疑。从乔叟（Geoffrey Chaucer）时代以来，欧洲文学就普遍将红头发与变节、背叛等特质联系起来，致使红头发的人在西班牙宗教法庭时期遭受迫害。①

---

① 文学作品中红头发的人，特别是红发男子，往往蕴含着贬义，参见 Cornwell 1998。玛丽·罗奇（Mary Roach）在一本关于红头发的社会意义的通俗著作中也探讨了人们因为红头发与撒旦有关而迫害红头发人士的现象（Roach 2006）。

这个例子以及埃利奥特的课堂实验表明，在定义人群差异时，某些身体特征很快就会变得突出，并轻而易举地成为刻板印象的标志。诸如肤色、眼睛颜色、头发颜色等身体特征都是这种类型的显著特征，它们也会被人们视作关于宗教信仰等社会建构的特征。当肤色与其他一系列在人们看来一成不变的生理、行为和文化特征打包关联在一起时，人类"种族"的概念便发展了出来；这些遭到打包的特征随后又与固有的社会等级观念联系在一起。如果种族概念被受人尊敬的权威人士大范围鼓吹，这会让他们的支持者形成刻板印象，美国政治评论家沃尔特·李普曼（Walter Lippmann）写道："为确保一种刻板印象能持续不断地进行代际传播，种族几乎被人们视为一种生物学意义上的事实。"[1] 最后，人们再也看不到种族包装之下那些各自独立的元素（肤色、体形、行为或道德品质），除非这些元素与种族相关。多数人将现实世界里的种族区分视作普遍真理；然而，这些分类的存在，仅仅是因为这些人和他们所在的社会相信这种分类是真实的。种族分类已成为制度性事实，因为这些类别的存在仰赖诸如语言等制度性因素。仅凭特殊的身体特征无法像用制度性事实那样强行定义一个群体，就像标记不完善就发射不了信号一样，达不到引来刻板反馈的目的。[2] 于是，肤色成了种族

---

[1] 李普曼撰写了关于舆论的精彩著作，其中一些章节探讨了刻板印象，非常有见地，他也是第一个在现代意义上使用"刻板印象"一词的作者。参见 Lippmann 1929, 93。

[2] 某种身体特征与人内在的社会地位之间的联系具有高度偶然性，这是克里斯·斯梅奇（Chris Smaje）关于种族和种姓社会建构的出色著作的基本观点（Smaje 2000）。把种族看作普遍真理，这是唐·奥佩拉里奥（Don Operario）和苏珊·菲斯克（Susan Fiske）1998 年发表的作品对种族主义的性质的看法。

制度结构的一种象征。①

将肤色当作重要的事

儿童在大约 3 岁的时候就会注意到肤色的重要性。但此时他们还不能根据这种表面特征发展出种族观念。他们能分辨不同的人有肤色差别，可只有当他们通过其他人的口头信息了解到不同人群之间的差别之后，才会为不同的人群贴上各自的标签。②即使没有亲眼见过这些人，孩子们也会因为口头信息对"外群体"成员产生偏见，尤其是当这些口头信息是由自己尊敬的人（比如父母、老师或长辈）提供时。多数人往往是通过谈话的方式，从别人那里获得文化知识，尤其是当这些知识涉及的是有关群体认同和价值观等抽象方面时。

到 6 岁左右，儿童似乎形成了别人能够察觉的、对社会群体的含蓄态度。与种族有关的"分类思维"的发展是很重要的，因为对于种族问题的心理建构会指导孩子们如何处理与他们将来会遇到的人有关的信息，这将深刻影响他们的记忆和预期的性质。成年人在

---

① 哲学家约翰·瑟尔（John Searle）强调"制度事实"（institutional facts）与"物质事实"（brute facts）之间的区别。物质事实是像山丘一样的物理实体，它们独立于诸如语言等人类制度而存在。制度事实包括仅仅因为语言等人类制度而存在的诸如金钱、婚姻和种族等现象，以及人们共同信仰的文字——人们认为它们是很重要的符号。参见 Searle 1995。
② 劳伦斯·赫希菲尔德（Lawrence Hirschfeld）对法国幼龄学童的种族意识发展研究表明，这一过程比人们过去认为的更加复杂、涉及许多方面，包括将视觉信息与"概念化"（conceptualization）进行整合（Hirschfeld 1993）。该研究还讨论了言语信息在盲人儿童建构种族认知时的重要性。另一项研究则讨论了两件事情的重要性：人们对他人态度的文化传播，以及人们对他人言语进行认知的文化框架。参见 Naomi Quinn and Dorothy Holland，1997。

图 19　图像可以有效加深群体刻板印象,尤其是当政府授意创作这样的图像时。2005 年,墨西哥政府发行了一组邮票,邮票上的卡通人物梅曼·平吉尼(Memin Pinguin)引起了人们的愤慨,因为它表明墨西哥政府支持艺术家用作品贬低非裔人士。该图由特丝·威尔逊提供

照片或历史学家的描述中看到有关其他种族的人的记载时,即使在不了解这些人的个性的情况下,也会根据自己心中其他种族的"资料库"来判断被描绘的人是什么样子。如果对"外群体"知之甚少,人们通常更难区分"内群体"中的个体之间有什么差异。这个问题被称作"跨种族识别缺陷",有时候人们会用"他们看起来都差不多"来解释自己的这种认识。① 同样地,当人们描绘其他种族的人(绘制卡通、绘画或者制作雕塑)时,会根据自己对种族群体特征的社会知识,将这些人物特点和气质的内涵带入自己的描绘当中。② 这便是充满先入之见和刻板印象的历史形象代代相传的方式。这些图像并不代表某些族群真实的样子,而是图像的创作者对自己想法的刻画(图 19)。

---

① 丹尼尔·莱文(Daniel Levin)写了一篇思路缜密的论文,研究了跨种族认知缺陷的本质。他对这个问题的观点(Levin 2000)值得一看。
② 彼得·伯克(Peter Burke)精彩的小书《图像证史》(Eyewitnessing,Burke 2001)探索了将图像作为主流价值的历史证据。谢里·林恩·约翰逊(Sheri Lynn Johnson,1992—1993)很有说服力地讨论了种族图像及其对法律程序的影响。她用出色的论文探讨了审前宣传和图像设计在审判的所有阶段(包括证人作证的环节)对陪审团的影响。她在文章中提供了或明显、或隐晦的图像效果案例,并针对如何预防因图像造成的偏见提供了建议。

对于有损"外群体"形象的贬义叙述或描绘，可能成为个人命运的有效决定因素。想象一下，当各种有关"内群体"和"外群体"的大量图像、记忆和故事被陪审团带入法庭，证人描述犯罪行为或疑似犯罪行为的方式是否会影响陪审团的看法？在这种情况下，有时与所讨论问题无关的负面描述或负面形容会影响人们对个体命运做重要决策时的情绪反应和判断能力。

与负面描述、负面叙事有关的种族标签，对"外群体"成员会造成非常大的影响，它也能通过向人们心中植入自己所在的群体比别的群体更高级或更低级、更聪明或更愚蠢、更强或更弱之类的观点，对"内群体"产生显著影响。因此，种族标签本身就成了决定许多人个性和人生经验的因素。[①] 过去十年，很多研究都在探讨当看到肤色不同的人的照片时，人的大脑会有什么样的反应。这些研究建立在大脑善于解读不同面孔这一认识的基础上。皮层面孔识别网络囊括了大脑的多个区域，使人们能够即时判断出一个人的年龄、健康状况、亲缘关系、情绪、意图和吸引力等。[②] 人们对于名人的面孔和与自己有较强情感联系的人的面孔会有更强烈的反应，不过，人倒是对所有的面孔都会有反应。人类解读面孔的能力是如此强大，以至于只要一幅素描中有一丁点儿人脸线索，就会激活大脑的面孔识别网络。此外，当一幅不带任何感情色彩的面孔与一则

---

① 这句话诠释了戴维·扎雷夫斯基（David Zarefsky）的精彩演讲《专家的观点》（*Argumentation among Experts*，Zarefsky 2011）当中有关种族的内容。
② 阿卢米特·伊沙伊（Alumit Ishai）和她的同事用功能性磁共振成像（fMRI）证明人脑中存在着广泛的面孔反应区域网络（Ishai 2005）。人脸图像会同时引起左右脑的反应，不过大脑右半球的反应更强烈。呈现名人面孔和与被试者有情感联结的人的面孔的照片会导致被试者大脑更强烈、更大范围的激活。莉萨·巴雷特（Lisa Barrett）和她的同事研究了负面流言对面孔识别的影响，结果表明，负面流言能让被试者对一副中性面孔产生负面情绪，这种情绪太强烈，以至于被试者在这张面孔与其他图像同时出现时会忽视别的图像（Anderson et al. 2011）。

负面八卦产生了关联,人们在看了这张脸以后也会对它产生负面的社会看法。

美国学者就人们对"外群体"面孔的反应做了比较多的研究,他们对"黑人"和"白人"这两个群体进行了相关测试。① 多数人在看到与自己肤色不同的人时杏仁体被激活了,但是个体之间在反应方面有很大差异。在关于种族偏见的标准测验(包含内隐联系测验)当中得分最高的人反应最强烈(贴士16)。持续时间最长的恐惧反应(源自杏仁体的条件性恐惧)是由对"外群体"面孔的反应引起的。如果面孔与令人不快的刺激相匹配,"白人"个体会对"黑面孔"的照片表现出比对"白面孔"照片时更持久的条件性恐惧。对"黑人"被试者而言,这种情况反过来也是成立的。因此,对一个个体而言,相比自己所在群体的人,不属于自己群体的人更容易带来令其不快的刺激。

贴士16　种族内隐联系测验

内隐的偏见或无意识的态度构成了"对意识觉察、意识控制、知觉意图或自我反思而言不一定可用的认知、感觉和评价"。[1] 过去十年,学界已经开发出许多内隐联系测验(implicit association tests, IATs)来度量人们对种族、族裔或其他群体的偏好。这些测验建立在对两种客体概念(比如花与昆虫)具有某种属性(令人愉快或令人不快)的差别接触的基础之上。内隐联系测验的基本原理是,与并不紧

---

① 2000年,伊丽莎白·费尔普斯(Elizabeth Phelps)和她的同事发表的一篇极具影响力的论文表明,不同的人的大脑对于"黑面孔"和"白面孔"有着不同的反应,杏仁体反应的强度随潜意识里种族偏见的程度而变化(Phelps et al. 2000)。安德烈亚斯·奥尔森(Andreas Olsson)和他的同事通过研究证明,当人们观看来自"种族外群体"的人的照片时,典型的条件性恐惧会持续较长时间(Olsson et al. 2005)。

密关联的配对相比,像"花"和"令人愉快"之间这样紧密关联的配对能更快地引起人的反应。

关于种族和肤色,最流行的内隐联系测验测量的是种族或肤色(非裔美国人或欧裔美国人;深肤色或浅肤色)和内在属性(正面的如快乐、爱心、和平、美好、预约、光荣、欢笑、幸福;负面的如痛苦、可怕、骇人、讨厌、邪恶、糟糕、失败、受伤)的目标概念之间的相关程度。在一个版本的内隐联系测验当中,被试者看到一幅非裔美国人的面孔,或看到一个带有令人不快的含义的词(例如悲剧、腐朽)的时候会按一个按钮。当被试者看到一个欧裔美国人的面孔,或一个带有令人愉快的含义的词(例如爱、健康)时,则会按另一个按钮。之后,被试者会在看到非裔美国人的面孔和令人愉快的词时迅速按下同一个按钮,在看到欧裔美国人的面孔或令人不快的词时按下另一个按钮。这项内隐联系测验的设计者认为,响应速度越快,说明肤色和词语之间的相关度就越高。很多美国被试者能更快地将非裔美国人的面孔和令人不快的词联系在一起,并将欧裔美国人和令人愉快的词联系在一起。被试者可以作弊,但内隐联系测验能很好地利用内隐偏见。新版的内隐联系测验则利用对大脑和面部肌肉的功能研究,探索这些响应背后的神经过程。[2]

[1] 这段引文来自哈佛大学内隐联系项目(Project Implicit)负责维护的网站 http://projectimplicit.net/about.php。你可以在该网站找到项目参与者所发表研究论文的列表,并向作者请求查看原文,http://projectimplicit.net/articles.php。
[2] 参见 Ito and Cacioppo 2007。

这些科学发现并不意味着人类在神经学意义上注定会对某个特定人群有偏好。我们的态度会不断因为经验,因为有意识的选择而发生改变。偏见会因为某种经验或动力而改变,甚至消失。人们很容易产生刻板印象,因为刻板印象能让他们在思维上走捷径,不必

为他人仔细考虑、付出关注，例如，对人或事物作出"下意识的反应"。然而，当人们有动力（哪怕只是暂时地）把某个人当成自己所在群体的一员并为其着想时，刻板印象就很可能发生变化。① 有学者研究了"奥巴马效应"对偏见的改变程度，他们发现，即使是微妙地面对正面的、反刻板印象的图像，也会减少负面刻板印象所引起的内隐偏见。② 人类是能够接受暗示的，特别是当人们与之前留下负面印象的"外群体"成员真正接触过以后，他们对这些人是好人或坏人的假设可以被轻易改变。正如一位研究者所言："当人们听说了一些语言标签时，他们［对人进行分类］的行动会马上开始；当他们看到照片时，这种行动会变得更容易；而当他们与真实的人进行接触之后，这种行动就会变得很困难。"③

过去五个世纪以来，我们在了解他人、形成对他人的观点方面已经发生了翻天覆地的变化。我们已经从几乎不晓得其他族群外貌和文化的阶段，发展到对各族群都有非常多的了解。我们今天能够得到的多数信息都是来自间接报道，并非价值中立。媒体、手机、社交媒介和广告正在联网向全世界传播各种"充满魅力""著名""贫穷""富裕""无家可归"的人的画面，试想一下，我们在多大程度上受到它们的影响？伴随这些图像的叙述恐怕不是简单的描述，它们倾向于以正面或负面的视角塑造一个人的属性。高度动态且不断扩容的视觉图像库会影响人们将外观感知转化为判断的方

---

① Fiske 2004.
② 研究者发现，巴拉克·奥巴马（Barack Obama）在 2008 年美国总统大选中的获胜，对非裔美国人的考试成绩产生了深远的正面影响。这次历史性的胜选也减少了内隐偏见和刻板印象。人们发明"奥巴马效应"一词，用来描述反刻板印象的非裔美国人榜样对黑人的考试成绩和其他人的内隐偏见的积极影响（Marx, Ko, and Friedman 2009; Plant et al. 2009）。
③ Fiske 2002, 124.

式。经历了这样的过程，人们会在无意识的情况下发展出偏好、厌恶和对他人外表毫无根据的判断。

刻板印象的影响

刻板印象会对人的行为（包括表现）产生很大的影响。大约二十年前，一支由社会心理学家组成的研究团队发表了一篇有关"刻板印象威胁"现象的经典论文。[①] 在这些社会心理学家看来，非裔美国人在考试中表现不佳是由于普遍的文化刻板印象对其行为的影响。当官方用一种很难考的考试对考生的能力做判断时，会使得非裔美国学生感受到种族刻板印象的威胁，这会让他们在考试过程处于不利的位置。在这篇论文发表后，一些类似的研究支持并扩展了这一发现。刻板印象威胁在许多情况下都会产生影响：当欧裔"白人"男性被告知他们需要同亚裔男性比较考试成绩时，他们在数学考试中的表现会更差。当女孩被告知自己在数学方面不及男孩有天赋时，她们也会在数学考试中表现更糟。在知晓测验是为了衡量运动天赋时，与非裔美国人相比，欧裔美国男性会在运动任务中表现更差。人类可以被暗示的程度甚至能发展成为对所在族群负面刻板印象的自我实现。比较幸运的是，如果一个众所周知、拥有强烈正面力量的成功榜样能减轻种族刻板印象的负面影响，刻板印象威胁和内隐偏见对考试成绩的负面效应就会降低。

[①] 最早的有关刻板印象威胁的论文是克劳德·斯蒂尔（Claude Steele）和乔舒亚·阿伦森（Joshua Aronson）撰写的（1995）。在那之后，研究者对这个主题进行了详尽的研究，发表了更多的论文。多数有关刻板印象的研究都围绕负面刻板印象的性质和后果展开了讨论，包括怎样通过正面榜样（例如"奥巴马效应"）减轻负面刻板印象造成的影响。参见 Columb and Plant 2010；Schmader, Johns, and Forbes 2008。

第八章
与异族相逢

在智人的历史当中，多数时候，人类都是群居生活，旅行也并不多。我们的祖先会定期与亲戚会面，可能还有其他熟人住在临近的族群，但很少出现有人长途旅行、遇到与自己长相不同的族群的情况。智人已经在地球上存在了十六万年以上，但在最近的一万多年之内，相隔遥远的族群之间才开始频繁接触。

肤色明显不同的人之间最早的接触发生在贸易当中，确切时间和地点尚未可知，因为他们相遇在人类发展出书写系统之前。[①] 随着人们变得愈发精通狩猎与采集，尤其是当农业生产率提高之后，人口开始逐渐增加。各人口中心之间的接触愈发普遍，贸易路线和

[①] 贸易的发展仰赖交通运输的创新。在欧洲和非洲，有证据表明，在公元前7000—前6000年，船只便被广泛用于收集和分配食物，促进了河流、湖岸甚至公海的贸易。航运技术的发展使人们能买卖各种易腐货物和宝贵物资，以及体积庞大、难以陆上运输的重物。从公元前2500年开始，人们在今天的哈萨克斯坦和乌克兰地区驯养了第一批马。当人们开始使用能够骑乘、挤奶和作为役畜的家畜，便可以比徒步走得更快更远。马的使用在整个西亚和中亚乃至东欧地区迅速蔓延，有证据表明，从公元前2000年，人们便开始使用可以拴役畜的双轮车载客或运送货物。亚洲的丝绸之路是由马力创造出来的著名贸易路线案例。在公元前1500年，古埃及人也已经在广泛使用马车。

商人的数量也有所增加。最早,多数异族之间的接触都发生在较小的群体之间,他们会在初步的社会交流过程中互相观察对方的外貌。毫无疑问,最初,他们对其他族群人士的外表或着装都持谨慎或怀疑态度,但出于好意的当事人之间面对面的交流都会大大减轻人们对叵测居心的恐惧。那时候,人们会面的主要议题是贸易。社会联结的建立可能会导致通婚,并使人们到远离故乡的贸易中心去定居。考古记录仅仅展示了业已发生的物资贸易与思想交流,无法呈现当时人们的反应和感受。

所以,我们要留意不同肤色的人之间最早接触的证据。已知最早的相关证据来自埃及。在南亚的早期历史记载中,也有证据表明,不同肤色的人之间有过交往。然而,在亚洲发生的这些不同族群之间的互动和痕迹没能明显影响西方人,他们还是按照自己的原则对其他肤色的人做判断。① 而后,不同肤色的人们在古代的地中海地区相遇并开始交往。这些族群不包括为美索不达米亚的底格里斯河和幼发拉底河沿岸的早期城市或农村的兴起做出贡献的人们,与地中海周围的尼罗河谷地及附近土地上的居民相比,他们彼此间肤色更为接近。古希腊和古罗马及其邻近地区的古代史自然而然地导致学界开始考察在罗马帝国最后几个世纪当中发展起来的早期犹太教、基督教和伊斯兰教传统对肤色的态度。

最早的交流地点:埃及

尼罗河谷地堪称人类交往的高速公路。由于尼罗河是极长的南

---

① 西方人(最开始是欧洲人)对肤色的态度,主要是由于同撒哈拉以南的非洲地区肤色很深的人接触之后的反应而发展起来的,参见本书第九章和第十章。

北向河流（长达 6650 公里，跨越 15 个纬度，也覆盖了紫外线强度从较强到较为适中的大片区域），河流与河谷让肤色明显不同的人们在沿岸汇聚，这些人也逐渐适应了日照条件迥异的环境。古埃及的领土包括今天埃及的多数地区以及苏丹北部的部分地区。在最后一个冰河时代结束后，也就是从约公元前 9000 年到约公元前 2300 年前，这里雨水丰沛，植被茂密，野生动植物也得以充分散播。季节性的大雨让尼罗河每年都发生洪水，农民可能会为此有计划地安排种植和收获的周期。毗邻尼罗河的地区现在已经成了沙漠，但在当时，这里水源充足，十分宜居，具备让农业蓬勃发展、人口不断增加的条件。这些趋势导致了各族群之间交流的增加。当人们开始定居（而非游牧）、务农，这里的统治者就会对人民进行集中管理了。①

尼罗河被六处较浅的大瀑布和通航性不佳的水流打断，从而在多个人口聚集的中心之间形成了自然的分界线。这些人口中心里住着肤色适中、容易被晒黑的人。尼罗河第一瀑布南部的土地属于当时的下努比亚（Lower Nubia）和上努比亚（Upper Nubia），这两个地区被努比亚沙漠隔开。如今，下努比亚还是现代埃及的一部分，而上努比亚则属于苏丹。肤色较深的人居住在位于白尼罗河（White Niles）和青尼罗河（Blue Niles）交汇处的上努比亚。在埃及和《旧约》的文献当中，该地区通常被称作库施（Kush）或古实（Cush）。五千多年前，埃及和努比亚农民、牧民之间的接触和交易就开始了，在早王朝时期（公元前 3100—前 2686）和古王国时期（公元前 2686—前 2134）潮湿的自然条件下，人们之间的接触与交

---

① 埃及文明的丰富很大程度上是由于尼罗河谷地土地肥沃，生态环境稳定，加之人们注意保护土壤，增加土地肥力——这种耕作方式如今被称为可持续的农业实践。人口的增长与人们之间的交流并没有引发对食物或水的过度竞争。尼罗河沿岸城市的人口密度高于其他古代地中海地区，原因就在于这里的环境和农业资源基础十分稳定。

易更为频繁。①埃及人与美索不达米亚人之间的接触同样开始于早王朝时期,但参与的人数并不多。

埃及和努比亚的社会结构在早王朝时期已经形成,人与人之间可以用阶级来区分。法老与王后被奉为神灵,贵族簇拥着他们,为贵族服务的是文士(scribe)。其余人口当中,绝大多数的是农民和农奴。他们在法老或贵族所拥有的土地上按照佃农制度工作。由于农奴不能被买卖,他们并不能被算作是奴隶,不过,他们依然被束缚在土地上。②农闲季节,他们受到征召,在尼罗河谷地的各处建造大型金字塔和其他纪念性建筑。包括战俘在内的奴隶则是埃及和努比亚社会的特殊阶层。当围困成功、要塞倒塌时,胜利者会将失败一方的人和牲畜一起俘虏和奴役。从前王朝晚期开始,这种围困战争致使埃及和努比亚内部及互相之间频繁地进行奴隶抢夺。人们认为奴隶是众神和法老的财产,不能被私下买卖。奴隶会去当厨师、织布工和田间劳工。一部分奴隶会和农民一起修造纪念性建筑。由于多数奴隶都同农奴一起劳动,他们最终会与农奴结婚,婚后的奴隶也成了佃农。

奴隶和农民多数时候都在户外工作,随着季节的变化,他们会遭到程度从适中到强烈的紫外线照射,辐射的程度取决于他们所处的位置是更接近下埃及尼罗河三角洲的河口,还是更靠近上努比亚白尼罗河与青尼罗河的交汇处。肤色深度适中的人(主要来自上埃及和下埃及)会被晒得很黑,他们的肤色看上去比法老和贵族要深

---

① 有关埃及和地中海地区最简洁可靠的信息源之一,便是大英博物馆出版的古代世界年表。参见 Wiltshire 2004。
② 农民、农奴和奴隶的定义在不同文化、不同历史时期有所差异。布鲁斯·特里杰(Bruce Trigger)对古埃及的农奴制和奴隶制的性质进行了批判性的比较法讨论。参见《古代埃及社会史》(*A Social History*, Trigger, 1983)。

得多。肤色更深的农民和农奴（大多来自上努比亚）比不经常晒太阳的人们肤色深一些，不过，在上努比亚，户外工作者与上层阶级之间的肤色差异并没有那么明显。随着埃及和努比亚之间，乃至大埃及地区同巴勒斯坦、利比亚之间的人们愈发普遍地互相接触，在人口集中的地区，人们外貌的多样性也在增加。

在城市的兴起和有组织的冲突发生之前，尼罗河沿岸不同地区人民之间的往来已经有了很长的历史，这意味着当战争发生时，人们之间早已知己知彼。[①] 整个古埃及都没有用来指代人们肤色的词语，奴隶制度也与肤色无关。例如，埃及铭文和文献当中很少提及上努比亚库施人的深色皮肤。我们知道埃及人并没有忽略肤色，不过，由于艺术家在创作作品时对肤色格外关注，他们会用在当时条件下可以使用的颜料来描绘人物的肤色。在这些作品里，埃及男人的皮肤往往是红色的，而女人的皮肤则被涂成淡黄色。埃及艺术家把努比亚（库施）贵族的皮肤画成黑色或深棕色，在他们的浮雕作品里，埃及人自己的皮肤也是深棕色的。

印度地区

印度是个广阔的地区，覆盖着诸多不同的纬度，各地有着迥异的太阳辐射条件，拥有肤色千差万别的人口。从大约公元前1500年开始，就有来自中亚的大量人口涌入印度（很多人称之为侵略）。

---

① 这一说法综合了以下学术成果：保罗·克恩（Paul Kern）和米尔顿·梅尔策（Milton Meltzer）各自对埃及战争史和奴隶制度的描述；小弗兰克·斯诺登（Frank Snowden Jr.）和戴维·戈登堡（David Goldenberg）分别发表的论文，探讨了古埃及作品和其他古典作品里所反映的当时人们的肤色认知。参见 Kern 1999；Meltzer 1993；Snowden 1970, 1983；Goldenberg 2003。

我们在这里要讨论的印度是指这一地区，而不是那个以"印度"为国名的现代国家。

公元前 4000—前 3000 年，农业开始在印度地区兴起，此时的农业活动集中于印度河谷地，即位于现代巴基斯坦的俾路支省（Baluchistan）和信德省（Sindh）的一部分地区。印度河盆地水源充足，使不少城市在这里兴起，也导致了哈拉帕文明（Harappan civilization，公元前 2500—前 2000）的诞生，这一文明的独特之处在于没有宫殿或墓葬，明显没有战争迹象，该文明还有密集、漫长的贸易路线。① 我们对哈拉帕人知之甚少，因为他们既没有留下书面文献，也没有用视觉艺术记录生活或互动细节的传统。相反，有关印度地区最早的书面生活记录，源于来自西北的自称为"雅利安人"（ārya，在雅利安人的语言中，这个词的意思是"高尚的、可敬的"）的大批侵略者留下的文字记载。

雅利安人虽然以放牧为生，却有着很强的军事实力，凭借战马和战车，他们长驱直入，抵达印度河上游，最终消灭了哈拉帕人。这一过程耗费了一个多世纪的时间，可能是因为雅利安人的人口数量远不及他们想要取代的、定居在印度的农业民族。与哈拉帕人相比，雅利安人的物质文明微不足道，不过雅利安人留下了许多被称为"吠陀"的文献，其中的赞美诗让我们了解到雅利安人丰富的生活和信仰体系。② 早期吠陀经的记载表明，最初与哈拉帕人接触时，

---

① 肯尼思·肯尼迪（Kenneth Kennedy）在他的著作《神猿与化石人》（*God-Apes and Fossil Men*，Kennedy，2000）中对哈拉帕文明做了出色的回顾。
② 语言学和考古学研究证明，被称作雅利安人的侵略者曾对印度次大陆进行一系列入侵活动。此外，遗传学研究也表明，印度种姓的父系血统主要是印欧裔。但是，印度地区的部落人口没有受到雅利安人涌入的影响，他们中的大部分人是印度次大陆原住民的后裔（Cordaux et al. 2004）。帕特里克·奥利维勒（Patrick Olivelle）对奥义书的翻译为我们提供了很好的对印度早期历史遗迹——吠陀文献的介绍。

雅利安人有一种简单的双层阶级结构，构成这两个阶级的分别是贵族和普通部落成员或平民。不久，贵族当中又分出了祭司阶层和武士阶层，因此，根据是否从事圣职，以及同真理的亲近程度，雅利安人一共发展出三个阶层。这样的社会分化同"瓦尔纳"（varna）的概念有关，这个词本身意味着光辉和色彩。[①]"瓦尔纳"既可以指社会阶层，也可以指肤色，但在当时，这个词是否专门用来指涉肤色，学界还存在争议。在古印度最早的吠陀文献《梨俱吠陀》（*Rig Veda*）当中，"瓦尔纳"常用来表示光辉。从这个意义上来说，"瓦尔纳"可以被认为是众神的属性：能被用来形容从人类到珍珠的所有事物。可见"瓦尔纳"这个词最初并不是用来指涉特定的肤色或族群。

随着人与人之间不断增加的接触和交往，雅利安人当中的上层阶级面临很大的压力，他们需要让自己和当地原住民及其家眷有所不同。在大约公元前1500年的吠陀晚期，印度社会已经分为四个阶层，这样的阶层划分在宗教层面获得了允许，被视为一种基本法则：其中，雅利安人被分为三个阶层，分别是祭司、武士和农民，列在第四的阶层是农奴，包含哈拉帕人和有哈拉帕人血统的人。此时，"瓦尔纳"一词被用来描述每个阶层的文化发展。处于最上层的祭司同白色（和纯正）联系在一起，武士则与红色相关联，农民对应的是黄色，农奴则与黑色相关。这种分类还与肤色（尤其是脸部肤色）有关，因为许多农奴是深色皮肤的哈拉帕人的后代。肤色不会影响人的魅力，不过，根据当时的审美标准，一个美女可能得

[①] A. L. 巴沙姆（A.L. Basham）在其历史综述中简要讨论了"varna"的词源。他强调，尽管人们对这个词的翻译并不是十分严谨，但"varna"并不是"caste"（印度的社会等级）的同义词（Basham 1985）。

有"深色、棕色或金色皮肤"。①

在吠陀时代的最末期，即公元前500年前后，按照瓦尔纳进行的社会阶层分类被编入法典，人们认为该分类方式是当时社会的基本特征。此时，肤色不是阶级分类的标准。瓦尔纳与个体在群体性祭祀行为中的角色有关，是由禁忌、污染、净化等观念决定的。瓦尔纳可以反映出一个人是通过什么途径进入灵性领域。当祭祀仪式中的角色被分配到不同的颜色（白色、红色、黄色和黑色）时，瓦尔纳与颜色之间的关系也得以巩固。

三个等级更高的雅利安人阶层与处在第四等的非雅利安人阶层之间的分野非常严格。② 瓦尔纳与肤色之间的联系越来越紧密，似乎融合了人们对于皮肤被晒黑与户外活动之间关系的想法。在户外工作的武士与农民往往比祭司肤色更深。但是，肤色在当时并非严格用来区分阶级。因为肤色深或者晒得很黑的人有可能是阶级较高的雅利安人。随着时间的推移，瓦尔纳成了根据精神纯净程度划分社会阶层的复杂系统一部分，人们认为，在这个系统中，最纯净的是用白色来代表的阶层，而最不纯净的则是用黑色所代表的阶层。除了颜色之外，精神纯净的程度还与职业有关：啤酒和烈酒的酿酒师、屠夫和刽子手、猎人和渔民，以及制作篮子的人都是不纯净的，人们也用黑色来代表他们，但这与肤色无关。非雅利安人的后

---

① 这段话引自《中部尼柯耶》(*The Middle Length Discourses of the Buddha*, MN 79.10, Nanamoli and Bodhi 1995）。在吠陀时期的最末，阶层要按肤色来划分已经写入《摩奴法典》，但三个较高的阶层并不是按肤色来区分的。这三个阶层的人可以聆听、学习吠陀经。当时的文献中，有使妈妈生出白皮肤、红皮肤或深色皮肤的孩子的饮食配方，例如《广林奥义书》(*Bṛhadāraṇyaka Upaniṣad*, 6.4.13–16）。农奴甚至被禁止聆听吠陀经。

② 德巴里（de Bary）及其同事在《印度传统典籍选编》(*Sources of Indian Tradition*, de Bary et al. 1958）这本书当中讨论了"瓦尔纳"（varna）一词的复杂含义，认为它最初反映了一个人品格的重要部分，随后又被用来描述人的肤色。

裔完全不受重视，他们不说梵语或帕拉克里语等印欧语系的语言，人们用黑色来代表他们，而且排斥和鄙视他们。由于农奴不是雅利安人的后代，他们自然也被认为是黑色的。

尽管瓦尔纳已经被视为人类普遍倾向于用肤色给人分类的证据，但实际上这个判断是错误的。直到印度历史的后期，也就是15—16世纪，随着上层对种姓制度的推进，加上印度与欧洲之间建立了更为频繁的商业联系，瓦尔纳才变成一种以肤色区分阶级的标准。这种看法在雅利安人统治的地区尤为盛行，在他们看来，多数农奴都是肤色很深的非雅利安人的后裔，这仿佛为用肤色划分阶层提供了依据。

地中海世界

地中海被风景各异、气候不同的陆地环绕着。地中海周围的土地，有的贫瘠，有的肥力适中，最初，在这里发展农业的人们无法获得很好的收成。公元前3000年左右，早期地中海世界两处孤立发展的人口中心分别位于希腊大陆和克里特岛（此时，前王朝时期的埃及文明正在尼罗河畔呈现繁荣景象）。曾经隔绝的两种文化，尤其是它们之间在地中海东部交流接触的最早证据，可以追溯至公元前2500年。[①]

雅典城邦（古希腊心脏的所在）是公元前1000年以来地中海地区诞生得最早的几个城市之一。雅典用经济、宗教和政治联系将人民统一起来。这些城邦最初规模很小，由城市中心和乡村腹地组成。城邦通过奴役战俘和无法还清债务的人，以及入侵邻近地区

---

① 有关地中海世界历史的简要概述，参见 Alcock and Cherry 2005。

获取资源，来缓解农业收益的不稳定性。在荷马时代（约公元前1200—前800），田野上、厨房中和编织作坊里都有奴隶辛苦劳动的身影，他们也获得了有尊严的对待，生活水平略低于拥有人身自由的劳动者。不过奴隶终归不是公民，没有权利。由于在希腊城邦之间（比如雅典与斯巴达之间）的战争过后，胜者可以俘获奴隶，所以很多时候，奴隶和奴隶主都是同一个族群的人，当时并没有专门的奴隶阶级或奴隶群体。

公元前5世纪，在希腊和地中海其他城邦，由于战争带来的经济压力，奴隶的数量和相对重要性有所增加。如果奴隶不够用，在战场上牺牲的男人的妻子也会被抓去做奴隶，不过由于身强力壮的男劳力太过紧缺，有必要从更大的地理范围（包括今天土耳其的大部分地区）购买或俘获奴隶，希腊陆军和海军有时会占领城镇，为的就是奴役、贩卖那里的全体百姓，换取人力资本和利润。① 在古希腊，奴隶招募的随意性在某种意义上也使得这种招募显得更公平，因为当时不是按照人的阶级或外表征召奴隶。用历史学家威廉·韦斯特曼（William Westermann）的话来说："虽然奴隶的处境总是非常艰难的，但许多迹象表明，古希腊人完全没有那种基于肤色差异的种族和阶级偏见。"② 奴隶不具备在今人眼中属于人权的权利，但在自由的古希腊，奴隶并没有遭到虐待，因为希腊人并不觉得奴隶低人一等。奴隶主可以解放奴隶，当这种情况发生时，这位

---

① 例如，雅典将军尼西亚斯（Nicias）率领军队沿着西西里岛北海岸行进，占领了小镇海卡拉（Hyccara），这里除了人口之外几乎没有其他资源，于是尼西亚斯的军队俘虏了全镇居民并将他们当成奴隶卖掉。
② 参见 Westermann 1995, 23。韦斯特曼的书详尽地研究了古希腊和古罗马的奴隶制度。另一部出色且对不同地区的历史进行广泛比较的著作是奥德丽·斯梅德利（Audrey Smedley）的《北美种族：世界观的起源及其演变》（*Race in North America: Origin and Evolution of a Worldview*, 1999）。

奴隶的过去也就被正式遗忘了。

亚里士多德首先提出关于奴隶与非奴隶之间关系的看法。他认为，有些人在身体上和精神上都适合被奴役或做苦工，另一些人则天生就具备成为自由公民的能力。他认为奴隶和阶级较低的劳工本身就不适合拥有希腊公民身份，也就是说，非希腊人不适合从事政治和治理工作，当然，他是基于其宏大哲学提出这一看法的。

古希腊人对奴隶的态度与肤色无关，尽管希腊人的皮肤能在一定程度上变深，在强烈的太阳辐射之下还会被晒黑，在他们看来这是优于深色或浅色皮肤的身体特征。在亚里士多德看来，希腊优越的地理条件和气候特点，使那里的人们身体素质较高，思维能力更强，社会也处于均衡状态。在这方面，亚里士多德沿袭了希波克拉底的看法，希波克拉底在他的论文《气候水土篇》(*Of Airs, Waters, and Places*)当中提出了古希腊人对人与其所在的自然环境之间关系的看法。希波克拉底是第一个对人的气质进行概括的人，我们现在则会将他对人的分类行为视为一种刻板印象。① 如果希腊语说得不够流利，按照这种分类法，这些人会被进一步贬低，被称为野蛮人、蛮族。(参见贴士17)

有学者提出了有关人性的气候理论的构想，而后，生理学规范的概念得以建立，所谓生理学规范，就是以有人身自由的希腊男性公民为标准，来判断一个人的肤色、体形和心理素质。② 如今看来，亚里士多德对希腊人优越性的论断似乎很有前瞻性。其实亚里士多德的卓越之处主要在于精心收集证据，把能证明希腊所谓人种和民族优越性的表述整合到一起。其他人本来也能得出同样的结论，只

---

① 本杰明·艾萨克 (Benjamin Isaac) 在他的著作《古代种族主义的发明》(*The Invention of Racism in Classical Antiquity*, 2004) 第一章仔细回顾了希波克拉底等人的环境理论。
② 参见 Goldenberg 2003。

贴士 17　"蛮族"

"蛮族"（barbarian）一词最早出现在古希腊（公元前 5 世纪—前 3 世纪），用于描述非希腊人或无法流利地说希腊语的人。希腊人随意地使用这个词来指代种族或信仰不同于自己的人们，无论他们有多么"文明"。"蛮族"可以简洁地描述他者，带有迷恋和恐惧的双重含义。随着时间的流逝，它变得只有"劣等"之意。[1] 后来，古希腊的"蛮族"概念在古罗马盛行，雅利安人也发明了类似的概念，用来描述印度的非雅利安人。

两千多年前的中国对野蛮人描述得最详尽，他们视中国的王国为世界的中心，周围其他民族都被当作"蛮夷"。古代中国人给外族部落划分方位，根据方位匹配对应的颜色。虽然肤色不是决定部落标志性色彩的因素，但这样的做法"长期污名化所谓'蛮族'，说他们充满兽性。西方某个神话般的国度住着许多长披肩、皮肤白皙的人。来自其他部落的蛮族虽然长着人脸，'但他们的眼睛、手和脚却都是黑的'"。[2]

[1] Thebert 1980.
[2] Dikötter 1992，6.

是没有像他这样的创造力。

　　亚里士多德对于希腊人肤色优势的看法并不预示着基于肤色的等级制度的建立。对亚里士多德，以及追随他的古希腊人、古罗马人来说，所有的肤色都已超出他在希腊公民身上所观察到的那种适中颜色的范围之外。亚里士多德的哲学理念坚定了人们的信念，即肤色反映了一个人的祖先所处的环境品质，及其与生俱来的、有关希腊式理想的价值观。

公元前3世纪末，在希腊、迦太基和罗马军队之间的冲突当中，军队俘获了大量奴隶，自此以后，奴隶的使用才在地中海世界成为普遍现象。统治者接受并期待奴役那些被征服的人。随着时间的推移，由于受过严格训练的陆军和海军能快速行进至遥远的目的地，地中海诸国之间战争的地理范围变得越来越广阔。这些战争，加上频繁的贸易出访和外交往来，使外表、衣着互不相同的族群得以相聚。

古希腊人和古罗马人将肤色深的人称为"埃塞俄比亚人"。拥有这一称号的族群是生活在埃及南部、红海两侧、西北非洲南部边缘，以及印度地区所有肤色较深的人。他们是"脸被晒黑的人"，肤色是他们最典型，也最不寻常的特征，古希腊人和古罗马人认为，这些人的整体外观和气质是他们的生活环境造成的（贴士18）。[①] 罗马人还特意发明了许多表达"埃塞俄比亚人""皮肤黑的程度"的方式，其中就包括一些术语，用来描述父母双方肤色深浅不一时，所生的孩子肤色深到什么程度。比如，他们会用拉丁文的"decolor"（褪色的）或"discolor"（不同颜色的）等单词描述这些孩子，他们也是用这些词来描述印度人和毛里塔尼亚人的。将人的身体特征、性格和文化与环境相联系的气候理论有着悠久的历史和广泛的影响，特别是在医学领域。这些信念被波斯哲学家、医生阿维森纳（Avicenna）融入了自己的医学论文，这些论文直到18世纪初都在欧洲有着深远影响。

古希腊哲学对古罗马政治的发展产生了普遍影响，罗马人也非常相信非罗马人在文化方面低人一等。被罗马人征服的其他民族，即希腊人、高卢人、迦太基人、埃及人、"埃塞俄比亚人"、日耳曼

[①] 弗兰克·斯诺登（Frank Snowden）在《古代黑人》（*Blacks in Antiquity*）这本书的第一章当中详细描述了古希腊人和古罗马人如何系统地观察和描述肤色，尤其是深色的皮肤（Snowden 1970）。

贴士 18　气候理论

亚里士多德根据希波克拉底和希罗多德发明的学说提出了这一理论，认为气候和地形决定了人的身心特征。亚里士多德表示，这些特征可以代代相传，从而确立了一种最早的、认为后天习得的特征可以遗传给后代的理论。正如一位现代历史学家总结的那样，"气候、地理和制度的共同作用，孕育了品性各异的人"。肤色是气候能够决定的身体特征之一。生活在过于寒冷的地方，肤色会比较浅；反之，在过于炎热的地方，人的肤色就比较深。根据古罗马博物学家老普林尼（Pliny the Elder）的说法，"埃塞俄比亚人"过于靠近太阳散发的热量，遭到灼伤，因此天生就长得像被烧焦了似的。古希腊历史学家斯特拉波（Strabo）认同老普林尼的说法，并指出，地中海世界的人接触过的印度人的皮肤，他们"没有被烧伤得那么严重"。[1]

在亚里士多德看来，希腊享受着适中地理位置和适度气候（温度适宜，湿度均衡）的事实，意味着环境赋予这里的居民最好的精神品质和最高的智慧，让希腊统治者拥有最高的政治发展水平，即最强的执政能力。而在气候没那么好的地方生活的人们，其身体特征和思维能力使之无从获得这些成就，天生就处于劣等地位。

[1] Isaac 2004, 65, 80.

人和不列颠人，被罗马人认为是同一阶层，且禀赋不及罗马人。可见，罗马人并不是根据肤色和外表来判断其他民族的价值。

其实，古罗马人与古希腊人的不同之处在于，古罗马人的奴隶制呈产业规模发展趋势，有数十万人参与其中。从公元前300年左右开始，在大量罗马人于战争中牺牲，以及罗马城市和军队对食品与原材料的巨大需求的共同作用之下，罗马人将大批战俘当作奴隶来贩卖。人们从新征服的土地上掠夺奴隶作为战利品，成千上万的人遭到奴役，他们向罗马统治者发起反抗，却遭到俘获，被卖给私人奴隶主。

罗马共和国的最后近二百年，也就是大约公元前206—前27年，是一段奴隶人数激增且遭到极端剥削的岁月。这些奴隶往往来自今天的巴尔干地区和土耳其。进入罗马帝国时期（公元前27—公元476年）以后，很多奴隶来自埃及、红海沿岸、高卢，以及不在莱茵河与多瑙河沿岸的地区。此时的罗马人变得胆小多疑，鄙视奴隶，他们对奴隶，特别是那些在矿山和磨坊里被剥削的奴隶，态度非常严苛。尽管如此，许多富于同情心的雇主还是给予奴隶体面甚至友善的对待。有许多关于博学多才的奴隶的记载，这些奴隶都是主人的好伙伴，留下有许多关于接近主人或家族核心的奴隶变得有钱有势的故事。罗马的奴隶和希腊的奴隶一样，往往拥有重获自由的机会，特别是那些在私宅中工作的奴隶。

从新石器时代晚期到罗马帝国末期，地中海地区人口不断增长，族群之间不断通婚，互相发动战争。古埃及、古希腊和古罗马的主要文化中心都能包容人们在外表上的差异，这些差异也不会影响人的社会地位、婚姻前景、后代前途、审美判断，以及对一个人体力、勇气和战斗力的评估。人们会注意到肤色的差异并对其发表评论，但肤色本身并不能决定一个人的价值。古埃及人对人的身体多样性最为包容，因为尼罗河沿岸的人口融合由来已久，不同肤色的人之间的来往早已成为家常便饭。在古希腊和古罗马，一个人的身价是根据公民身份而非肤色来衡量的。不是公民的人也会被当作人来看待，但由于他们的祖先没有从那些拥有优越自然和气候条件的政治实体中受益，所以天生就无法从事政治活动或统治他人。这种歧视是基于阶级和社会地位，而不是肤色或其他身体特征。①

早期犹太教和基督教

古希腊和古罗马文明蓬勃发展，犹太教和基督教也分别于公元前1000年和公元纪年开始时，在生活于地中海东岸与红海沿岸的人民中兴起。这两种宗教的早期信徒并未入侵地中海世界。他们分别是各自土地上的原住民，有着截然不同的信仰，但拥有共同的文化价值观，他们都是社会上的边缘人或奴隶。最早的犹太人居住在古埃及和美索不达米亚，他们的特色在于一神论和独特的文化。随着犹太人的信仰在古罗马变得越来越流行和普及，犹太人的外貌和语言也变得越来越多元化。由于犹太人的土地经常被当权者掠夺或占领，他们也经常遭到俘虏和奴役，他们的信仰结构、他们说的希伯来语以及分享文化，成了他们的一致特征和共同防卫。肤色和其他外观特征不会影响一个人适合什么样的信仰。

早期基督教是从早期犹太教的三个主要分支之一发展而来，其信徒对肤色和体征差异保持与犹太教相似的态度。生活在亚洲地区、为古希腊和古罗马所统治的基督徒采取的是这样的态度：气候所造成的肤色差异无关紧要，所有人类都是一体的。基督徒努力向周围的人们传教，他们不会因为肤色和种族排斥新的信徒。例如，《旧约》的早期版本提到住在库施的"埃塞俄比亚人"肤色很深，但没有暗示任何价值判断。由于之前已经有长时间的接触，早期基督徒对"埃塞俄比亚人"的态度显得极为热情，

---

① 关于古希腊和古罗马时期针对非公民的歧视是否可以被看作种族主义，历史学界和社会学界可谓众说纷纭（参见Goldenberg 2003）。对一部分学者而言，任何等级制度都可以被视为种族主义。

至少和对之前很少接触的、生活在遥远地区的族群，诸如赛西亚人（Scythian）的态度相比是这样的。多元民族对基督教的皈依，被看作人类应统一信奉上帝的证明。和肤色不同的人相比，基督徒更看重来自"地球尽头"的库施人的皈依，因为那时候大家都知道库施在很远的地方。后来的基督教学者认为，生活在离基督教发源地如此遥远的地方，是上帝降临在他们身上的一种不幸。①

早期伊斯兰教

伊斯兰教起源于公元 6 世纪，在靠近麦加（位于今天的沙特阿拉伯）的红海东岸。伊斯兰教的《古兰经》规定了信仰的五项基本义务，以及宗教、社会和政治方面的律法，其中包括对待穷人、被压迫者、奴隶和孤儿的规则。《古兰经》承认人与人之间存在肤色和文化上的差异，但没有暗示什么样的人具有优越性。伊斯兰教的扩张是人类历史上第一次将军事征服和信仰传播结合在一起的宗教运动，这是伊斯兰教能迅速吸纳数百万信徒的原因。②被视为异教徒或无信仰者的非穆斯林，除了将伊斯兰教当作信仰之外别无选择。10 世纪末，征服了埃及、叙利亚和波斯主要城市的伊斯兰将军们以相当快的速度接管了那里的大批奴隶。然而，《古兰经》规定，只能在战争中俘虏奴隶，且必须善待他们，给他

---

① 参见 Goldenberg 2003。
② 这一点最初是由帕特里夏·克龙（Patricia Crone）提出的，拉纳尔德·西格尔（Ronald Segal）有关伊斯兰奴隶制度的好书《伊斯兰世界的黑奴》（*Islam's Black Slaves*, Segal 2001）当中引述了她的观点。在讨论伊斯兰世界对肤色的态度时，我主要参考的是西格尔的说法。

们获得解放的机会。

和古代世界多数其他穆斯林一样，阿拉伯的早期穆斯林对与自己肤色不同的人没有任何鄙夷。然而，随着穆斯林军队深入非洲和欧洲，当他们俘获大量肤色深浅不一的奴隶之后，这种态度发生了变化。久而久之，穆斯林对非洲奴隶的态度变得越来越负面，因为他们觉得这些人与来自西南亚和南欧的战俘相比，缺少"先进"的特征。到了7世纪末，当非洲的辛吉（Zanj）发生叛乱时，这种态度就变得更加坚决。来自东非海岸的大批辛吉人遭到伊斯兰军队的奴役，被安排在今天伊拉克南部的地方工作，在一个自诩为新先知的人的领导下，辛吉人对阿拉伯奴隶主进行反抗，鼓动穷人和自己一起抗争，当穷人逃跑时，他们感到非常不满。伊斯兰国家的中央政权最终战胜了辛吉人，再次奴役了他们。尽管伊斯兰世界有消除偏见的禁令，但辛吉起义强化了穆斯林对深色皮肤的非洲人的负面态度。穆斯林对黑人的歧视也可能是因为受到源自波斯的拜火教（Zoroastrian）信仰的影响，该教的教义认为，以光明为代表的善与以黑暗为代表的恶之间存在根本的宇宙冲突。

或许，对早期伊斯兰世界有关肤色的态度影响最大的哲学家是阿维森纳，他对亚里士多德的气候理论进行了修订。阿维森纳认为气候对塑造人的气质至关重要，出生和成长在极热、极冷地区的人们很适合被奴役。在他看来，那些生活在与太阳"距离太远"的地方的欧洲人，比如斯拉夫人和保加利亚人，性情比较冷淡。"因此，他们缺乏敏锐的理解能力和清晰的智慧，无知而蠢钝，不能明辨是非，愚不可及。"另一类极端人群是那些"被头顶上的太阳晒了太长时间"的人，环境导致他们"性格暴躁，体液灼热，肤色黝黑，头发蓬乱"。所以，他们"缺乏自制力，头脑不清，反复无常，蠢笨不堪，愚昧无知。这些黑人出生在埃塞俄比亚、努比亚和辛吉等极热的地区"。① 这种哲学推理证明奴役肤色很浅或很深的人是合理的，因为他们天生就适合被奴役。公元650—1600年，被伊斯兰人奴役的人口非常多（尤其是在从红海沿岸穿过撒哈拉沙漠到东非的路线上），估计最少有近500万人，甚至可能到了700万人以上。

到中世纪末期，随着欧洲和地中海沿岸陆上贸易的发展，航海技术的改进使人们实现更长的航程，到达更遥远的陆地。探险家和商人准备登船，从整个旧大陆的港口出发，驶向新的目的地，这一行动从根本上改变了整个地球上的商业和人类事务。

---

① Segal 2001, pp. 48-49.

第九章
大航海时代的肤色

公元 4 世纪末,强大的帝国统治着欧洲、东非和亚洲,它们都拥有机动性很强的军队,也有大量奴隶负责劳动。更多的陆上、水上贸易路线,让这些帝国得以扩张到新的地域,从更遥远的土地上获得货物和人口。

古代地中海世界的帝国一直相当宽容,能接受包括多神论在内的宇宙观,进入中世纪,各大帝国则被基督教和伊斯兰教等一神论信仰统治。为了获得新的资源和信徒,这些帝国需要征服新的土地。正如一位历史学家所言:"'自我'与'他者'之间的区别变得愈发明确地具有宗教性:如基督教和异教徒。"尽管学界还在为肤色和其他身体特性在构成这些区别时的作用进行争论,不过,肤色的差异往往与宗教信仰或其他社会属性的差异相吻合,因此,以肤色作为分类标准成了区分不同信仰的简便方法。

很少有文献能直接证明中世纪和文艺复兴早期人们对于肤色的态度。我们能获得的多数信息来自欧洲基督教探险家和商人的书面描述,北非穆斯林商人和学者也留下了少量文字记录。他们写下了自己对在撒哈拉以南非洲、南亚和美洲遇到的人们的印象。撒哈拉以南非洲、南亚和美洲的原住民对于游客、商人和探险家的反应，却几乎没有书面记载。现存的记录都是传教士和探险家写下的。这种从根本上就不对等的关系，意味着多数记录都是按照欧洲人的意志进行的，是他们在讲述与自己不同的民族。以欧洲白人男性视角来判断其他所有人群的标准，成了后来肤色和种族等级制度的基础。

中世纪和文艺复兴早期的人们描述"他者"的方式告诉我们，当时人们对"他者"的普遍态度怎样逐渐发展成顽固的文化偏见，在这方面，从穆斯林对非洲奴隶的态度当中便可见一斑。根据《古兰经》，信徒有责任尽快释放所有奴隶，奴役其他穆斯林的行为也是被禁止的。但是，对从建立之初到中世纪的穆斯林帝国而言，在经济方面，合法的奴隶交易至关重要。过去一直有肤色较深和较浅的奴隶，但是从7世纪开始，被关押在穆斯林帝国的多数奴隶都是肤色黝黑的非洲人。

公元868—883年的辛吉起义之后，黑奴尽管已获释放，却渐渐受到社会歧视。对黑人的偏见可能是多方原因造成的，包括起义的可能、潜在的暴力危险以及曾经的奴隶身份。关键在于，阿拉伯语中指代肤色较深奴隶的单词"abd"此时已被用来称呼所有深肤色的人，无论他们是不是奴隶。穆斯林学者和神职人员继续强调，奴隶制合法化与肤色无关，但是，在穆斯林诗歌和辛吉起义之后的文献当中，浅肤色与善良、深肤色与邪恶之间的联系变得愈发普遍。

事实上，中世纪和近代的很多穆斯林都没有恪守《古兰经》和穆斯林道德家所制定的戒律。撒哈拉以南非洲的穆斯林奴隶贸易为后来欧洲殖民者的奴隶贸易奠定了基础。深肤色的非洲人并不是伊斯兰世界唯一沦为奴隶的族群，但他们是所有奴隶的缩影，因为他

图20 丢勒（Albrecht Dürer）的《卡塔琳娜的肖像》（Portrait of Katharina, 1521）描绘了一位年轻女子，据推测，她是文艺复兴时期以奴隶身份被人从非洲带去欧洲的。
图片来源：Scala/Ministero per i Beni e le Attività Culturali/Art Resource NY

们通常没有机会像浅肤色的族群那样向上层阶级流动。

公元711年，穆斯林摩尔人征服了西班牙，此前，撒哈拉以南非洲地区的奴隶大多被限制生活在北非；此后，来自北非和撒哈拉以南非洲地区的人们不断涌入西班牙、法国和意大利。15世纪末，摩尔人被西班牙驱逐出境，之前，大量来自西非的奴隶被带到里斯本和塞维利亚，随后又被带往马赛、伦敦和阿姆斯特丹（图20）。奥斯曼帝国对斯拉夫南部地区的征服中断了这里的奴隶供应。南欧对农奴的需求很强烈，西非和中非又有大量奴隶供给。15世纪末，南欧绝大多数的奴隶都来自撒哈拉以南的非洲。尽管欧洲人对深肤色有偏见，许多非洲奴隶在欧洲仍然重获自由并接受教育，文艺复兴时期，还有几位非洲人成了学者。

不过，一般来说，深肤色的人容易成为遭受污蔑的对象。15

世纪中期，基督教军队从摩尔人手中夺取了对西班牙的控制权。1449 年，西班牙托莱多（Toledo）市政府颁布的第一部《血统纯洁法令》（Statute of the Purity of Blood）是一次区分基督徒和犹太教、伊斯兰教等新兴宗教信仰者的尝试。基督徒于 1492 年重新征服西班牙时，王室和贵族家庭已经非常关注血统纯洁性的概念，他们依据"血统纯正论"赋予未同摩尔人或犹太人通婚的浅肤色家庭较高的社会地位。不受欢迎的人群会被仔细检查家谱，搜寻通婚或隐瞒通婚事实的证据。加入军队或行业协会之前，人们都要提供证明自己的"血统纯洁证"。据说，当时人们已开始使用"蓝血"（blue blood）一词，可能是由于贵族被要求展示其蓝色静脉（在浅肤色人群胳膊上的皮肤之下），以此证明他们的血统没有被摩尔人的深色血统污染。15 世纪，随着西班牙人开始殖民新大陆，精确的血统记录至关重要，因为人们要靠它建立阶级和社会地位。

大航海时代的肤色和肤色差异

大航海时代，或称地理大发现时代，是指 15 世纪到 19 世纪，探险家们"发现"并描述"新"大陆的时期。这些探险活动受到了技术转移与发展的推动，建立在上千年前开辟的贸易路线和贸易网络基础之上。其实，美其名曰"大航海"也好，"大发现"也罢，本质上是掠夺性的重商主义时代的开始，从此以后，最早拥有领土的单一民族国家或多民族国家开始崛起，国与国之间的边界变得清晰，需要捍卫各自的领地。

到公元 1400 年前后，多数长距离商业活动都涉及奢侈品交易，诸如买卖黄金、香料和丝绸等货品，并沿着被称为"丝绸之路"的网状路线，通过陆运方式往来于东西方之间。15 世纪初，奢侈品开始有海上贸易航线，这些航线分别连接欧洲和亚洲、中东和非洲，以及中国和非洲。新航线的建立使中世纪初期欧洲基督教控制的港口与北非大西洋和地中海沿岸穆斯林控制的港口之间已经很活跃的贸易网络变得更加繁忙。

海外贸易路线的建立需要根据第一手资料的报告。为了获得第一手资料，人们会招募学者收集旅行者和线人的描述，将这些信息汇编成可阅读的形式。穆斯林地理学家兼地图制作者阿尔-伊德里西（Al-Idrisi，1100—1166）就是这样一位学者，他为西西里国王罗杰二世（Roger II）的朝廷提供咨询服务，撰写了一本著作，书名可译成"一个没旅行过的人写的旅行书"。阿尔-伊德里西作品的绝大部分都在描写当地特殊的地形、动物，以及旅行者发现的值得拿去交易的货品。他还描述了原住民的外貌，强调他们肤色、体形、衣着、习俗等方面与欧洲人的差异。这些描述中有一部分是事实，比如写于1154年左右、对东非海岸的辛吉的描述："辛吉海岸的对面是达牙瓦格（Djawaga）群岛，这里岛屿众多且分布广阔；岛上的居民肤色很深，岛上种植的很多植物，比如水果、高粱、甘蔗和樟脑树等，也都是深色的。"

然而，真正引人注目、印量极多的编年史作品，是那些行文耸动、带有批判性措辞，描述异国居民生活习惯的著作。从未造访过东非地区的马可·波罗（约1254—1324）在口述自己1295年左右的旅行时，用了"桑给巴尔"（Zanzibar）这个说法（他用该词指代整个东非海岸）。他的信息可能来自中国或印度，他书中所写的内容，以及描述时的语气，同阿尔-伊德里西形成了鲜明对比：

桑给巴尔岛是个很大很美的岛屿，周长约2000英里。生活在这儿的人都有崇拜的偶像……桑给巴尔人是体型很大的民族，他们身高和围度有些不成比例，但很结实，四肢粗壮，看起来很像巨人。我可以向您保证，他们也异常强壮，因为一个桑给巴尔人能举起四个普通人才能承受的重量。这并不值得大惊小怪，告诉你，其实，一个桑给巴尔人就能吃掉五人份的食物。他们皮肤很黑，除了将私处做必要的遮盖之外，几乎全裸。他们的头发太过卷曲，即使蘸了水也无法弄直。他们嘴巴很大，鼻子扁平，嘴唇极厚，眼睛太大，长得有些难看。从其他国家来的人如果看见他们，会说他们是魔鬼。

《马可·波罗行纪》(Travels of Marco Polo)是当时人们最常阅读的书籍之一，即使是在马可·波罗去世后的数个世纪，他对遥远国度和那儿的居民的印象都极具影响力。他的见解、他所描述的生动情景，以及误导性的信息，给好几代欧洲读者灌输了偏见。

另一位对欧洲人看待亚洲、非洲土地和生活的眼光有重大影响的中世纪旅行作家是约翰·曼德维尔（John Mandeville）爵士，他的书最初是在1360年左右用法文撰写的。他对欧洲大陆以外地区那些耸人听闻的描述受到了不少学者的彻查和批判（贴士19）。尽管这些叙述可能多半甚至全部都是捏造的，但曼德维尔的游记被译成11种语言，五个多世纪以来，这些"神奇他者"的故事始终维系着欧洲人乃至美洲人的想象。据说，曼德维尔和马可·波罗的著作启发了包括克里斯托弗·哥伦布（Christopher Columbus）在内的15—16世纪的探险家。数百年来，马可·波罗、曼德维尔以及许多其他作者散播的对异邦人士的误导性印象，助长了很多人对长得"不够欧洲化"的人的偏见。

贴士 19　曼德维尔在迦勒底

　　曼德维尔爵士的游记是让·德·布戈涅（Jehan de Bourgogne）主笔的，似乎是在很多资料的基础上汇编而成，其中包括古罗马历史学家老普林尼的作品。[1]书的作者假装自己是英国人，而且是骑士（尽管他两者皆不是），他声称自己"目睹并造访过许多不同的地区，去过许多省、王国和小岛……这些地方住着许多不同的族群，他们举止、法规各异，长相各式各样"。他的论述美化了欧洲男性的气质，诋毁其他几乎所有人类，这一点从《游记》第十七章的这个段落可以明显看出来："来自约伯之地，和'他'一样年纪，一群迦勒底人（Chaldea）。在这片女人没有男人陪伴的土地上，知识和美德如同罕有的钻石。"他"笔下"的"埃塞俄比亚人"只有一只超大的脚，躺下时可以用脚盖住自己，简直荒唐可笑。

　　　　迦勒底非常美丽。这里的语言比大海上任何其他地方都更响亮。所有人经过那座我之前提及的巴别塔之后，其所使用的语言就会先发生改变。从迦勒底出发，有四种路线。在那个国度，要成为美男子，就要高贵地身着金色衣服，或者浑身戴满大珍珠和宝石。这儿的女人不守规矩，列队方式也很邪恶。她们光着脚，身着又大又宽的邪恶服饰，但下身的短裤却只到膝盖，她们的长袖像和尚的僧袍一样垂到脚面，在肩膀两旁荡来荡去。她们是肮脏丑陋的黑人妇女，内心就像外表一样肮脏、邪恶。
　　　　在埃塞俄比亚，所有河流和水域都有麻烦，因为温度过高，那儿的水都有点儿咸。而且那里的人都喜欢喝酒，不喜肉食。那儿的人繁衍速度快，但寿命不长。埃塞俄比亚民族繁多，又被称为"库西斯"（Cusis）。这个国家的人只有一只脚，他们走路太快，以至于在别人看来是很奇异的事。他们那只脚是如此之大，以至于他们躺下来休息时，用脚就可以为全身遮阴。埃塞俄比亚儿童小时候全身都是黄色的，当他们成年以后，肤色就会由黄变黑。埃塞俄比亚有一座城市叫萨巴（Saba），这里的三位国王当中，有一位的领地便是主的诞生地——伯利恒（Bethlehem）。

[1]相关详细信息参见马尔科姆·莱茨（Malcolm Letts，1946）所写的简短而详征博引的回顾文章。引文出自 Mandeville et al. 1964，102-103。

欧洲人的旅行文献中有大量对肤色差异的着墨。光明（白皮肤）与善良、黑暗（黑皮肤）与邪恶之间的联系，在早期古典基督教文化中甚为普遍，当时基督教的教义也倾向于主导教徒对有不同肤色的其他族群的看法。在没有用亲身经历验证这些联系是否存在的情况下，此类说法便代代相传，强化着欧洲人对深肤色族群的刻板印象。

这些"旅行者记录"让欧洲人获得了足够的信息，给他们以勇气，避开数百年来穆斯林控制的非洲贸易港口，以及从中牟利的犹太人中间商，径直到非洲去冒险。据说，葡萄牙王子亨利（Prince Henry of Portugal，1394—1460，也称航海者亨利）自幼便立志要去探险，因为他很早就听说古老的旅行队跨越撒哈拉沙漠，将黄金、奴隶和财宝从非洲内陆带到大西洋沿岸的几内亚。从 15 世纪 40 年代起，亨利开始了寻找非洲黄金开采地的航行，并尝试控制那里的黄金交易。1460 年之前，葡萄牙人在非洲海岸附近（包括佛得角群岛等地）不断建造防御工事。这些冒险旅程让葡萄牙人得以进入冈比亚，在那里同当地酋长谈判。到 15 世纪末，葡萄牙人已控制从非洲内陆地区出发的大部分黄金交易路线，此前，这些路线都是由穆斯林中间商掌握，作为回报，葡萄牙人向这些中间商提供了他们急需的布料、丝绸和马匹。

在某些地方，黄金的收益令人沮丧，但奴隶贸易的收益从未使葡萄牙人失望。15世纪末，葡萄牙船队将大量奴隶运往急需劳动力的欧洲。这类交易的中间商是葡萄牙人，而不是北非穆斯林。西班牙商人也加入了葡萄牙商人的行列，并且经常让会说西班牙语的非洲人同当地人打交道，闯入非洲内陆，掠夺黄金和奴隶。许多其他探险队会向当地人推广基督教，而不是俘虏或奴役他们，公开宣称其目标在于传教，劝人们不要信奉伊斯兰教，他们告诉当地人，信伊斯兰教是"异教徒"才会做的事。在1525年横跨大西洋的奴隶贸易开始之前，已经有许多非洲奴隶皈依基督教。

从15世纪末到16世纪初，探险者没有留下任何对于非洲或非洲人的科学记载。人们已经绘制完成了非洲大陆的地图，但对于这片土地上的人民和环境，却没有人做过客观描述。随着探险家书籍得以重复印刷、广泛流传，欧洲人对深色皮肤的着迷依然如故，对非洲人耸人听闻、带有贬义的描述，被越来越多地用作支持奴隶贸易的根据。一位历史学家恰到好处地总结了这些做法，他写道："对于欧洲以外地区的人民带有文化傲慢和种族主义偏见的观察，以印刷品为载体，在西方文化中得到了永生。"

在流传下来的极简略的描述中，我们可以看到当时非洲人对欧洲人的看法：他们觉得肤色很浅的欧洲队探险家长得有些特别，也颇令人不安。1455年，探险家卡达莫斯托（Cadamosto）在塞内加尔河上遇到当地人时评论道："他们对我的衣服和白皮肤赞不绝口"，"有些人摸了我的手、胳膊和腿，用唾沫擦我的皮肤，以确认这白皮肤到底是染出来的，还是天生如此"。刚果河畔的刚果人记录了类似的经历，他们于1483年遇到了葡萄牙探险家，并将这些游客看作从死亡世界乘船抵达的旅行者。在他们看来，欧洲人像是

图21 比尼－葡萄牙风格盐罐的细节,约1525—1600年制作于贝宁王国,该国位于今天的尼日利亚。以象牙为材料,很容易表现葡萄牙水手格外白皙的皮肤,再配上高耸的鼻子,实在令人惊叹。照片由苏格兰国立博物馆提供

皮肤被涂成白色的地下世界的居民,刚果人也从未见过如此高耸的鼻子(图21)。欧洲人航行用的船只、所携带的各种装备,以及他们在贸易中提供的琳琅满目的商品,都让非洲人觉得欧洲人更加良善脱俗。当他们看清这些游客的真实意图时,他们对欧洲人的描述就不那么富有善意了。

人口与分类

15世纪,许多探险家对非洲和亚洲的探索,以及欧洲基督教势力和旧世界其他地区之间海外贸易网络的建立,让各类货物和种类繁多、琳琅满目的商品陆续抵达欧洲。16世纪初,在美洲的类似冒险活动则带来了更多新奇、别样的事物。各类新品种的植物、

食品、动物和人口源源不断地涌入欧洲的王室和沙龙，收藏"珍奇"成为时尚。在这些新发现的地区，人们的生活方式与欧洲人迥然不同，这让欧洲人感到既兴奋又不安。对其进行系统性分类的尝试，让欧洲人开始进行自然描写。

自然描写不属于自然科学，但可以看成是博物学的一部分。鸟类指南便是一个很好的例子，它是今天的人们进行的自然描述的合集。族谱目录能将事物按照外观分门别类，让新奇的发现引起公众注意。毫无疑问，欧洲人眼中的"珍奇"也包含罕见的人类。不过，对当时多数博物学家来说，他们的工作有一个很严重的弊端，就是坐在图书馆里，无法亲身接触罕见人群。他们只能根据其他人的记录从事自己的工作，无论这些记录有价值还是没价值（多数记录都没什么价值）。

在这个领域，唯一例外的是弗朗索瓦·贝尼耶（François Bernier），他到处旅行，亲自观察人们，然后完成描写。贝尼耶在1684年出版的《地球的新划分》（*New Division of the Earth*）当中首次使用"种族"（race）一词指代人类："尽管就其身体外形（尤其是面孔）而言，人与人之间几乎全然不同，但如果根据居住的世界来划分，不同人群之间的差异又如此明显，以至于去很多地方旅行过的人常常可以将一个国家与另一个国家准确地区分开来。不过，我注意到，人类的全部四五个种族都有鲜明的外貌特征，我们可以合理地将这种区别作为划分地球的新依据。"

贝尼耶对人的分类似乎没有得到广泛的阅读或传播。瑞典博物学家林奈（Carl von Linné）的作品则广为人知，他于1735年撰写了《自然系统》（*Systema naturae*）的第一版，这是一部系统的族谱目录（图22）。林奈将自然界分为三个王国：矿物质、植物和动物。这一分类系统兼具统一和实用的优点。每个王国被划分为若干

图 22 林奈提出了一种为生物命名的正式系统,这也是第一个为有着不同外貌的人类进行描述和分类的系统。图片由华盛顿特区史密森学会图书馆提供

小组,每个小组又被划分为更小的组,从而形成了层级分类。动物被分为六个小组。四足动物(*Quadrupedia*)这一组里包含人形动物科(*Anthropomorpha*),这一科当中有智人种(*Homo*),也就是人类。该类别又进一步细分为四个根据地理位置确定的亚种:智人欧罗巴亚种(*H. Europaeus*)、智人美洲亚种(*H. Americanus*)、智人亚洲亚种(*H. Asiaticus*)和智人非洲亚种(*H. Afer*)。这样的划分符合人类从古希腊时期以来就普遍认同的按照四种体液或四种基本物质(血液、黄胆汁、黑胆汁和黏液)进行分类的方式。

林奈最初的目录只是列出了人的分类,但没有做描述,就连在人类肠道中发现的蠕虫都获得了比人类自身更多的关注。在 1758 年出版的第十版《自然系统》当中,林奈将"人形动物科"这个名字改成了我们如今更熟悉的名称——灵长类(Primates)。在这个版本中,他充分描述了人类的外观和气质(贴士 20)。描述欧洲人的

第九章 大航海时代的肤色　　161

字眼有着一致的正面意涵，而他描述其他族群的词，充其量算是好坏参半。

贴士 20　林奈眼中的人类

林奈《自然系统》第一版（1738）当中没有花很多篇幅介绍人类，只是将智人与猴属（*Simia*，其中也包括猩猩）和树懒属（*Bradypus*）一并归入"人形动物科"。在该书于1758年推出的第十版当中，林奈花了大量篇幅描绘人类。他将智人与狐猴、猿和蝙蝠一起归入"灵长类动物"，用五页的篇幅完整地描述了智人。[1]他写智人的部分开门见山地描写了一系列"野人"（*Homo ferus*），这些内容被放在"白昼人"（*H. diurnus*）这个标题之下。在这一版图书当中，林奈列举了六种野人，其中包括"熊男孩"（bear boy）和"狼男孩"（wolf boy）。这些野人都用四足行走，不会说话，毛发浓密，对林奈那个时代的人来说，这是极为引人入胜的内容。到该书于1766年推出第十二版时，"野人"已增加到九种，其中还包括"野女孩"（wild girl）。

之后，林奈描述了五种与智人有关的人的种类或形态。林奈的判断是基于文化、社会和解剖学观察。根据他的描述，这五种人当中有四种属于"正常人类"。

智人美洲亚种：红皮肤，胆汁质，直立行走；毛发呈黑色，直发，浓密；宽鼻孔；面孔粗糙；胡子稀少；倔强，容易满足，无拘无束；会往自己身上画红色的线条；受习俗管理。

智人欧罗巴亚种：白皮肤，多血质，肌肉发达；毛发呈黄色，很长，蓝色眼睛；温柔，敏锐，有创造力；全身穿衣服；受法律管辖。

智人亚洲亚种：淡黄色皮肤，抑郁质，身体不灵活；毛发呈黑色,黑色眼睛;认真,骄傲,贪婪;穿宽松的衣服;受意见支配。

智人非洲亚种:黑色皮肤,黏液质,身体松弛;毛发呈黑色,蓬乱;皮肤柔滑,鼻梁平坦,嘴唇肿胀;狡猾,懒惰,粗心;用油脂润滑肌肤;受幻想驱动。

第五种人类形态被林奈称为畸人(*Homo monstrosus*),这一类当中包含矮人、巨人,以及头部较大,或人为因素导致头的形状很奇怪的人,以及其他特殊情况。

林奈对人类和类人生物的描述取自各种书面记载,与解剖学分析和直接观察相比,他更关注各类别的命名。他的分类系统具有革命性,包含了自然界其他地方的人类,但是他的描述仍然是古老的,既有古老神话与新科学,也有古老传统和当代证据。[2]

[1]如需从分类学者的角度看林奈在《自然系统》第十版当中对人类的描述,参见 Spamer 1999。
[2]如需从社会科学而非分类学角度对林奈"正常人"和"野人"的分类做深刻观察,请参考 Douthwaite 1997。

林奈去世后的几十年里,博物学家对人类的分类研究对象进一步扩大,包括了南亚和波利尼西亚的原住民。这些论著往往不成系统,不够客观,也达不到人类学标准,因为它们通常是根据第二手甚至第三手信息编写而成的,充斥着价值判断与夸张。其中对于美洲、大洋洲的土地和民族的记载非常丰富,但最吸引人的内容还是对非洲和非洲人的描述。这种魅力依然要归因于欧洲人对黑肤色文化的痴迷。17世纪的欧洲人沉迷于深色皮肤,欧洲艺术家的油画强调了欧洲人与非洲人肤色、社会地位的对比(图23),欧洲博物学家则致力于确认非洲人的肤色是怎么变深的。

图23 吉尔伯特·杰克逊（Gilbert Jackson）追随者的作品《弗洛伦丝·斯迈思肖像》（*Portrait of Florence Smythe*，约1650）。很多17世纪欧洲肖像画上都出现了欧洲儿童或家庭与非洲童仆或音乐家在一起的情景。这幅画就很典型，它展示了一位站在童仆身前的少女，二者之间社会地位的差异毋庸置疑。画中的黑人与扬·莫斯塔特（Jan Mostaert，见彩图7）的《非洲男子肖像》（*Portrait of an African Man*）形成了鲜明对比。感谢布里斯托尔博物馆暨艺术画廊（Bristol Museum and Art Gallery）的供图（馆藏编号为K622S）

对深色皮肤最着迷的自然科学家之一是布丰（George-Louis Leclerc de Buffon）。布丰对大自然有着敏锐的观察，用现在的眼光来看，他的学说就是"适应论"（adaptation）。他认为，如果将非洲人带到北方的气候条件之下，让他们世世代代居住在那里，他们的肤色就不那么深了。在几乎全部的研究生涯中，他都激情四溢地表达着这一观点，但到了晚年，他至少向自己的同事清楚地表示，世代生活在欧洲的非洲人，皮肤并没有褪色。

换了地方，人的肤色却始终不变，这一结论为人们对人类多样性的理解带来了严重的不良影响。布丰开始相信人类的单一起源理论，该理论认为，人类是包含多个变种的单一物种。肤色的稳定性给人类单一起源论者提出了一个问题：单一起源的人类如果只有一种肤色，为什么在后来发展出这么多不同肤色的变种？当时，有几位学界权威提出了另一种理论，即"多元起源论"，声称人类既然有不同肤色，就必然有许多不同的起源。"单源论"与"多源论"之间的辩论将会带来更可怕的社会后果。

到了18世纪末，准备迎难而上去理解、发展人类种族分类系统的不只有自然学家，植物学家、动物学家和自然哲学家也加入了这一行列，其中就包括伊曼努尔·康德（Immanuel Kant）。康德是分类学史上的重要人物，因为他是在仔细思考人类多样性问题的基础上决定要用什么方法对人进行分类的。他是第一个将种族视为稳定的自然实体的人。在他看来，同一个种族有一些始终代代相传的特质。学者可以从大量稳定的生物特征中找出识别的关键点，以区分不同的群体。

康德坚信所有人类都有同一起源，每个个体外表如何，取决于在"之前已经存在"的"种子"生长的地方，空气、阳光和饮食条件如何。肤色是康德对人的分类标准当中最重要的特征。根源正统的类别是"白色或棕褐色"，在这一类当中，"第一等种族"是"生于潮湿寒冷地区（北欧）、皮肤白皙的种族"；"第二等种族"是"来自干燥寒冷地区（美洲）、古铜色皮肤的种族"；"第三等种族"是"来自湿热地区（塞内加尔-冈比亚）、皮肤黝黑的种族"；"第四等种族"是"干热地区（亚洲）橄榄黄色皮肤的种族"。对康德本人和与他志趣相投的分类学家而言，肤色是一种分布区域不相重叠的特征，可以用作区分种族的关键点。

然而，在康德的职业生涯中，他面临着一系列与根据肤色划分人类相悖的证据。在批评康德的声音当中，最尖锐者莫过于约翰·戈特弗雷德·冯·赫尔德（Johann Gottfried von Herder），他激烈地否认种族的存在，也不认为人类只有单一起源，而是提出了关于该主题的超前观点："简而言之，不应把人类分成四个或五个种族，地球上没有任何类别的人可以高人一等。不同的肤色会相互融合，每一种文化都有其遗传特征。总而言之，一切肤色都只是同一幅横跨地球全部时空的伟大肖像的幻影。不同的肤色并不是自然界的系统性制度特征，而是自然地理经历漫长岁月之后的结果。"尽管反对的一方既有证据，也有主张，康德却坚持自己对种族的定义，凭借已然建立的声誉，使赫尔德及其他反对者的观点黯然失色。康德的观点成了强烈刻板印象的权威根基，这种刻板印象描绘了全体人类的身体和精神构造，也在一百年来左右着知识分子和政治领袖对人类的看法（参见第十章）。

在康德以"人类的不同种族"为主题的第一篇论文发表后的数月之内，年轻学者约翰·弗里德里希·布卢门巴赫（Johann Friedrich Blumenbach）发表了一篇重要论文。在这篇《论人的天生变异》当中，布卢门巴赫提出一种比康德的分类还要复杂的种族分类系统，该系统虽然以肤色为分类标准，却明确指出肤色并不是区分人类的最可靠特征，并且"由于每种特征都有很多种可能性，根据每个特征易变的程度，仅凭一两种特征作为分类标准是不够的"。布卢门巴赫明确提到，如果在分类过程中，人的不同特征交织在一起，将使他们之间的界限变得模糊。布卢门巴赫的论文出版了三个版本，《论人的天生变异》是自1795年首版以来的最后一个版本,该版本被许多人引用,因为在这篇文章中,布卢门巴赫第一次引入高加索人种(Caucasian)这一名称,为他分出的五个人种当中的一个来命名。他所定义的其他四个人种分别为蒙古人种(Mongolian)、埃塞俄比亚人种(Ethiopian)、亚美利加人种(American)和马来人种(Malay)。根据对当时其他学者发表的论文当中的解剖学证据进行的长时间比较,布卢门巴赫得出了他最著名的结论:"我们很有可能已经将已知的人类当中的一种或全部种类正确地划归到相应的类别当中,也许以后,再也不会有关于人种问题的疑问了。"

肤色科学的诞生

18世纪的博物学家不仅对自然界的分类感兴趣,还想知道自然界不同类别的事物是如何产生的。作为人类最引人注目的外在特征,肤色的存在便需要这样的解释。来自美国弗吉尼亚州的约翰·米切尔(John Mitchell)医师成了第一个尝试用科学方式比较和理解人类不同肤色起源的人,他于1744年发表了一篇论文《关于不同气候下人们为何产生不同肤色》。米切尔在皮肤结构和光学方面都有很高的造诣。他认识到,与深色皮肤相比,浅色皮肤能反射更多的光,而且深色皮肤中含有一种使其透明度减少的物质。他观察到太阳照射会使皮肤变黑,他也是第一个使用动词"晒黑"(tan)来描述这一过程的人。米切尔的理论与当时普遍的解释背道而驰,他用可以观察到的光热现象来解释人类为什么形成不同的肤色:"在炎热的国家,太阳的能量……是造成一部分人肤色深,以及热带地区居民肤色深浅不一的远因;太阳照射不足是造成北方各国风俗,人民肤色较浅、体格脆弱的远因。"他总结道:"这证明,人们的皮肤之所以呈现不同的颜色，只是他们各自居住的地区以及不同生活方式的自然结果；……因此，非洲黑人的肤色并非像某些人幻想的那样，是因为他们的祖先含（Ham）遭到天谴。他们的肤色是一种祝福，这种肤色使他们的身体能适应气候条件恶劣的地方，减少他们的痛苦。"

米切尔是18世纪两个对人类肤色变深的可能原因进行重要观察的美国科学家当中的第一人。塞缪尔·斯坦诺普·史密斯（Samuel Stanhope Smith）有关肤色的论文在研究方法、成果和写作风格方面都更加现代。史密斯注意到人们肤色的季节变化是因为太阳照射强度的变化所致，他还发现先前被遮盖的皮肤第一次暴露于阳光之下时可能会被晒伤。如果习惯性地被太阳晒，人脸上和手上的皮肤就会像工人、海员那样变得非常厚。不过，他并没有将深色皮肤仅仅归因于阳光的作用。他认为极端炎热可能会引起人的胆汁过量分泌，导致肤色变深。他写道："在环绕地球的每个地方……每个区域的人都有各自与众不同的肤色。"

史密斯对肤色地理分布的观察之精准之所以令人震惊，是因为他做研究的时代："这些地域辽阔的国家，地表比欧洲更均一，这里的陆地没有被那么多山脉、海洋和海湾切断，不同的地形之间也没有太多交汇，人们的肤色都是根据其生活地区的纬度高低、离赤道的远近而有规则地渐变。"史密斯还意识到，在像中国这样"辽阔的国家"，由于没有大量近代移民，从"远古时期"发展而来的肤色历史梯度仍旧清晰可见。他是第一个注意到同一纬度上新大陆的人们比旧大陆的人们肤色更浅的人。史密斯还提出过其他一些不太有说服力的看法，比如气候对人们的发质、面部特征以及性格的可能影响，但他对肤色和人类分散迁徙模式的观察在之后的数十年内都没能被其他学者超越。

18世纪末，人们对人类肤色在全球范围内的变化有了更多的了解。学者们仔细观察环境条件对肤色变化的影响，逐渐揭示出肤色差异出现的原因。所有博物学家都会根据肤色对人进行分类，不过，某些博物学家比他们的同行更重视肤色作为决定性特征的重要性。林奈、布卢门巴赫等分类学家在对非欧洲民族进行分类时不一定表现得多么仁慈，但他们对异族人民气质和性格的描述，也因为他们的著书立说而得以保存。康德等自然哲学家并没有在著作中分享相关的记录，但他们的分类法中蕴含的价值判断却影响了世界历史。

第十章
肤色与"种族"概念的出现

哲学家康德（参见第九章的介绍）是有史以来最有影响力的种族主义者之一。他坚信肤色能说明人的个性和道德品质，并把肤色当作将人们归入各种族的主要标准。对康德及其追随者而言，肤色的划分意味着浅肤色种族是上等人，深肤色种族是下等人，深肤色下等种族的成员注定要服务于浅肤色的上等种族。对他的观点提出挑战的同时代学者大多黯然无光，并被历史遗忘。康德仅凭个人观点就确定了衡量种族高低贵贱的现代标尺。康德关于肤色和性格的观念获得了广泛的认可，主要是由于以下三点：（1）他的著作广为流传；（2）他有着哲学家和学者的身份，备受尊敬；（3）多数情况下，他的受众都很天真，通常没有亲自接触过深肤色人群（主要是非洲人），而康德又常常在作品中贬低黑人。通过撰写文章，发表演讲，康德成功地将他那简洁有力的人类分类法灌输给缺乏社会经验、头脑简单的读者和学生。

康德对人与人之间的生理、道德差异的兴趣始自他学术生涯的早期，并充斥在他的作品当中。他关于非欧洲人是下等人的看法早于他提出种族的定义，这种看法是基于他对欧洲人"精神"优越性的信念。他在未公开的笔记中写道，欧洲人有着"所有的才能，以及全方位的文化和文明素质"，而"黑人可以变得守纪律，也可以获得培养，但无法真正成为文明人"。他总结道："美洲人（原住民）和黑人无法管理自己，因此他们只能充当奴隶。"① 康德首先确定了非白人种族的智力和道德能力都很差。继而，他根据外在特征（主要是肤色）定义了种族。他花了数十年时间思考和撰写有关人类变异的起源和意义，将人类分成不同的种族。

尽管康德对种族的观点不易归纳，但很明显，他认为种族是固定不变的，各种族的鲜明特征是经由有明确目标的自然过程发展起来的。例如，撒哈拉以南非洲人的深肤色反映出"黑人是为了自己的故土恰到好处地长成了那副样子"。② 人类携带着富含某些特质的"种子"，这些特质在与特定环境互动时会有所发展。当非洲人的"种子"与那里普遍炎热潮湿的环境条件相互作用时，这些迁入非洲的人们肤色就变深了。人们从中欧、西亚等核心地带向非洲、美洲、南亚和北欧等环境不好的外围地区迁徙，于是发展出了种族。

一旦不同种族的"种子"发芽，身体和智力上的变化就变得不可逆转。康德感慨最多的变化就是失去动力和积极性。在他看来，

---

① 罗伯特·伯纳斯科尼（Robert Bernasconi）一直是探索康德种族观念起源和影响的先驱，如要了解非欧洲人是下等民族这一观点在 18 世纪后期是如何建立起来的，他的书是必读著作，尤其可以参考 Bernasconi 2001b，2002。文中康德的观点引自 Shell 2006，56。康德撰写了许多人类学著作，这些著作有译本可以参考，部分还可在线免费获得。还有许多权威的学术网站提供了康德有关人类多样性和种族看法的著作的详尽评论和批判。尤其值得参考的是 Hachee 2011。
② 康德用二十多年的时间构建起关于人类多样性和种族的思想。他根据旅行者、探险家、博物学家和商人的记录获得有关欧洲以外地区人与环境的信息。当他读到其他学者和哲学家，尤其是格奥尔格·福斯特（Georg Forster）的著作时，他的思想也得到了发展。相关主题的有价值信息和资源，参见 Eigen and Larrimore 2006。另见 Bernasconi 2006；Larrimore 2006。

当人们丧失了改善未来的能力和愿望，就只适合做奴隶。在一篇臭名昭著的文章中，康德将一个非洲人的愚蠢和他的肤色联系起来："总之，这个家伙从头到脚都是黑的，这清楚地证明了他的愚蠢。"①将黑色与他者、罪恶和危险联系在一起，是中世纪的西方和基督教思想的永恒主题，但康德却将东拼西凑的怀疑和传闻变成了头头是道、带有环境细节的所谓历史事实。在人类史上，很少有知识分子能够承担这样艰巨的任务，并造成如此深重的苦难。②

　　康德的观点被西欧知识分子欣然接受，并最终获得广大民众的认可，因为他的看法与西欧业已存在的刻板印象，以及长期以来获得广泛认可的犹太教-基督教信仰不谋而合。很多赞成气候理论的人认为，原本"光明"的人由于很早就暴露于极端高温的气候之下，才变得"黑暗"，认为由浅色（光明）变为深色（黑暗）是一种堕落，是对规范的违背。人类的"黑暗"被赋予了极特殊的意义，因为"黑暗"在印欧语系里始终具有负面意义，长期以来，黑暗（比如夜晚的黑暗）与邪恶密不可分。③部分犹太教和早期基督教学者试图将黑暗的犯罪与深色皮肤联系在一起。其中最有影响力的是古希腊神学家奥利金（Origen，约185—254），他曾将犯罪的隐喻用在经文中提到的肤色黝黑的"埃塞俄比亚人"身上，谴责他们天生不晓得上帝，带着罪恶生活。当时，这些说法没能立刻影响人们对深肤色人群的评价，但随着时间的流逝，由于数世纪以来的绘画都在强化深肤色与负面意义的联系，这种关联拥有了经久不衰

---

① 引自康德1763年的作品《美感和崇高感的观察》（*Observations on the Feeling of the Beautiful and the Sublime*，Kant 1960, 113）。
② 此说法来自拉迪斯拉斯·比涅（Ladislas Bugner），引自 Goldenberg 2003, 50。关于该话题恰到好处的阐释，参见 Cohen 2003。
③ 关于黑暗同邪恶、负面的相关性，参见 Goldenberg 2003 的引言和第一部分。

的生命力。

深肤色的负面意义可以追溯到《圣经》时代,在后来的历史中,这种负面含义变得很重要,因为经文的内容为黑人注定沦为奴隶提供了"神圣"的理由。公元1世纪到2世纪对《圣经》的解释当中引用了一些暗示和诅咒的内容,其中提到人的命运与其外表有关。这些都被认为是比气候理论对人种之间差异更有力、更权威的解释,一些基督徒(和穆斯林)更将其视为文字证据。教徒们用这些观点对来自异乡、欧洲人甚少了解的人种做了解释,阐明肤色是如何产生,从而巩固了奴隶制的思想基础。

该隐的标志与对含的诅咒

17—18世纪,欧洲人与非洲人之间的往来频度有所增加,在许多欧洲人心中,非洲人的起源问题日益凸显。虽然人们之间尚未达成共识,但毫无疑问,深色皮肤绝不是单纯的身体特征。法国作家伏尔泰(Voltaire)对非洲人与非洲以外的人之间的"巨大差异"进行了描述,宣称他们是不同的人种。[①] 和许多欧洲人一样,伏尔泰对非洲人和欧洲人之间的差异感到震惊,他还将担忧延伸到澳大利亚原住民、太平洋岛民、亚洲人和美洲印第安人身上。这些人与欧洲人如此不同,以至于他们来不及成为亚当的后代,也不可能仅仅是因为气候的原因演化出怪异的外表。那么就有两种可能性:第一,上帝用亚当的后代创造了他们;第二,他们根本就不是亚当的后代。

伏尔泰是人类多种起源(人种多源论)思想最有影响力的信徒之一。伏尔泰接受所谓"前亚当主义"(pre-Adamism)。这一哲

---

① 参见 Cohen 2003,85。

学的中心思想是，在亚当之前，不同的创造行为导致了各种人类的出现。前亚当主义与法国学者伊萨克·德拉·帕越尔（Isaac de la Peyrère）密切相关，他于1655年撰写《亚当之前的人》（*Prae-Adamitae*）一书。在《创世记》当中，该隐杀害了他的弟弟亚伯，被放逐到伊甸园以东一个叫挪得（Nod）的地方。上帝在该隐的额头上做了个印记，该隐在挪得定居，娶妻，建立家庭。① 根据德拉·帕越尔等人的推断，该隐的妻子一定与亚当、夏娃出自不同的创造者，也就是说，该隐与前亚当时代的人类世系结成了姻亲。

许多前亚当主义人士将德拉·帕越尔的解释作为公然反对非洲、反对黑人的神学思想，以及种族主义意识形态的起点。在19世纪和20世纪初的欧洲，许多前亚当主义理论家断言，《圣经》中"该隐的印记"是指黑人，或者认为该隐娶了一个黑皮肤的妻子。所以，对该隐作恶的惩罚是让他的皮肤变成黑色，或给他找个下等的深肤色婚配对象。②

尽管前亚当主义流行于欧美，多数《圣经》学者和哲学家并不认同人类多源论。大部分学者接受的是这样的看法：热带地区太过炎热，导致非洲人的肤色变得很黑。但他们认为非洲人的皮肤经历了从原始的白色或浅色状态逐渐蜕变的过程。基于这样的信念，他们认为人类只有一个共同的起源，各种族的产生只是源自偶然和外部环境。18世纪，多数人类单一起源论的信徒都接受人类来自同一位父亲的说法，这位父亲就是《圣经》中的亚当。当然，如此一

---

① 根据《圣经》的记载，上帝通过印记将保护赐予该隐，并对所有在流放地伤害该隐的人施以诅咒；《圣经》故事流传到后来，印记本身也与惩罚、耻辱等负面意义联系到了一起。
② 关于对含的诅咒对肤色歧视、反非洲态度的影响，及其对非洲奴隶制的推动作用，Haynes 2002 提供了有价值的犀利论述。

来，问题就变成了人类后来怎样分化成不同种族。

对含的诅咒是《创世记》提供的最合理的解释（参见贴士21）。挪亚对他的小儿子含感到愤怒，诅咒含的小儿子迦南会成为"奴仆的奴仆"。关于对含的诅咒的含义的神学论证、反驳和评论连篇累牍，但从支持奴隶制的角度解释这种诅咒，事情就会变得简单明了得多。挪亚的三个儿子闪（Shem）、雅弗（Japheth）和含（Ham）被认为是世界各主要阶层的创始人。虽然《圣经》中没有明确描述，但人们认为闪的后裔是亚洲人，雅弗的后裔是欧洲人，含的后裔则是非洲人（图24）。[①] 这里的非洲人是指黑皮肤的"埃塞俄比亚人"和库施人，"奴仆的奴仆"是说非洲人注定要侍候闪和雅弗的后裔。人们还认为，"含"起源于希伯来语，意为"深色、棕色、黑色"，因此，含的后代身份似乎因名字的词源而得到了巩固。

奴役与深色之间的联系有着强大的影响力。英国编年史家塞缪尔·珀切斯（Samuel Purchas）在1625年至1626年之间的描述清楚地将含的后代解释为黑皮肤的非洲人："这些人是被诅咒的含（原文作Cham）的儿子，也就是库施人（原文作Chus）；他们之所以肤色各异，并不是因为'种子'不同，也不是因为有些地方气候炎热；更不像某些人说的那样，是因为土地（原文作Soyle）；在这片土地上，其他种族的人皮肤或许都不会变黑，该种族到了别的土地上或许也会生出更好的肤色；库施人之所以是黑皮肤，就是因为他们的祖先含受到了挪亚（原文作Noe）的诅咒。"[②]

随着奴隶贸易的日益频繁，有人不断宣称含的后人是下等人，

[①] 关于含这个名字的词源，参见 Goldenberg 2003，105。对含的诅咒的解释史有一篇论文进行了精彩论述，参见 Braude 1997。

[②] 塞缪尔·珀切斯（Samuel Purchas）《世界旅行记集成或朝圣》（*Hakluytus Posthumus, or Purchas His Pilgrimes*，1625—1626），第6卷，引自 Braude 1997，137。

图 24 伊万·斯捷潘诺维奇·克谢诺丰托夫（Ivan Stepanovich Ksenofontov）《挪亚对含的诅咒》（*Noah Damning Ham*）。没有任何有关对含的诅咒的既有证据能表明他的皮肤是深色的。在这幅 19 世纪的画作里，挪亚望着浅色头发的雅弗（左），正要赶走黑色头发的含（右）。图片版权 ©ulture-images/Lebrecht

贴士 21　对含的诅咒

对含的诅咒的文本出自《创世记》9：18–26，在不同版本的《圣经》中，措辞略有不同。以下文字来自 1769 年的英王钦定版《圣经》。数百年来，这段文字的解释都饱受争议，因为其中并未提及迦南和迦南的后人，或者挪亚其他孙辈的肤色。

> 挪亚的儿子走出方舟，他们分别是闪、含和雅弗：含是迦南的父亲。这是挪亚的三个儿子；他们的后裔分散在世界各地。挪亚开始当丈夫，他种植葡萄园：他喝了葡萄酒，便醉了；人们在帐篷里发现他赤着身子。迦南的父亲含看见自己的父亲赤身裸体，就到外面告诉了他的两个弟兄。闪和雅弗拿了件衣服搭在肩膀上，倒着退进去，遮盖了父亲的裸体；他们脸朝后，看不见父亲的裸体。挪亚酒醒后，知道小儿子对自己做了什么。他说，迦南应当受到诅咒；他要给他的弟兄做奴仆的奴仆。又说，耶和华闪的神是应当称颂的，愿迦南做闪的奴仆。

奴隶制的事实也使对含的诅咒变得更加可信。奴隶制的兴起让欧洲人对黑皮肤的非洲人的看法产生了极大的影响。对黑人的刻板印象最终毋庸置疑地归因于上帝本人。人们根据刻板印象建立了族群的等级制度，区分等级的标准就是权力大小和神圣程度。种族成了制度性的事实，种族制度变成了一种分层实践，在这种实践中，人们通过社会互动制造出身份和等级。①

---

① 关于种族刻板印象的独特影响力，参见 Operario and Fiske 1998。关于种族是通过社交互动强化分层的实践这一说法，请参考 Ossorio and Duster 2005。

1660年英国恢复君主制以后，撒哈拉以南非洲的奴隶与其他商品一道被当作物品进行交易。推崇奴隶制的神学家试图说服怀疑这种行为的人，这些神学家认为《圣经》默许了非洲奴隶的存在，因为黑皮肤的人是被诅咒的含的后代。英国、美国的其他宗教学者和科学家对此进行了有理有据的激烈反驳。物理学家罗伯特·波义耳（Robert Boyle）写道："尽管博物学家会毫不犹豫地相信《圣经》所证明的所有奇迹，但在这样的背景下，有些人恐怕只是想给难以解释的事情找原因，而不是出于解决问题的意图，才轻易给出超自然的理由；人们不去探究非洲人皮肤变黑最本质的普遍原因，而是去找一些合乎体统、直接和务实的理由；人们不但无法根据《圣经》证明挪亚对含的诅咒导致含的后代变成黑人，还认为含就应当成为奴仆的奴仆。"① 受人尊崇的美国牧师托马斯·克拉克森（Thomas Clarkson）是公开批评用对含的诅咒解释奴隶制的代表人物，他抨击了奴隶贸易的惨无人道、残酷的重商主义，以及所谓"神圣"的理由（贴士22）。

贴士22　克拉克森牧师有关"对含的诅咒"的看法

　　许多领域的人士都对用肤色来解释"对含的诅咒"提出异议，他们当中有科学家、哲学家、神学家等。美国牧师托马斯·克拉克森于1787年发表的文采飞扬、充满激情的文章，让很多读者感到不适，因为托马斯认为从热带到两极梯度变化的人类肤色最终会将全人类（包括奴隶主自己）置于奴隶制的枷锁之下。

---

① 炼金术士、自然科学家罗伯特·波义耳被认为是现代化学的奠基人之一。他是一位虔诚的基督徒，他将自己的大部分财产都用来支持传教工作。他在1664年发表了论文《关于颜色的实验与思考》（Boyle 2007，261-262），文章驳斥了将对含的诅咒作为一部分人肤色变黑的原因的观点。

"对含的诅咒"解释力十分有限；按照《圣经》的说法，诅咒的威力并没有蔓延至含所有儿子的后代，而是仅仅传至他那个名为迦南的后代；可以预见的是，含的一部分后人是迦南及其后代，这些人应侍奉闪和雅弗的后人。可怜的非洲人真的是迦南的后代吗？——有人说，他们身上的特征足以将其与世界其他地方的人区分开来。但是，神圣的宗教著作提到过这些身体特征吗？《圣经》在哪一页上写着人们根据肤色、容貌、外形或头发来辨认迦南的后人？……

如果你承认一个人的外形是导致他成为奴隶的正当原因，那么你也可以征服自己的兄弟；如果这个正当理由是人的容貌，那么你需要与全世界的人争辩；如果以肤色来区分奴隶和非奴隶，那么争论何时才能停止？显然，如果你从赤道向北极行进，会发现人们的肤色由黑向白，规律渐变。如果将那个肤色最深的人当成奴隶带走是合理的选择，那么怎样区分谁的肤色更深呢？如前所述，人与人之间肤色的差别可能只有一丁点儿。如此，你可以继续行进，定期将一个人带向北极或南极。但问题是，你凭什么让那么多人受到奴役？你自己的肤色又位于光谱上的什么位置？[1]

[1] 参见 Clarkson 1804，114-115，118。克拉克森对皮肤解剖结构和遗传机制了如指掌，他将这些知识展示给人们，消除了人们认为深色皮肤者是其他物种的偏见。

然而，非洲奴隶贸易终于还是以《圣经》中"对含的诅咒"为依据而蓬勃发展。奴隶遭到抓捕、劫掠，被迫劳动的悲惨命运强化了人们对深肤色的非洲人的偏见。非洲人天生的黑肤色让他们难逃成为奴隶的厄运。

第十一章
奴隶制与肤色政治

18世纪末19世纪初,在世界许多地方,深色皮肤都与下等人和奴隶有关。对肤色较浅的欧洲人来说,美洲印第安人和许多地方的亚洲人都属于野蛮人和异教徒,但非洲人由于肤色特别深,被认为是最堕落的一小撮人类。欧洲人利用对《圣经》的解释,将含视为永远被奴隶制诅咒的非洲人的祖先,使奴隶贸易合法化。因为讨论内容的核心是肤色,原本晦涩的神学辩论变成了关于不同人类的价值的辩论。"黑鬼"(Negro)一词的深入人心致使黑色皮肤成为被奴役者的标志性特征。[1] 拥有浅色或"白色"皮肤是一种规范,而其他族群违背了这一规范。

奴隶贸易将数以万计的黑人从撒哈拉以南非洲带入欧洲大陆、英国,以及西印度群岛和美国的种植园。17世纪上半叶,多数美

---

[1] 单词"Negro"集中体现了英语使用者执意要给黑人的肤色贴标签的事实。苏嘉塔·延加(Sujata Iyengar)的好书《细微的差别》(*Shades of Difference*,2005)对这一主题及其他相关主题做了阐述。理查德·戴尔(Richard Dyer)的著作《白》(*White*,1997)则将侧重点放在对"白人"标准的建立。戴尔观察到,非白人会被贴上种族标签,白人则成了"正义的人民"。

国殖民地都依靠欧洲劳工和奴仆从事农业与家庭劳动。由非洲到北美的奴隶贸易最初由于运输问题而进展缓慢。1619年，有人开始从荷兰货船上向詹姆斯顿殖民地出售货物。随着时间的流逝，烟草种植对殖民地经济的重要性日益凸显，殖民地对奴隶的依赖也与日俱增。与此同时，在加勒比群岛，甘蔗种植园的快速扩张引发了对劳动力的强烈需求，只有成批的非洲奴隶才能满足这样的需求。18—19世纪，奴隶的劳动让农业变成了整个新大陆最赚钱的行业。将非洲人当作比普通人低等的种族，会使贩卖奴隶在没有道德障碍的情况下变得更容易。奴隶贸易成了英格兰、加勒比海和美洲殖民地商业和政策的基石。人们对奴隶贸易的这种态度一直持续到美国建国初期，直到南北战争开打才告一段落。[①] 欧洲人对非洲人近乎猿人般的描绘在很大程度上加速了奴隶贸易的进程（贴士23）。

前往加勒比海和美洲殖民地的奴隶多数遭到了英国奴隶商贩的倒卖。英国人比他们的葡萄牙和荷兰同行更晚进入该行业，但他们在发展奴隶贸易的思想和术语方面却花了不少工夫。在美化、支持奴隶制的历史上，牙买加奴隶主爱德华·朗（Edward Long）是个关键人物，他对非洲黑人的刻薄描写让加勒比海和美洲殖民地上的极端行为发展为持续的种族主义行动。朗在《牙买加史》（*History of Jamaica*）这本书中将非洲人描绘成更接近动物而非文明的人类世界的生物，宣称奴隶制能够完美而有效地约束野蛮的非洲人。朗在书中使用大量篇幅描写奴隶在身体与思想特质方面和自由的文明人有哪些不同。他表示，据观察，黑色并不是人类的自然肤色，非

---

① 很少有人意识到，维护跨大西洋奴隶贸易和奴隶制，是美国独立战争所捍卫的最重要的"自由"。关于奴隶制，以及奴隶制与美国建国之间密不可分的关系，参见Oakes 1998。

贴士 23　通过图像让非洲人"非人化"的历史

早在 1688 年,欧洲的航海探险家就将西非人描述为与猿猴更接近,而非与人类最接近的生物。社会学家"黑人猿"(Negro-ape)的隐喻渗透到当时的大众文化和科学描述当中。19 世纪末 20 世纪初,人们开始了解人类演化的细节,学者眼中的人类演化史总是显示出某种线性序列,即从多毛猿到肤色很深的"猿人"(ape-men),再到肤色较浅的(像欧洲人那样的)现代人类。非洲人和他们的后代被当成介乎猿猴与现代人之间的某个物种,其在演化中的绝对位置低于欧洲人。

在 20 世纪初的电影(比如 1933 年的《金刚》)、商业广告和大众艺术当中,非洲人的后代与猿猴之间的关系是一个经久不衰的主题。尽管歧视非洲人的现象在日益退潮,贬低非洲人的图像也大为减少,但这种联系依然存在。[1] 这不是一个好消息,因为它会改变人的视觉感知和注意力:除了其他后果之外,它会导致人们对于向非裔犯罪嫌疑人施暴行为的默许。最近的一项研究表明,如果常常接触到这样的图像,可能会助长人们对种族不平等的漠然,甚至让人想为种族不平等进行辩解。[2]

[1] Goff et al. 2008.
[2] 该结论来自尚塔尔·马歇尔(Shantal Marshall)和珍妮弗·埃伯哈特的一项尚未发表的研究。

洲人不仅体表呈现黑色,五脏六腑也是黑的,这表明他们已经腐败透顶。黑人是"野兽般的人",可能会做出不当行为。① 正如一位学

---

① 将非洲人动物化的想法始于其外形与"黑暗"的联系,有心之人还可以借助一系列负面的视觉、听觉联想进一步发展这种想法。有关该主题的深入探讨,请参考 Hoffer 2003。

者所说："把黑人的形象描述得越可怕，就可以越理直气壮地推行奴隶制。"①

在美国实行奴隶制的最初的几十年，弗吉尼亚和卡罗莱纳殖民地的非洲奴隶如果皈依基督教，是可以要求获释的。不过，当法律与肤色产生关联之后，这一"奴隶制度漏洞"遭到了修复，弗吉尼亚殖民地议会裁定"给奴隶做洗礼也不能改变他们的奴隶身份"。②大约在 1680 年之后，在美国殖民地，"白"（white）这个单词开始广泛用于自我认同，到了 17 世纪末，"白"几乎等同于自由，而"黑"（black）则意味着奴役。

奴隶贸易，特别是跨大西洋的奴隶贸易涉及巨大利润，这让许多欧洲国家的统治者不再反对奴隶制。随着奴隶人数的增加和奴隶劳动带来的利润增长，越来越多的言论推动了非洲黑人的非人化（贴士 24）。

贴士 24　用《大英百科全书》为歧视背书

近二百年来，对多数英语国家来说，《大英百科全书》（*Encyclopaedia Britannica*）是最权威的知识摘要。以下两个条目分别来自《大英百科全书》的第一版（1771）和第六版（1823），生动地展现了这本百科全书对非洲黑人态度的急剧变化，这种变化是在 18 世纪末

---

① 参见 Walvin 1986，82。可以留意沃尔文（Walvin）对爱德华·朗《牙买加史》这本臭名昭著的书的性质和影响的评论。
② 小利昂·希金伯纳姆（A. Leon Higginbotham Jr.）撰写了一部有关美国殖民地奴隶法律地位的经典著作《关于肤色》（*In the Matter of Color*，1978），其中描述了六个殖民地的法律法规，以及这些殖民地如何根据肤色对仆人和奴隶区别对待。该书有一篇简短的摘要，参见 Wood 1995。沃尔特·约翰逊（Walter Johnson）在《灵与魂》（*Soul by Soul*，1999）一书中概括了奴隶贸易的残酷机制，以及让人沦为美国奴隶市场商品的话术的性质。另见奥德丽·斯梅德利（Audrey Smedley）的《北美的种族》（*Race in North America*，1999）和简·萨姆森（Jane Samson）的《种族与帝国》（*Race and Empire*，2005）。

越来越多非洲人遭到奴役的背景下发生的。

NEGROES。黑人（negroes）就是非洲尼吉里西亚（Nigritia）的居民，也被称为黑人（blacks）和摩尔人（moors）；但黑人这个称呼现在适用于所有黑皮肤的人。黑人的起源，以及他们与其他人类拥有显著差异的原因，使博物学家大惑不解。波义耳先生观察到，黑人的肤色深，不是炎热的气候造成的，因为尽管太阳的热量会让皮肤的颜色变深，人类的经验暂时无法证明气候因素足以造成黑人那样独特的肤色。[1]

NEGRO。黑人的学名叫 *Homo pelli nigra*，这个人种的肤色特别黑，居住于热带，特别是赤道以内的非洲地区。不同的黑人的肤色有各自的深浅层次，他们的五官与其他人种相去甚远：圆圆的脸颊，高高的颧骨，前额微突，鼻子扁平，嘴唇肥厚，耳朵很小，丑陋、奇形怪状是他们外貌的主要特征。黑人妇女阴部深陷，臀部非常大，以至于腰背状似马鞍。这个不幸种族似乎天生就有满身的恶习：懒惰、忘恩负义、恩将仇报、残忍、厚颜、偷窃、说谎、猥亵、放荡、肮脏、恣意妄为。据说，黑人的恶习泯灭了自然法的原则，他们无视良知的责备，也毫无同理心，他们是人类任凭自己堕落下去的极端例证。[2]

[1] Smellie 1771, 395-396.
[2] Maclaren 1823, 750-754.

这种灌输导致了人们对奴隶的极端残酷和暴力，这些都通过奴隶的叙述被记录了下来。奴隶遭到身体虐待是常事，主人并不是偶尔为之。逃亡奴隶约翰·布朗（John Brown）的经历令人难过，因为他不仅要遭受惯常的殴打和虐待，他的身体还被当成实验道具。

布朗的主人是一位医生，他非常残忍地想通过解剖约翰的皮肤来确定黑人肤色的起源。布朗所遭受的暴行是第二次世界大战期间法西斯在东亚和欧洲犯下罪行的前兆：

> 在加热坑里完成了对我的一系列实验之后，他让我休息了几天，并控制我的饮食，之后，在大约三周的时间里，他隔天就给我放血。最后，他发现我要昏倒了，于是弃我而去。我休息了一个月，才恢复了一点儿力气。那段时间，他通过让我的手上、腿上和脚上起水疱，来确定我的皮肤能变得多黑，这些水疱在我身上留下疤痕至今没有消除。他会继续这样的实验，直到能在表层和深层的皮肤之间弄出一层深色的皮肤为止。过去，他每隔两周就让我身上起一层水疱。他还对我进行了其他实验，但我不太记得详情了。①

托马斯·杰斐逊（Thomas Jefferson）是美国历史上最有名的人之一，尽管他公然崇尚自由和幸福，但他也曾书面表达关于肤色较黑的非洲人低人一等的观点，他认为黑人应当终生被奴役，不适合获得解放。（贴士25）学者注意到杰斐逊对奴隶制的矛盾态度，以及他对于蓄奴的不安情绪，但这些有证可循的态度无法改变他拒绝释放奴隶的事实。实际上，杰斐逊在此问题上表现得虚伪之极，因为在1808年5月，一个叫萨莉·海明斯（Sally Hemings）的女奴为他生下一个孩子。（图25）

---

① 参见 Brown 1999，340。这位约翰·布朗和废奴主义者约翰·布朗不是同一个人。

图 25　萨莉·海明斯和托马斯·杰斐逊的后代与剧作家桑德拉·西顿（Sandra Seaton，她与这家人没有亲缘关系）在 2001 年的合影。后排从左至右分别是：朱莉娅·杰斐逊·韦斯特里宁（Julia Jefferson Westerinen）、桑德拉·西顿、卡伦·理查森（Karen Richardson）。前排从左至右分别是：谢伊·班克斯－扬（Shay Banks-Young）、凯莉·理查森（Kelly Richardson）、康妮·理查森（Connye Richardson）、多萝西·韦斯特里宁（Dorothy Westerinen）。照片由美国中央密歇根大学传播学系的罗伯特·巴克利（Robert Barclay）提供

贴士 25　托马斯·杰斐逊对黑人和奴隶的看法

托马斯·杰斐逊对奴隶制的矛盾情绪从他的许多作品中都可见一斑，但他显然将黑皮肤的非洲人视为异类，认为他们缺乏魅力，低人一等，比如，他在《弗吉尼亚笔记》（Notes on the State of Virginia）中这样写道：

> 首先让我们感到冲击的是他们的肤色——无论黑人皮肤中的黑色是藏在表皮与真皮之间错综复杂的网状结构里，还是就在表皮当中；无论这种黑是血液、胆汁，还是其他分泌物的颜色。他们这种特别的肤色都是天生的，正如黑人的地位及其沦落到这种

地步的原因都是显而易见的。他们和我们的区别难道不重要吗？这种区别不就是白人和黑人这两个种族美丽程度有差别的基础吗？人类每一种激情的表达，难道不都是红与白的完美融合？将或多或少的色彩混合起来，当然比永恒的单色调更为美好，而黑人那不变的黑色面纱一直占据着他们的脸孔，使他们无从拥有如其他种族般丰富的表情……

在第一个例子当中，我们都看到了，黑人与白人混血，致使黑人的身体与精神都有所进步，这说明黑人之所以低人一等，并不是因为生活条件差……

黑人不幸拥有这样的肤色，而且，或许他们的能力还很差，这都是解放黑人道路上的巨大障碍。[1]

杰斐逊这段话被反奴隶制的先驱本杰明·拉什（Benjamin Rush），以及将深色皮肤归因于"皮肤病"的人士引用过。[2]

[1] Jefferson 1787, 145–151.
[2] Bay 2000, 78.

美德滴定法

在化学当中，滴定法是指向溶液中添加另一种物质，直至溶液颜色发生变化，以此确定溶液中某种物质浓度的过程。我使用这一概念是因为滴定法可以精确地描述欧洲人的血统是如何变革了许多非裔美国人后代的社会待遇和财务状况。尽管美国法律严格限制浅肤色的欧美人士与非洲人之间的通婚和性行为，但这里还是诞生了很多混血、肤色半黑半白的孩子。深色皮肤和浅色皮肤的人一起生的孩子，肤色似乎介于两者之间。这种仿佛调配过的色泽对他们的未来产生了重大影响。

非洲人与欧洲人的第一代混血后裔被称为黑白混血儿（mulattoes 或 half-castes）。即使是在美国殖民地，黑白混血儿也会被当成单独的人口普查类别，黑人儿童或黑白混血儿的母亲也理所当然地被视为奴隶。在美国殖民地，一个非洲奴隶的孩子一旦需要通过母亲的身份来取得地位，那么无论孩子的肤色是黑是白，都要按照黑与白、奴役与自由的双重阶级系统判定其身份。① 这些殖民地法规是臭名昭著的"一滴血原则"（one-drop rule）的前身，据此，奴隶的孩子即使本来可以被当作"白人"，也会被视为"黑人"。

19 世纪，随着奴隶制成为美国经济中根深蒂固的一部分，肤色已成为判定非裔奴隶适合做哪些工作的标准。记录奴隶销售情况的公证人用的是黑人（Negro）、黑白混血（griffe）、白黑混血（mulatto）、白人与半白人之混血（quadroon）等标签，而奴隶主则用光谱颜色——紫色（purple）、深黑色（deepest black）、深褐色（dark brownish）、深铜色（deep copper）和黄色（yellow）——来形容肤色，记录有关奴隶身体与心理情况的重要信息，从而为他们匹配合适的劳动。通常，深肤色意味着活力和力量。在奴隶市场上，商人会给深肤色的奴隶涂上油，或者在售卖之前为他们涂抹黑色的油脂。在某些地方，人们觉得深肤色的人天生擅长收割甘蔗。人们以为奴隶生病了之后，皮肤会变得没那么黑，当时的一位医生说："对纯种黑人来说，褪色是身体衰弱或不适的标志。"② 人们通常认为肤色较浅的黑人比较虚弱，不够耐劳，他们很有可能被派去做木匠、铁匠或家庭佣人。

---

① 对相关法律法规的回顾，参见 Higginbotham 1978。
② Johnson 1999, 140.

黑人女性同样会被按照肤色分类。人们觉得皮肤黑的女人更强壮，健康状况足以应对田间工作，也更容易生儿育女，而肤色较浅的女人则适合从事室内活动（包括性服务）。在女奴交易中，总是隐含着潜在价值，即女奴能成为奴隶主和买家的性伴侣。直发、肤色更浅的女奴价格高昂，颇受追捧。反对奴隶制的人会急于发布报道，称有人强制浅肤色的女奴做买家的小妾，并谴责那些组织"混血儿舞会"（quadroon ball）、给浅肤色的女奴介绍买主的皮条客（图26）。反奴隶小说会引导读者同肤色与白人几乎没有两样的女主角产生共鸣，在小说中，这些女主人公是奴役和强暴双重犯罪的受害者。不过讽刺的是，即使是在废奴主义者心中，对浅肤色奴隶的残酷行为（即使是在小说里）也比对深肤色奴隶的残酷行为更加令人发指。

美国内战前后，在人们心中，深色皮肤与动物体质的相关度越来越高，相反，浅色皮肤则与优雅高贵、可教育性愈发相关。这些与肤色有关的含义通常反映出奴隶主自己的利益诉求，因为他们往往是"混血"孩子的父亲。许多奴隶的文字记录中都描绘了肤色较浅的孩子是怎样在室内的"大房子里"工作，或者可以从事不太繁重的户外工作。由于父亲是自由人，即便这些孩子的母亲是奴隶出身，他们也能免于被鞭打的痛苦。[①] 奴隶和奴隶主都认识到肤色较浅的奴隶地位更高。奴隶商人和奴隶都认识到人们对浅色皮肤的偏爱，这也预示了现代肤色歧视的发展方向：在就业、教育、婚姻和社会生活的其他领域，浅肤色人种都比深肤色人种有优势。

[①] 奴隶生活记录性质的出版物当中有一部分是个人传记，比如逃亡奴隶威廉·布朗（William W. Brown）的事迹，他是非洲奴隶和美国奴隶主生下的儿子。布朗做家庭佣人时，目睹了母亲和其他奴隶遭到鞭打（Brown 1970）。小亨利·路易斯·盖茨（Henry Louis Gates Jr., 2002）将这些内容作了汇编并撰写序言，他为这类文献做了出色的介绍。

图 26 爱德华·马奎斯（Edouard Marquis）《三位深色皮肤的淑女》（*Three Ladies of Color*，1867）。有些浅肤色非裔女性在新奥尔良和其他城市参加"混血儿舞会"。如果她们已经不再是奴隶，就可以自己联络参加舞会；如果她们是奴隶，这种安排则是由奴隶主或奴隶商人来做

尽管浅肤色的人有追求更高地位的愿望，但在黑白两极分化的种族制度中，一旦被归入黑色人种，人的地位变动进程将被迫停滞。肤色较浅却被判定为有着"黑血"的人会被禁止进入许多机构，一旦他们闯入这些机构，就会被赶出去（图 27）。曾经为奴的威廉·克拉夫特（William Craft）和埃伦·克拉夫特（Ellen Craft）写道："奴隶的父亲可能是共和国的副总统，但如果婴儿出生的时候母亲还是奴隶，按照法律，这个可怜的孩子注定要遭受和母亲一样的残酷命运。"[①] 另外，肤色较浅的奴隶则遭遇了一定程度的抵制。

---

① Craft and Craft 2001，902. 要了解美国南方混血儿的社会地位，请参考 Toplin 1979。

图27 照片上的儿童在1863年因肤色被费城一家旅馆拒收。在美国重建时期（1865—1877），以及19世纪末20世纪初的吉姆·克劳（Jim Crow）时代，一个人如果被判定拥有"黑血"，会被许多机构拒之门外。照片由詹姆斯·麦克利斯（James E. M'Clees）拍摄。美国国会图书馆印品与照片部提供，编号为LC-DIG-ppmsca-11150

很多奴隶主不喜欢"太白"的奴隶，不仅因为他们可能会逃亡，也因为他们体内"隐藏的黑色"将对"白人种族"的纯洁性构成威胁。[①] 在美国南方，混血儿的存在不断提醒人们，奴隶主与奴隶之间存在性伴侣关系，随之而来的便是社会的紧张局势。

根据肤色对人进行分类已成为美国政府、商业和社会生活不可分割的一部分。在美国开始人口普查的前几十年（1790—1850），仅有的人口分类便是"白人"和"黑人"，黑人当中则有"自由"

---

① 奴隶摩西·罗珀（Moses Roper）的记录（Roper 2001）描述了他出生时是怎样因为长得"太白"而差点惨死于奴隶主的妻子之手。

第十一章 奴隶制与肤色政治

与"奴隶"两个类别。① 南北战争期间，随着混血人口数量的激增，人口普查中也增加了一个名为"颜色"的类别，尝试将非洲人及其后代分为"黑人"和"混血"两个大类。1890年，为了给非洲奴隶的后代分类，人口普查中确定了"黑人""混血""四分之一混血""八分之一混血"等类别。② 普查部门谨慎地指示道："要特别小心区分黑人、混血、四分之一混血和八分之一混血。'黑人'一词应当用来描述有四分之三及以上黑人血统的人；'混血'则是指黑人血统达到八分之三至八分之五的人；'四分之一混血'是指那些拥有四分之一黑人血统的人；'八分之一混血'，即那些有八分之一或一丁点儿黑色血统的人。"③ 1900年，美国人口普查局决定放弃这些细分类别，因为按血统原则（该原则认为只要血统中有哪怕是一丁点儿"黑血"，这个人就是黑人）分类显然是多此一举。尽管用来给种族分类、排序的标签的数量和特征都在随着时间而发生变化，但将黑人视为智力、外表好看程度、道德纯洁程度、文化发展潜力不及白人的人种的基本认识则几乎没有改变。④

受审判的肤色

在19世纪中叶的美国，黑与白，分别同奴役与自由相对应，

---

① 要快速了解美国政府尝试对人进行分类的历史，以及美国社会史，不妨参考美国人口普查局和人口普查学者的出版物所提供的信息。各州（尤其是南方各州）还会根据不同的标准测量非裔人口的血液图谱（blood quantum），以此区分黑人的种类。参见 Snipp 2003；Bennett 2000；Chestnutt 2000。
② 血液图谱（blood quantum）概念的提出，是一种量化个人血统的尝试。在美洲殖民地和美国本土，血液图谱被用于确定人们体内美洲原住民血统所占的比例，该图谱也被用来测量非洲血统，但测量标准没有对美洲人那么持续和严格。
③ Nobles 2000，1740.
④ Sanjek 1994，I.

实际上，这种对应关系还会成为法院做审判时的依据。1857 年审理的两起案件涉及对肤色与自由的裁决。著名的德雷德·斯科特诉桑德福案在密苏里州和联邦法院进行审理之后，被送到了美国最高法院。奴隶德雷德·斯科特（Dred Scott）"为自由而提起诉讼"，因为在随他当时的主人约翰·桑德福（John F. A. Sandford）搬到密苏里州之前，他曾经住在伊利诺伊州和威斯康星州的自由之地。斯科特的律师辩称，曾居住在自由土地上的斯科特本可以不受奴役。桑德福的律师则认为，斯科特根本无权起诉奴隶主，因为他不是密苏里州公民。由五名拥有奴隶的法官——包括首席大法官罗杰·塔尼（Roger B. Taney）——组成的最高法院对该案做出果断裁决（贴士 26）。① 塔尼断言，黑人"一百多年来都生活在缺乏秩序的环境里，在社会关系或政治格局方面完全无法与白人相提并论，他们太低级，以至于没有权利享受像白人那样获得尊重的权利"。② 凭借这样的声明，塔尼将传闻、对《圣经》的误解、数百年来的认知偏见与法律混为一谈，此次判决让有关奴隶制与黑人的激烈论战在美国拉开了序幕。对德雷德·斯科特的判决带来了两种持续起作用的不良影响：肤色差异正式成为种族的标志；社会分化、社会地位与种族之间的联系增强了。人们按照这样的种族观念行事，于是创造了这样一种社会：一个群体的成员比另一个群体的成员拥有更多获得社会财富的机会。③

---

① 有关德雷德·斯科特案判决的意义和影响，最好的评论文章之一是 Bernasconi 1991-1992。
② *Dred Scott v. Sandford*.
③ 关于种族对社会财富的分层效应，以及社会财富的分层效应带来的生物学后果，参见 Ossorio and Duster 2005。

贴士 26　罗杰·塔尼臭名昭著的言论

最高法院首席大法官罗杰·塔尼在对德雷德·斯科特诉桑德福案（1857）的判决中用他的立场捍卫奴隶制和白人至上主义，尽管美国大部分地区的舆论潮流都是反对奴隶制的。塔尼判决的三处摘录可以呈现他腐朽的逻辑：

问题很简单：一个黑人的祖先被进口到这个国家、当作奴隶卖掉，他难道还能成为根据美国宪法缔造的政治共同体的成员，并因此获得公民资格，享有法律赋予的公民权利、特权和豁免权吗？何况这些权利当中就包含在宪法规定的情况下，于美国法院提起诉讼的特权。

一个非裔黑人，他的祖先被带进这个国家并作为奴隶卖给别人，他即使是自由身，也不是美国宪法所指的"公民"。

《宪法》通过后，他们（黑人）没有被视为任何一个州的社区成员，也不能被视作"人民"或"公民"的成员。因此，公民享有的特殊权利与豁免权并不适用于黑人。黑人不是宪法所指的"公民"，因此无权以公民身份在美国法院提起诉讼，巡回法院对此案没有诉讼管辖权。[1]

[1] *Dred Scott v. Sandford.*

第二起案件是始于 1857 年的莫里森诉怀特案，这起案件相对较少被媒体提到，也没有德雷德·斯科特案后果严重。但莫里森诉怀特案依然有着重大意义，因为这起案件引发了对于肤色、对于奴

隶母亲生下的孩子是奴隶还是自由人等问题的思考。该案涉及一位在奴隶市场被出售的年轻女性简·莫里森（Jane Morrison）。她被一个名叫詹姆斯·怀特（James White）的人买下，但在售出之后不久，她就逃跑了。莫里森向法院提起诉讼，称怀特剥夺了她的自由，她说自己真名阿莱希娜（Alexina），出生于阿肯色州的白人家庭，原是自由之身。在法庭的书面陈述里，阿莱希娜表示她"有白人血统，本是自由之身，有权享受自由，从外表上看这也很明显"，因为她有金色头发和蓝色眼睛，看上去很"白"。① 她声明，这些可以证明她是自由的。如果她有任何一丝"黑血"，那也是可以从外表上看出来的。一位证人向法庭保证"有色血统会非常醒目"。另一方的奴隶主怀特则坚称阿莱希娜是奴隶，因为据说她的母亲是奴隶。

　　新奥尔良的三个陪审团此前曾对该案进行审理，双方在后续的审理中拿出的证据愈发耸人听闻、稀奇古怪。在两次审讯之间，阿莱希娜被迫公开露面来"作证"，以便让人们确定她身上是否有任何"一丝非洲血统"。她被迫赤裸上身，在一家旅馆里公开展示，并受到男性工作人员的检查，这些人对她的身体动手动脚，而且眼神不怀好意，对外声称自己是在对阿莱希娜的血统进行科学研究。最终，第二陪审团无法就裁决问题达成一致，于是决定在另一个法院重审该案。在没有任何证据表明阿莱希娜是奴隶的情况下，审讯过后，陪审团一致宣布她是自由的。其他地方也发生了类似的案件，女人被迫在陪审团面前脱衣服以确认自己是黑

---

① 参见 Johnson 2000，*Morrison v. White*。

是白。① 在类似的案件当中,"事实调查"活动往往用来掩饰当庭对受审女性身体进行展示或猥亵。人们以为深肤色女性会用狂野的、类似动物那样的性行为恐吓和诱惑别人,如果问题无法在法庭上解决,混血女性及其后代所带来的性焦虑和不确定感也还是经常被拿出来展示。

内战过后,美国人开始将注意力转移到肤色上,他们尤其担心黑人可能会"变成"白人。肤色深的人明显被归入下等人,肤色稍浅、与白人几乎没差别的黑人则被视为邪恶的伪装者。"种族间通婚"(miscegenation)一词产生于1864年,很快便进入了美式英语的词汇表。对黑人的恐惧导致人们更加担心不同种族的人们无视法律的明令禁止,发生性关系甚至通婚,他们害怕种族"融合"的威胁,担心黑人与白人发生关系,生下"隐形的黑人",污染白人的种族。② 南北战争之前,如果一个人的母亲是奴隶,那么他也要做奴隶,但在许多州,他在法律上可以是白人。南北战争结束后,这些人既获得了自由,身份又是白人。对许多白人来说,黑人的自由是难以忍受的威胁。

吟游诗人

在美国的早期历史当中,黑人总是与奴隶相关,奴隶则与美国南方种植园生活相关。美国北方人对奴隶生活的细节十分陌生,但

---

① 在1925年底、臭名昭著的莱因兰德案当中,艾丽斯·莱因兰德(Alice Rhinelander,原名née Jones)被迫脱下上衣并露出双腿让陪审团看,让他们评估自己的肤色。她的丈夫伦纳德·莱因兰德(Leonard Rhinelander)对她提起欺诈指控,希望解除婚约,理由是她声称自己是白人。有关此案的详情和精彩评论,参见 Wacks 2000。
② 伊娃·萨克斯(Eva Saks)撰写了一篇有关堕胎法的妙文(Saks 2000),其中讨论了数起与"隐形"血统有关的案件。

图 28 弗朗西斯·本杰明·约翰逊（Frances Benjamin Johnson）《扮成吟游诗人的黑脸人》（*Man in Blackface as Minstrel*，1890—1910）。这位无名的演员有着美国吟游诗人的典型外形特征，脸涂成黑色，嘴唇画成夸张的白色，衣服则穿得像小丑。该图由美国国会图书馆印品与照片部提供，编号为 LC-USZ62-47073

非洲奴隶的音乐引起了不少人的兴趣。吟游诗人19世纪20年代开始出现于美国北部。但这些人既不是非洲人，也不是非裔美国人，相反，他们是白色人种的艺人，只是为了迎合美国北部的观众而模仿非洲奴隶艺人的文化（图28）。吟游诗人把脸涂黑，身穿特色服装，表演包含"原始"非洲音乐元素的歌舞。[①] 他们是讽刺中的讽刺：白人扮作知足常乐的黑奴。吟游诗人把脸涂黑，不仅在表演的时候没有非洲人那样的羞耻感，也避免了直接模仿非洲人的音乐和舞蹈形式所引来的麻烦。他们假装出来的黑脸以及临时扮演非洲人的特质，也使白人更容易接受其表演的娱乐性。同时，吟游诗人的涌现也巩固了奴隶制，他们向民众传播了错误观念：无忧无虑的黑

---

① 想详细了解美国吟游诗人的传统，参见 Pieterse 1992，132-136。

奴对慷慨的奴隶主提供的种植园生活感到满意。吟游诗人是美国有史以来最受欢迎的娱乐传统之一，一百多年来始终吸引着众多观众。20世纪初，人们对黑人的看法变得过于扭曲，以至于浅肤色人种把脸涂黑以后，便可以在深肤色的非洲人后裔无法踏足的地方进行非洲风格的娱乐表演。

第十二章
肤色含义的变迁

颜色可以是中性的，但人类的思想与文化赋予它们含义。随着时间的流逝，当白色、黑色和棕色等颜色标签应用在人们身上时，便充满了富于社会价值的信息。这些含义又随着地点和时间的变迁而有所不同。人们今天所能理解或认同的多数种族概念都是社会所赋予的肤色标签。那些提出种族概念的人说种族是社会建构的类别，因为种族是身体属性与文化属性综合而成的分类，仅在极为特殊时间、空间和文化的条件下才有意义。随着种族类别的不断发展，这些分类变得不稳定且随意，而在人们心中，种族的类别也同样如此。

世间本没有对特定肤色的普世偏爱。人们对事物的喜好，往往是来自早期从父母或老师处听来的有关他人的描述。由于史前和早期历史阶段的人类从未远离家乡，他们通常更偏爱自己的肤色。任何明显与自己不同的事物都会令人怀疑或恐惧。例如，在大航海时期及以后，浅肤色的欧洲人在非洲或亚洲传统文化中会被称为恶魔或鬼魂。但是，还有两个重要因素影响了不同文化对于肤色的态度，这两个因素都导致了人们对浅肤色的偏爱。其中第一个，也是比较传统的影响人们对肤色观念的因素是，肤色浅意味着较少的户外劳作，说明浅肤色的人拥有更多的人身自由。或许在务农的人当中，这种偏好更为普遍，但这种偏好在彼此独立的人类社会中都出现过。皮肤白意味着一个人几乎或完全没有被晒黑。第二个影响人们对肤色的评价的因素是，基督教文化中象征性的光明与黑暗之间的对比（严格意义上说是白与黑之间的比较）。白色对应纯洁、美德和基督，而黑色对应不洁、邪恶和魔鬼，这样的观念充斥在基督教的礼拜仪式和大众信仰之中。中世纪和文艺复兴时期，人们常常用纯白的皮肤和纯白的衣服来描绘基督。

随着欧洲与撒哈拉以南非洲之间的商贸往来日渐频繁，以及奴隶贸易的重要性和奴隶身份世袭制在美国的确立，光明与黑暗、白与黑之间的对立在人类社会当中进一步深化。随着跨大西洋的奴隶贸易变得更加有利可图，欧洲人更需要强调肤色之间的道德对立，以至于光明与黑暗、浅色与深色之间的分别几乎意味着人与牲畜之间的不同，这造成了世界上已知时间最长、危害最严重的偏见之一。肤色较深的非洲人如果能获得社会的认可，那就意味着他的黑皮肤获得了宽恕，究其原因，用常见的方式表达，就是："他的灵魂是白色的。"

最近几个世纪，人们偏好浅色皮肤的两个因素之间又有互为因果的趋势，例如，人们追捧脸颊白里透红的"英国玫瑰"（English rose），因为这样的女性不必从事户外工作，也拥有无与伦比的美德。过去一百五十年，人们对浅色皮肤的偏爱有增无减，最重要的诱因就是影像在大众媒体中的传播。肤色较浅的人（在很多广告当中都）与积极的社交信息、较高的社会地位相关联，这会带来快速而持续的社会效应。① 人类一直喜欢模仿别人，也容易受人影响，会努力让自己的外形和肤色变成与更强社会接受度和更高社会地位有关的样子。人们对肤色的态度一旦确定，就会倾向于坚持这种态度，因为这是对已知刻板印象的反应，人类的许多文化机制也都有助于这种态度的传播。

正是在这样的背景下，我们可以看到，在现代世界的不同地区，人们是怎样看待肤色的。其实能讨论的地区很多，但在这一章当中，我只选了南非、巴西、印度和日本作为例子，来说明各地在肤色方面的共同主题和明显差异。其中每一个国家的社会史，以及肤色观的历史都很悠久且复杂。

南　非

非洲南部民族众多，许多人都是过去五千年伴随陆上和海上移民潮而来。该地区的原住民是桑族（San people）或布须曼人（Bushman），他们以觅食为生，在该地生活了三万多年。四千多年前抵达南部非洲游牧为生的科伊人（Khoi）与布须曼人有着遗传学意义上的密切关系。桑族人和科伊人经常被称作科伊桑人（Khoisan 或 Khoe-San），有着易受季节性强烈日晒影响的适中肤色。当地的许多农业人口被统称为"说班图语的人"，他们生活在赤道附近，肤色像常年遭受强烈紫外线辐射的非洲人一样深。考古记录表明，从大约四千年前起，科伊桑人最初的聚居地开始被会使

---

① 20世纪30年代以来，欧洲和美国对美黑的推广也产生了类似的效果。本书第十四章提到，20世纪末，通过休闲活动或晒太阳实现的美黑，往往能与"具有较高的社会地位"相关联，媒体也将晒黑的名人的形象与地位的提高、社会的认可联系起来。而且，即使晒黑了，白人仍然能享受得天独厚的社会利益。

用农具和金属工具的班图人占领。后来，欧洲学者将这种转变描述为"石器时代"式微之际，从事农业、拥有强大"部落"组织的布须曼人在"铁器时代"的崛起。对科伊桑人和班图人的遗传学研究表明，二者早已发生了相当程度的融合。① 但他们互相如何互动，对彼此外表印象如何，都没有留下书面记载。

在南部非洲定居的第一批浅肤色的欧洲人来自荷兰东印度公司，该公司于 1652 年在好望角建立了开普殖民地（Cape Colony）。荷兰东印度公司是世界上第一家跨国公司。其在南非的殖民地最初是作为军队驻地来支援欧洲同亚洲之间的航运贸易，但是几年后，公司允许荷裔、法裔前雇员在南非定居务农。在建立农场、扩大定居点的过程中，欧洲人征用、吸纳了许多科伊桑人作为劳动力。此外，欧洲人还从马达加斯加、非洲其他地区，以及印度尼西亚和南亚进口奴隶。

荷兰归正会（Dutch Reformed Church）的牧师从荷兰东印度公司成立之初起，就为其提供支持，该教会实际上垄断了新殖民地对于基督教的表达方式。② 归正会的基本信条之一是这样的：《圣经》是信仰和生活唯一的权威指导，每个人的生活和命运都是上帝预先设置好的。多数归正会成员都接受"内在圣德"（internal holiness）学说，该学说认为，整个欧洲人族群都可以获得救赎，因为他们的父辈都是信徒，而非欧洲人族群（皈依归正会者除外）是不能得到救赎的。南非的殖民社会建立在欧洲白人优越性的基础之上，否

---

① 索尔·杜博（Saul Dubow）在《现代南非的科学种族主义》（*Scientific Racism in Modern South Africa*, Dubow 1995）一书第三章描述了欧洲科学家对科伊桑人和班图人之间"种族差异"的态度的演变史。相关详细信息，参见萨拉·蒂什科夫（Sarah Tishkoff）及其同事所做的遗传学研究（Tishkoff 2007）。

② 有关在南非荷兰归正教堂的历史及人们对它们的看法，参见 Gerstner 1997。

则，对于早期殖民者及其后代而言，一切会变得不可想象。部分归正会信徒将南非原住民科伊桑人称作被诅咒的含的后人，有时候，他们还会将原住民描绘成介于猿与人之间的生物。①

英国人于 1795 年占领了开普殖民地，并于 1807 年废除了这里的对外奴隶贸易。英国人接手后的开普殖民地发展迅速，到 1820 年，这片殖民地的人口由三个不同的族群组成：英国人、说荷兰语者（荷兰裔南非人）的后代，以及前奴隶的后裔和科伊桑人。其中最后一个族群是一个高度多样化的族群，正式名称为"开普有色人"（Cape Coloureds）。英国人与荷兰裔南非人之间的交往既复杂又紧张，但这一切阻止不了定居者、投机者和欧洲早期淘金者源源不断地进入南非腹地。英国基督徒和荷兰基督徒分属于不同的基督教派别，英国人支持废除奴隶制，但他们并不反对种族隔离政策。②到 1870 年，人们将南非大部分地区划分为四个以白人为主的省。在 1899—1902 年的南非战争中，英国人击败了荷兰裔南非人，这四个省就构成了后来的南非联邦。

欧洲人认为自己对深肤色民族的统治具有合法性，因为他们坚信身体外形与道德、经济、美学和语言都有千丝万缕的关系。在南非，人们对人类多样性的态度是在以下两方面因素基础上建构的：首先，后启蒙时期的欧洲人认为，文化是民族的内在表达；其次，

---

① 将科伊桑人描述为含的子孙后代，或将其描述为保留了猿猴特征的人类，这样的做法可以追溯到 18 世纪的欧洲。这些看法当中有一部分是在 18 世纪末，女性科伊桑人萨尔杰·巴尔特曼（Saarje Baartman）在英国和法国公开露面之后产生的。巴尔特曼去世后，法国动物学家乔治·居维叶（George Cuvier）解剖了她的尸体，并以各种方式保存、展示她的身体部位。她的遗体最终于 2003 年被送回南非。参见 Tobias 2002。
② 想全面了解欧洲人基督教信仰在南非殖民地的多样性，参见 Elbourne and Ross 1997。凯瑟琳·贝斯特曼（Catherine Besteman）写过一份出色且资料足够新的摘要，内容是有关南非地区人际交往的历史和歧视行为，请见《改变开普敦》(Transforming Cape Town，2008)。

进入 19 世纪，人们相信某些"族群"在生物学和文化意义上演化出了卓越的"身体能力"和"适应性"①，认为白人的优越性是自然秩序的一部分。

白人至上主义学说与欧洲农民在南非殖民地的农业增长率和利润丰厚的金矿、钻石开采业有关，有助于证明种族隔离制度和等级制度的合理性。移民劳工制度和通行证制度的引入，在确保大量廉价劳动力供应的同时，也规范了非洲黑人向白人所居住的市区流动的方式，标志着正式建立种族隔离制度的第一步。1913 年颁布的《原住民土地法》（The Native Land Act）正式将南非分为"白人"居住区和"黑人"居住区，后者仅占全国面积的 7%。"黑人"保留地的土地并不肥沃，不仅如此，它也成了"白人农民和白人工厂主的廉价粗活儿劳动力储备库"。② 由此产生的身体活动与经济活动隔离，构成了种族隔离的基石。

20 世纪初，越来越多的非欧洲人在南非教会学校接受教育，他们开始呼吁政治改革。1948 年，建立在种族隔离制度基础上的南非国民党（National Party）赢得了大选，非欧洲人的政治改革运动暂时遭到抑制，该运动同非洲人国民大会（African National Congress）关系密切。之后的二十年中，南非政府颁布了一系列旨在压制、隔离非欧洲血统人士的法律。

实行种族隔离的第一步是建立严格的人种分类制度，让每个人只要一出生就被分配到某个种族当中去。1950 年的《人口登记法》（The Population Registration Act）整理出一系列用于给人种分类的特征，并注明了不同肤色的人分别有哪些权利。该法律定义了

---

① 关于后启蒙时期的欧洲哲学和社会达尔文主义对南非白人至上主义者意识形态发展的影响，参见 Dubow 1995。
② 原文来自伦纳德·汤普森（Leonard Thompson），引自 Besteman 2008，5。

四大人种：欧洲人（指的是白人），原住民、非洲人或班图人（也就是黑人），有色人（混血种组的颜色）和亚洲人（包括"亚洲各族"）。① 南非法律机关意识到，在日常生活中，人的外貌，尤其是肤色，是认证族群成员资格的主要标准。如果某个决定会带来法律后果，官方就会采用其他人种分类标准，因此评估就不仅是根据外貌（肤色、面部特征、头发质地和骨骼结构），还要根据血统（即所谓血液测试的结果）、普遍接受程度、声誉和生活方式（包括一个人的交友、习惯、着装、居住地点及条件，以及语言使用习惯）。

随着时间的流逝，南非法律机关开始更多地凭借"普遍接受程度和声誉"的标准，而不是其他标准来判定人种分类，然而这也使得后来出现了一些荒谬的法律解释："根据该法令，一个从外表上看明显是白人的人可以被归入白人，除非有证据证明事实与此相反；但如果一个人虽然从外表上看是白人，但被人们认为是有色人，那么他就不会被视为白人。"② 由于普遍接受程度以及多数其他判断标准都是武断、主观的，所以许多人对自己的人种分类提起上诉。为了实施《人口登记法》，南非成立了种族分类审查委员会，1954—1991年，该委员会和相关的上诉委员会都定期举行会议。上诉是具有实际意义的，因为种族分类直接影响一个人的权利和社会流动性。在碰到孩子被归入一个种族，不能合法地与被归入另一种族的父母同住这样奇怪而且不合理的情况时，上诉也显得非常重要。

遇到上诉时，种族分类审查委员会实际考虑或讨论的内容鲜为人知。他们对种族的评估似乎主要是基于肤色、头发质地和穿衣方式。这种评估后来成了现代社会最诡异、最屈辱的例行公事，评估

---

① 关于1910—1960年南非种族分类、定义的详细法律解释，参见 Suzman 1960。
② 出处同上，354。

过程中，委员会对人们进行身体检查和问询，如此，才有重做种族分类的可能。就这样，非洲人被重新归入有色人，有色人重新被归入印第安人。显然，没有几个人情愿在重新分类时遭到种族降级。如果包括孩子在内的人们出生时被归入白人种族，但后来遭到老师或同学的怀疑，其中的一部分人可能会被重新归入有色种族。[①] 由于种族降级后，人们会被强制搬迁，并因此遭遇侮辱和指责，这样的情况经常导致严重的心理创伤。

1991年，种族分类审查委员会被撤销，南非官方的种族分类时代宣告结束。不过，这并没有终结根据肤色对人们进行差别对待的做法。在人们的眼中，肤色和性格依旧同语言传统和习惯相关，他们会根据肤色判断一个人的能力，三百多年来，根深蒂固的身体隔离生活和居住方式已然造成了持久的不平等现象，事实证明，这种深入人心的不平等比制度更顽固。科伊桑人血统意味着一种特殊的耻辱。尽管反对种族隔离制度的运动领导人和后来的国家领导人纳尔逊·曼德拉（Nelson Mandela）和德斯蒙德·图图（Desmond Tutu）进行了基因测试，结果表明他们的祖先都是科伊桑人，但其他南非名人拒绝做这样的测试。鉴于种族隔离制度已经不复存在，南非人提出，有必要消除"精神上的种族隔离"。

巴 西

巴西人与殖民者的接触史和美国殖民历史大致相似，但两国在一个关键方面有所不同。在美国，当早期的欧洲殖民者到来之后，

[①] 桑德拉·莱恩（Sandra Laing）的故事体现了反复种族分类所引起的个人生活的动荡，她先是被归入白人，继而成了有色人种，最后又被归入白人。朱迪丝·斯通（Judith Stone）在《她曾是白人》（*When She Was White*，2007）一书中讲述了莱恩的故事。

美洲原住民几乎因为疾病、战争、强制奴役，以及只能待在保留地的安置计划而绝迹。在英国、荷兰、法国和葡萄牙殖民者的统治下，巴西原住民也会由于类似的原因大量死亡，但在葡萄牙人统治时期，相当多的原住民受到了同化。葡萄牙国王约瑟夫一世（King Joseph I）曾鼓励他的臣民"移居"巴西，并且"与当地人通婚"。①

葡萄牙殖民者遵从了国王的旨意。到16世纪中叶，随着巴西人口的减少，葡萄牙人将非洲奴隶引入巴西，以满足当地甘蔗种植园日益增长的劳动力需求。多达500万非洲奴隶被带往巴西，许多人在那里残酷的工作条件下痛苦不堪，甚至死去。他们的悲惨的命运被白人视为"粗野无教养的处世方式"的代价。② 同时，由于没有足够数量的葡萄牙妇女，男性殖民者从原住民和非洲黑奴中寻找伴侣，生出许多孩子（常常通过强奸），这些孩子的外貌和肤色差异很大。纵观巴西殖民史，葡萄牙人、印第安人和非洲人之间的通婚是被允许的，但这并没有得到政府或天主教会的正式批准。不过，在巨大商业利益的驱动下，这样的婚姻关系势不可当，因为它使更多社区的贸易网得到了加强。③

1888年，巴西废除奴隶制后，新兴的科学哲学影响了巴西官方对大量混血人口的态度。19世纪末20世纪初，欧洲和美洲的社会达尔文主义者及优生主义者认为深肤色民族，特别是非洲黑人及其后代都是劣等、堕落的黑白混血后代。因此，对巴西统治者和科学机构而言，庞大的混血人口构成了一个严重的问题。在巴西，由于人们没能像在美国和南非那样在种族分类方面达成共识，因此无

---

① 引自 Telles 2004，25。如果想了解巴西漫长而复杂的社会史的详细信息，不妨参考爱德华·特列斯（Edward Telles）这部出色的研究之作。
② 引自 Vieira 1995，228。
③ 各欧洲殖民国对异族通婚的态度不尽相同。相关摘要参见 Samson 2005。

法根据肤色进行种族隔离。统治阶层的许多精英都是混血儿，他们也不愿意建立种族隔离或以肤色区分人种待遇的制度，因为这将不利于他们和他们的后代。他们对人口多样性的宽容是由于自己有现实的需求。尽管如此，在巴西，人们还是默认肤色有高低贵贱之分。肤色越深，非洲血统的占比就越大，人的社会地位也就越低。

从1982年起，巴西人致力于通过科学的"美白"方法解决人们认为黑白混血儿是堕落种族的问题。政府政策鼓励大规模移民欧洲，促进"有建设性的民族融合"。[①] 巴西人声称异族通婚的好处在于种族之间的和谐，有利于巩固统一和"种族民主"的基础。黑人与白人之间，或者黑人、有色人和白人之间没有法律裁定的界线，导致形容肤色的术语仿佛彩虹般渐变的色谱。在巴西，人们一直认为肤色比"种族"更重要，在他们看来，"种族"是血统的代名词。不过，肤色和种族有着密不可分的关系，因为巴西人的肤色都是由原住民（印第安人）、欧洲人和非洲人等该国主要创始族群的人们混合而成的。1976年，巴西政府开始要求人们通过肤色进行自我识别，他们共使用了134个术语来描述这些不同的肤色。[②]

尽管巴西有用来描述肤色的大量术语，人口普查和社会活动家还是在20世纪70年代末开始揭示巴西社会基于肤色的歧视行为。他们表示，所谓种族民主其实"带有偏见，认为白人是最好的，黑人是最坏的，因此，皮肤越白的人就越好"。[③] 拥护深色皮肤族群权益的团体注意到多数巴西人倾向于在人口普查时将自己放在肤色较浅的类别当中，在他们看来，黑皮肤的人在肤色等级制度的最底

[①] 参见 Telles 2004。美国和巴西在肤色和种族观念上的区别集中体现在两国过去二百年来使用的人口普查分类上，详情参见 Nobles 2000。
[②] 有关1976年巴西当局用于区分134种肤色的肤色名称列表，参见 Soong 1999。
[③] A. Dzidzienyo，引自 Guimaraes 1995，217。

层：他们被剥夺了选举权，而且持续受到种族歧视的伤害。与美国和南非的情况相比，巴西没有颁布基于肤色歧视的法律条文，这导致拥护深色皮肤群体权益的人没办法建立斗争的基础。① 然而，近几十年来，越来越多的人在帮助和支持改善非裔巴西人社会地位和经济前景的运动。像美国和南非一样，巴西正在努力正视该国数百年来传承和保留下来，且经过集体强化的对于深色皮肤的歧视，从而应对挑战，扭转这一局面。

讽刺的是，尽管如此，在巴西，休闲美黑、故意养成深古铜色皮肤竟是浅色皮肤和中性色调皮肤的人们最喜欢的消遣方式之一。和在美国，以及许多欧洲国家一样，巴西人也认为，拥有足够的余裕去打造有"健康黑皮肤"的外表，能证明一个人拥有足够多的闲暇时间和特权。

印度地区

印度人对肤色的态度反映了当地地理的复杂性、长期的移民史，以及错综复杂的社会史和宗教史。和其他地方一样，印度农民也向往浅色皮肤，因为它能与免于户外劳作的工作联系在一起，不过浅色皮肤在印度有更为复杂、微妙的意义。在印度，人们对于肤色的态度经过了两千多年的发展，反映出印度人对阶级和种姓的看法。② 瓦尔纳用于描述从神圣到渎神的人类活动的各种范畴，每

---

① 在名义上不论肤色的"种族民主"中，仍然有着基于肤色歧视的讽刺，参见 Vieira 1995。
② 瓦尔纳经常被错误地统称为"种姓"（caste）。这两种分类系统地实际情况远比种姓微妙，反映了吠陀和印度教哲学在印度历史上的相互作用。参见 Basahm 1985。安德烈·贝特利（André Beteille）对印度种族和血统的叙述（Beteille 1968）很好地总结了现代印度人对肤色的态度。

个范畴依次与某一种特定的颜色相关（参见本书第八章）。婆罗门（brāhmana）的成员过着宗教式的生活，他们不能杀生，因此不能从事农业活动，很少晒太阳，皮肤较白。相形之下，尚武的刹帝利（kṣatriya）成员在军事训练期间经常暴露在阳光之下，他们的肤色使其与红润或褐红等颜色相关。吠舍（vaiśya）成员多数为商人，肩负养牛的特殊责任。他们长时间在户外从事畜牧、耕种和商业活动，晒出的肤色使其与黄色相关联。首陀罗（śūdra）阶层从属于上述三个阶层，由于天生身份低微，且肤色较黑，被认为与黑色相关。过去五百年来，这些外部因素的影响强化了印度已然形成的肤色偏好。基督教有关浅肤色寓意美德和虔诚、深肤色寓意邪恶和卑鄙等联想，随着英国和葡萄牙殖民者的商船一起来到印度，加强了当地业已存在的、建立在瓦尔纳之上肤色与道德之间的关联。

在印度，肤色的实际情况是很复杂的。在这片南北跨度很大的土地上，人们受到不同程度但普遍强烈的阳光照射，整个社会都偏爱浅色皮肤。整个印度从南到北分布着由深到中等再到浅（这种肤色也可以晒黑）的各类肤色。这里的人肤色还因阶级和种姓而有所不同，上层社会的成员肤色通常比下层社会的成员浅。这两个衡量肤色的维度相互交叉，以至于北部地区阶层最低的人群往往比南部阶层最高的人群肤色浅。这实际上意味着特定地区、特定社会群体成员的肤色会表现出明显的异质性，但印度人还是偏爱浅色的皮肤，该偏好在浅肤色新娘特别受欢迎这件事情上得到了集中体现。每个印度家庭都竭尽所能为儿子寻觅肤色白皙的新娘，即使这意味着"委身"与较低种姓的人结婚。在印度，理想新娘应是肤色白净的处女；一个肤色很深的女孩对自己对家庭有所亏欠，因为家人很难将她嫁出去。人们对肤色深的男孩没有这么苛刻，如果他获得了其他能被社会需要的品质，比如一份好工作，或者接受了良好的教

图29 2010年4月发行的印度版《时尚》(Vogue India)的封面模特，预示着印度进入了对各类肤色更为包容的新时代，也是对"微暗"肤色女性的歌颂。不过在该期杂志里也有两则美白产品的广告。照片由印度摄影师普拉巴达·达斯古普塔(Prabuddha Dasgupta)提供

育，则可以弥补肤色深的遗憾。印度大部分地区这种更爱浅肤色女性的文化偏好是现代社会人类进行性选择的最佳例证之一。

如今，背景不同的印度妇女都有机会受到更好的教育，比过去享有更多的社会和身体流动性。至少，从杂志和电影的流行趋势来看，皮肤相对黑的女性越来越受到社会的欢迎和认可。印度《时尚》杂志2010年4月的封面图片预示着"微暗的黎明"，这一期的封面故事是在歌颂肤色"微暗的""朴实自然到惊艳程度"的印度女性（参见图29）。这期杂志提到，深色皮肤的印度妇女从不被社会认可到被当作美人，是一个"演化的过程"——人们在博客、脱口秀以及其他流行媒体当中广泛讨论这一话题，整个演化过程的展开十分吸引人。

日 本

　　日本人对较浅的、白皙的肤色的偏爱可以追溯到古老的、有关颜色与纯洁或不洁等概念之间的象征性联想,以及区分自己人与外人的传统方式。在日本,人们身上或引人入胜或令人反感的社会特征,都被认为与某种肤色相关。公元 8 世纪以来,日本民族就认为自己拥有受人尊敬的"白",这不仅是指肤色,也是指精神的纯洁。

　　与其他农业社会一样,皮肤不被晒黑是特权阶层的象征,这种特权阶层不必在户外工作。皮肤白的人等同于美人。皮肤黑的人则会遭到嫌弃,因为他们属于在阳光下劳作的劳动阶层。大量使用护肤品可以暂时掩盖深肤色,但无法阻止人们对深肤色的轻蔑。① 在与欧洲人接触之前,日语中用于描述肤色的词只有"白"(shiroi)与"黑"(kuroi)。比如,传统上,位于日本之南的冲绳岛上的居民会被看不起,因为他们的皮肤天生就是浅棕色,而且容易被晒得很"黑"。与欧洲人接触之后,日本艺术家往往用肉色或灰色描绘欧洲人的皮肤,但描绘日本人(特别是女性)的皮肤时用的是白色。

　　第二次世界大战期间,日本的这种惯例依旧保留在描绘整个亚太地区战争场面的绘画和卡通作品当中。中国人、东南亚人和波利尼西亚战士总是被画成深色皮肤,而日本人的皮肤则被涂成白色或接近白色的颜色。② 这种画法以视觉的方式强化了日本人对于纯洁的自我观念,但也掩盖了一种事实,那就是,紫外线照射会让日军的皮肤变得和其他地方的士兵一样黑。不过,精神上的美白观念比

---

① 关于肤色在日本的含义,以及肤色白的程度与精神纯洁程度的关联,参见 Wagatsuma 1967;Dower 2004。

② 参见 Dower 2004。

肤色的实际情况更重要。

和印度人一样，日本人认为皮肤白皙是美丽女性的基本特征，可以弥补其他身体缺陷。数百年来，日本女性一直非常注意防晒。尽管现在有人认为女人的皮肤留有晒过太阳的迹象是"健康"和"运动"的象征，但近乎白色的皮肤仍是理想中女性美的标志，也是男人在寻觅妻子时视若珍宝的一种属性。皮肤白的男性也被视为美人，不过由于这样的属性与柔弱、娘娘腔之类的特征有联系，人们在寻觅伴侣时并不要求男性皮肤白。日本女性偏爱浅棕色皮肤的男人，她们认为这样的男性充满活力、阳刚、真诚和自信。① 日本人和印度人一样，非常偏爱皮肤白的新娘，这又是现代人类性选择的另一个重要的例证。

新的趋势：回归自然

在美国，以及本章考察过的其他四个国家或地区，人们对肤色的态度相似但不完全相同。在原本相距遥远的民族之间，当人们以不平等的社会地位相接触时，基于肤色的种族偏见发展得最为明显。在美国和巴西，肤色较深的奴隶被迫来到肤色较浅的奴隶主和奴隶贩子统治的区域。在南非，是肤色较浅的人主动进入肤色适中或肤色较深的人居住的地方。在这三个国家，白人都在《圣经》的启发下建立了白人天生至上的观念，并在不同程度上使用威胁和武力确保自己的权力和地位，他们通过法律机构和《圣经》的修辞传统，维持着基于肤色的等级制度。在这些国家，由于刻板印象和各自的文化传统被集体加强，人们对肤色的看法代

---

① 参见 Wagatsuma 1967。

代相传，越来越僵化。

　　印度和日本的内部自发形成了基于肤色的人口分类，形成了有利于浅肤色人群的肤色等级划分。这种等级体系变得越来越僵化、缺乏约束力和法律强制性，不过对于身处不利地位的个人和群体来说，肤色等级体系依然拥有影响其命运的力量。外国人（主要是欧美人）对浅色皮肤的偏好又强化了这些国家已然存在的肤色偏见。

　　进入21世纪，人群、思想、影像和广告之间的交流日渐频繁，全世界的人们都更偏好较浅的肤色。随着对浅肤色的偏好变得更加系统化，我们通常难以记得自己为什么喜欢浅肤色。我们生活在同一个世界，在这里，仍然存在基于个体肤色差异的肤色歧视，而肤色歧视仍是社会的主流，也是对人类平等的挑战。

第十三章
对美白的向往

对浅肤色的偏好独立出现在许多不同的文化当中，而当这些不同的"浅肤色文化"互相接触时，偏好就会加强。由于肤色浅常常与较高的社会地位、成功和幸福感相关联，各年龄段的人都会试图通过多种手段让皮肤变得更白。在当今世界的某些地方，一旦有了浅色皮肤在某种程度上与较高的社会地位相关的简单认识，人们就能被激发出对皮肤增白产品的需求，而此类产品的销售也会变容易。皮肤美白不是一时流行的狂热，而是当今世界肤色歧视现象在商业领域不可阻挡的延伸。对于皮肤美白的历史，以及皮肤美白的社会发展环境的讨论，构成了本书对其他国家肤色文化介绍的主题，其中包括作为视觉动物的人类对社会地位的追求、文化对肤色与社会地位相关性的暗示作用，以及偏好的传染性等。

苍白的色调

使用美白化妆品，或应用漂白剂减少皮肤中黑色素的生成，或者同时采用这两种合成物，就可以使皮肤显得更白。美白化妆品和皮肤漂白剂已经在欧洲和亚洲等农业发达社会应用了近两千年之久。在16—18世纪的东亚和西欧，公开展示白皙的皮肤具有重要的社会意义，随着欧洲人的美洲殖民地通过引入黑奴而变得繁荣，浅色皮肤获得了新的意义，也变得更有价值。20世纪以来，美白产品的生产工艺日趋复杂，这类产品也变得更加商业化，为商家带来了丰厚的利润。

皮肤美白的早期历史尚不为人知，因为其最早的配方来自传统的烹饪、医疗和美容行业，当相关的配方与一个著名的名字产生关联之后，它们才被纳入书面记载。古希腊人和古罗马人将铅粉（铅白）当作化妆品来使用。因为埃及艳后克莱奥帕特拉（Cleopatra，公元前69—前30），我们才知道汞化合物也被用于美白。据说克莱奥帕特拉为了保持浅肤色付出了诸多努力，出于这一原因，在传说当中，她还用驴奶沐浴，但这些说法也不尽可信。我们无法确定埃及艳后的肤色，但遗传因素决定了她的肤色可能是不黑不白且容易晒黑的类型。数世纪以来，各种文字和影像艺术作品都在歌颂她那为世人所知的浅色皮肤（图30），但这可能更要归功于遮阳伞和一般的防晒措施，而不是主动美白。在远离尼罗河的日本，人们用米粉、铅白和淀粉混合制成的化妆品来模仿白人的皮肤。从8世纪到12世纪，这些配方在上流社会的男女当中十分流行，但后来则更多地与女性相关。

从16世纪中叶起，已经有"秘方"描述了汞化合物或铅化合物与能产生美白效果的其他化合物成分之间的比例。人们在欧洲大陆和中国大陆各自独立开发出来的美白配方分别传到英国和日本，成为上流社会男女美容程序的核心组成部分。尽管事实证明持续使用这类美白产品会导致人脸变成"如猿猴般憔悴的面孔"，带来口臭，腐蚀牙齿，导致"周身尽是不祥的空气"，但美白化妆品和增

图30　杰拉德·德·莱雷西（Gerard de Lairesse）《埃及艳后的宴会》（*Cleopatra's Banquet*，1680）。据称，肤色浅是埃及艳后魅力的一部分。她的名字还被用来销售价值数百万美元、从美白霜到浴缸的各类商品。图片由荷兰阿姆斯特丹国立博物馆提供，展品编号为SK-A-2115

白剂的受欢迎程度依然有增无减。① 有毒的增白剂和白色的香粉给使用者及其所接触的孩子带来了健康问题。据说，在16世纪的欧洲，使用白色化妆品的女性生的孩子在学会走路之前就开始掉牙；由于铅具有众所周知的毒性，日本武士阶层的母亲使用铅白化妆品以后，生下来的孩子会遭遇骨骼发育障碍。

疾病或谴责都无法阻止人们使用美白化妆品和增白剂。对许多人

---

① 这些描述来自西班牙人文主义文本，引自 Swiderski 2008, 166。斯威德尔斯基（Swiderski）观察到，四百多年来，汞化合物都是美白产品和化妆品中的重要成分。人们很早就认识到汞的毒性，但对许多人来说，汞对于皮肤外观的改善作用，以及其对梅毒的疗效都超越了毒性带来的伤害。另一篇研究则描述了铅白化妆品对江户时代武士的孩子带来的负面影响，参见 Nakashima et al. 2011。

第十三章　对美白的向往

来说，为了获得社会认可，或通过较为轻松的方式取得进步，这些冒险都是值得的。19世纪以前的皮肤美白史有一点很耐人寻味，那就是，追求美白是皮肤已经很白的人才会感兴趣的事。[①] 他们希望自己看起来更加白皙，因为白是一种有力的象征，意味着他们不必在户外辛勤劳作，拥有纯洁自由的灵魂。在皮肤较黑的人开始接受皮肤增白剂和美白化妆品之后，这些产品不再只是起到增白作用，尤其是当新大陆奴隶的后裔，以及因为肤色深而遭到歧视的人开始使用美白产品的时候。对一部分人而言，美白产品为他们提升社会地位，实现个人转型提供了动力。对另一部分人而言，美白产品是白人征服有色人种的手段，因为它让深色皮肤变得缺乏价值，加重了人们与肤色相关的自我怀疑。于是，对所有人来说，这些化妆品都具有一定的政治性。

肤色歧视的起源

肤色歧视是一种对于肤色的偏见，涉及对特定人群中肤色较深的成员所进行的系统性区分。它是肤色等级制度的产物，随着大西洋奴隶贸易而变得根深蒂固，甚至制度化，而后，其影响力通过人们的集体无意识被不断加强。正如本书第十一章所描述的那样，在美国的奴隶制时期，肤色较浅的非洲人后裔享有以下优势：用一位历史学家的话来说，浅色皮肤是这些人"最宝贵的财产"。[②] 南北战争结束后，肤色较浅的混血人可以继续担任重要的社会职务，享有更好的受教育机会，许多人都升任了有重要社会影响力的职位。许多建立于19世纪末、有着悠久历史的黑人大学和黑人学院普遍偏

[①] 参见 Dyer 1997。
[②] James 2003，19.

爱皮肤白皙的学生，学校的一些行政人员认为教育深色皮肤的学生太浪费时间了，因为他们的职业发展之路早已被封死。

经历"重建时期"之后的美国，用法律手段强行将"黑人"和"白人"隔离开来，这样的做法进一步唤醒了非裔美国人对肤色的意识。正如首席大法官塔尼在对德雷德·斯科特案作裁决时所观察到的那样，黑人虽然同为"上帝创造的生物"，但"远比白人低级"。[①] 马克·吐温（Mark Twain）在他的小说《傻瓜威尔逊》（Pudd'nhead Wilson，1894）当中用虚构的文体描写了一个皮肤白皙的男孩（他有三十二分之一的黑人血统）从婴儿时期开始改过自新的过程，揭露了按照假定的种族分配权利制度的虚伪。"根据假定的法律和习俗"，"黑人"过着被降入最低等级的生活。马克·吐温笔下的这位主人公担心别人知道自己有黑人血统，"总以为自己会遭到搜捕，现出一副即将被捕的表情，后来，他跑去山顶独处。他对自己说，对含的诅咒导致了他的厄运"。[②] 获得白人身份的非裔美国人享有诸多社会优势，能够避免针对黑人的种族隔离和羞辱。到了 20 世纪初，非裔美国人"获得白人身份"变成了一件更为普遍的事，以至于华盛顿特区的一些机构可以雇用非裔美国人做门卫，以"发现并遣散白人无从察觉其种族源头的入侵者"。[③]

从 19 世纪 80 年代到 20 世纪 40 年代，混血精英在美国迅速崛起。但即便是在非裔美国人社区内部，人们还是偏爱浅肤色的人，深肤色的人受到越来越严重的歧视。肤色决定了他们的个人

[①] 该说法来自康斯坦丝·麦克劳克林·格林（Constance McLaughlin Green），引自 Moore 1999, 58。关于对非裔美国人的肤色歧视，参见 James 2003。有关美国肤色歧视史背景的简要概述，参见 Neal and Wilson 1989。

[②] Twain 1997, 28, 66.

[③] Gatewood 2000, 349.

选择和生涯前景，人们使用各种与肤色相关的词汇，实际上类似于印度的种姓制度——浅褐色（high yellow 或 high yella）、奶黄色（crèmecolored）、淡黄色（ginger）、橙黄色（saffron）、八分之一混血（octoroon）、四分之一混血（quadroon）、赤褐色（bronze）、黑白混血（mulatto）、小麦色（redbone）、浅棕色（light brown）、沥青色（black as tar）、深黑色（coal）、蓝脉（blue-veined，白得能看到淡蓝色静脉）、牛奶咖啡色（café au lait）、粉色（pinkie）和发黑的蓝色（blue-black）。人们劝小女孩和姑娘们避免到阳光下玩耍，因为皮肤变黑会降低她们对浅肤色男性的吸引力，使她们失去生下肤色较浅的后代的机会，而只有这样的后代才可能获得白人身份。有些肤色较浅的混血精英，例如广受赞誉的《纽约时报》书评人阿纳托尔·布鲁瓦亚尔（Anatole Broyard）就一直被视为白人，他本人甚至从未向子女透露家族血统。还有一些人会在自我认同的问题上产生强烈的内心冲突。作家让·图默（Jean Toomer）在人生的不同时期先后将自己定位为"白人""黑人"，最后是"美国人"，他在晚年与自己的非洲血统划清关系，是因为他希望别人评判自己的作品时不局限在"黑人文学"的范围之内。[①] 在被肤色定义的社会环境中，肤色变得更白有助于获得更好的受教育条件、就业选择、社会流动性和婚姻前景。精心养成更白的皮肤是长期投入以解决这个问题的方案，但是许多人倾向于使用刺激性的化学物质漂白皮肤，用较短的时间让皮肤白到社会能认可的程度。

[①] 玛丽塔·戈尔登（Marita Golden）的回忆录《别去阳光下玩耍》（*Don't Play in the Sun*，2004）聚焦在浅色皮肤对非裔美国人来说有多么重要这一议题上。我所引用的非裔美国人肤色术语列表便来自该书的第7页。近年来出版的许多传记、学术研究和小说都以"被当作白人的人（通常是很有名的人）"，以及"这些人的后代并不了解祖先的真实血统"等话题为主题。例如 Broyard 2007；Byrd and Gates 2011。

皮肤漂白

皮肤漂白产品的开发、生产和营销始于重建时期之后的美国，因为种族隔离主义者吉姆·克劳（Jim Crow）的法律限制了非裔美国人的机会和前途，尤其是在美国南方地区。当时，美国文化中充斥着对非裔美国人的讽刺，这些深色皮肤的人常被画成留着"邪恶"卷发、状似猿猴的模样，漂白化妆品制剂的出现让黑人看到了消除歧视和提升地位的希望。沃克夫人公司（Madam C. J. Walker Company）以"为了成功，让你的脑袋更美丽"（add beauty to brains for success）这样的说法向消费者做宣传，而帕玛氏（Palmer）的"肌肤成功"（Skin Success）面霜则承诺用户将体验"一个崭新的世界"。这些华丽的广告语遭到了非裔美国人社区的社会改革家、教育家、官僚和新闻工作者的尖锐批评，这些人认为，皮肤漂白只会增强肤色和性格之间的联系，而这种联系已然造成了巨大的痛苦和权利的剥夺。社会活动家阿扎利娅·哈克利（Azalia Hackley）明确指出了这个问题："现在是时候要战斗了，不仅是为了我们的权利，也是为了我们的外表。"①

久而久之，皮肤漂白剂的营销术变得越来越细致入微，能让人联想到神话般充满魅力的美好形象，怂恿着大批消费者追求理想中的美。卡什米尔化学公司（Kashmir Chemical Company）生产的"尼罗河女王"（Nile Queen）护肤护发产品援引了与埃及艳后有关的感官意象（图31）。这些富于巧思的广告信息在皮肤美白产品销量激增的20世纪二三十年代取得了商业上的成功，浅肤色美人的

---

① 引自 Peiss 1998, 205。佩斯（Peiss）的专著《瓶中的希望》（*Hope in a Jar*）是近些年来关于外貌的政治最有见地的著作之一。

图 31　在 20 世纪初的美国,皮肤漂白剂广告将美白、增加美感与改善社会处境联系在一起。图片由芝加哥历史博物馆提供,原稿编号为 ICHi-64852

形象也因此得以在媒体中盛行。不少人与布鲁斯歌手贝茜·史密斯（Bessie Smith）有相似的看法,不过他们显得有些孤单。贝茜在歌曲《女郎的布鲁斯》（*Young Woman's Blues*）中这样称赞自己的黑人血统:"我像你镇上的任何女人一样好,我的皮肤不是高贵的浅褐色,我有着迷人的深棕色肌肤。"（图 32）[①]

纵观 20 世纪上半叶,"漂白综合征"在非裔美国人的文化中占据重要地位。[②]1949 年,民权领袖沃尔特·怀特（Walter White）在

[①] 引自 Walker 2007,77。
[②] 社会史学家罗纳德·霍尔（Ronald Hall）在一篇极好的文章里描述了漂白综合征,他不仅在文中讨论了非裔美国人对美白、皮肤漂白的痴迷,而且将这种痴迷和印度教徒对浅色皮肤的偏好进行了比较（Hall 1995a）。

图 32 爵士乐巨星贝茜·史密斯用歌词表达深色皮肤的自尊,她对那个年代以白为美的社会风俗不以为然。卡尔·范维克滕(Carl Van Vechten)1936 年摄影。图片由美国国会图书馆印品与照片部提供,编号为 LC-DIG-ppmsca-09571

《观察》(Look)杂志上宣称,"科学征服了种族分界线",因为科学家发现了一种化学物质,可以"让肤色由黑变白"。他断言:"如果这种化学物质能被妥善地推广和应用,会像原子弹袭击一样冲击现有的社会结构。"怀特本人有四分之一的非洲血统,他相信使用氢醌单苯甲醚(monobenzyl ether of hydroquinone)这种新型化学漂白剂会让肤色黝黑的人被当作白人对待,从而消除"肤色界线,也即 20 世纪的耻辱"。① 对苯二酚(hydroquinone,一种副作用较小的美白化学物质)虽然很受欢迎,但没能达到怀特所希望的普遍使用、解放黑人的效果。

---

① 怀特发表在《观察》(Look,1949)杂志的文章是那个时代的产物,那时候,人们将建设浅肤色的美国社会视为理想,这是后人造卫星时代的信念,即科学可以消除社会上的所有弊病。

第十三章 对美白的向往

20世纪六七十年代，随着"黑即美"（Black is Beautiful）运动的兴起，以及1973年含汞皮肤漂白剂因为有毒而被禁止销售，皮肤漂白在美国的流行程度暂时有所下降（贴士27）。然而，皮肤漂白的行业和意识形态并没有因此消失。这些产品在发生变化，以期为自己创造新的语言，迁移到新的市场。后来，人们发明了新型漂白剂，20世纪60年代末，许多生产皮肤漂白剂和直发剂等化妆品的美国公司被欧莱雅、露华浓等跨国集团收购。在强调"提亮"肤色、让人"容光焕发"等关键词的营销信息的推动下，皮肤漂白剂在美国的销量得以恢复。由于肤色较浅的非裔美国人（无论是借助化学制剂漂白，还是防晒措施形成了这样的肤色）的肤色受到大众的青睐，这也促进了美白产品的销售。在南非、加勒比海地区和亚洲，美白产品的市场也在扩大，因为人们真的可以感受到皮肤白的社会效益，而跨国化妆品公司的专业营销手法也助长了这一趋势。

在种族隔离时期，皮肤漂白剂在南非当然也很流行。商家在这个黑人要付出巨大社会代价的地方开发出了最大的皮肤美白市场。20世纪30年代由美国引入南非、用汞制作的皮肤漂白剂非常流行，尤其是在有色人和黑人当中。[①] 人们声称美白产品能让皮肤变得光滑，并提高使用者的社会地位。种族隔离期间，黑人妇女使用皮肤美白产品，以便求得那些通常只留给有色妇女的职位。反复使用皮肤增白剂会导致难看的色斑，但也会被看作积极融入现代社会的证据。皮肤美白产品的流行让"黑皮肤"受到更严重的贬低。肤色深已然

[①] 伊夫琳·中野·格伦（Evelyn Nakano Glenn）在一篇精彩的回顾全球美白实践的文章（Glenn 2008）中提到了南非。她介绍了在欧盟和英国禁止销售用汞制作的皮肤漂白产品之后，这些产品在欧盟、英国继续制造并出口到国外的情况。关于南非在皮肤漂白剂使用的临床表现，以及由此引发的社会问题，另参见 Bentley-Phillips and Bayles 1975。

贴士 27　认清皮肤漂白剂

用于美白皮肤的化学物质会抑制黑色素在黑色素细胞（能产生黑色素的细胞）中的形成。多数这类产品会通过抑制酪氨酸酶（tyrosinase，一种能抑制黑色素生成的酶）起作用。我们已知最古老的皮肤漂白剂是以汞（俗称水银）制成的面霜和软膏。尽管在1973年和1976年，美国食品药品管理局（FDA）和欧盟国家分别禁止了汞在化妆品中的使用，但直到不久以前，欧盟的一些国家仍在生产这类产品，将其出口到非洲和加勒比海地区。

20世纪七八十年代，化妆品制造商用含对苯二酚制品取代了汞。对苯二酚通过抑制酪氨酸酶，释放对黑色素体（皮肤细胞内含有黑色素的物质）有毒的化学物质，让皮肤变白。2001年，欧盟和日本禁用了对苯二酚，而在美国，它可以被用于非处方美白制剂（最多含2%的对苯二酚）和处方药类霜剂（最多含4%的对苯二酚）。厂商经常将对苯二酚与皮质类固醇混合在一起，以起到提亮肤色的作用。2006年，FDA提议在美国禁售含对苯二酚的霜剂，但遭到许多皮肤科医生的反对。

汞和对苯二酚的危险性促使人们寻找其他可以抑制黑色素生成、无有害副作用的化合物。其中一部分与对苯二酚有化学上的亲缘关系，比如源自蔓越莓等水果的熊果苷（arbutin）。还有一些物质，如曲酸（kojic acid）和杜鹃花酸（azelaic acid）是来自微生物，其他许多成分，比如芦荟苦素（aloesin）、甘草提取物和羟基二苯乙烯（hydroxystilbene）化合物，都是从植物的叶子、树皮和花朵中提取而来的类黄酮。许多美白类产品都混合了若干天然增白剂。其实，所有美白产品，哪怕是现在看来十分安全的那些，都有不良反应，参见下方的表格。

药剂成分	作用原理	不良反应
汞	抑制酪氨酸酶	皮炎（皮肤发炎）、色素沉着过度（造成过多的色素沉着）、肾脏永久性损伤、神经系统症状（焦虑、抑郁和神经病）
对苯二酚	抑制酪氨酸酶	皮炎、色素沉着过度、发红、妊娠纹、褐黄病（皮肤变黑、增厚）、鳞状细胞癌
熊果苷、曲酸、杜鹃花酸和类黄酮	抑制酪氨酸酶	长期使用会导致皮炎、发红、黑色素大量增加
烟酰胺（Niacinimide）	对黑色素体转移进入角质形成细胞的过程进行抑制	皮炎、发红
果酸（α-hydroxy acids）[包含甘醇酸（glycolic acid）、A酸（retinoic acid）、水杨酸（salicylic acid）和亚油酸（linoleic acid）等]	剥离、抑制酪氨酸酶	皮炎、发红、脱屑和干燥
维生素C、维生素E	用抗氧化活性抑制黑色素的产生	皮炎、发红

资料来源：Gillbro and Olsson 2011；Ladizinski，Mistry, and Kundu 2011。

成为一种需要被治疗的病。美国于1973年禁用含汞化妆品之后，含有对苯二酚或对苯二酚单苄醚的漂白产品变得越来越流行。不过，人们觉得以汞为基础的美白制剂是最有效的，在这类产品停产之前，南非商人一直从欧洲、英国和爱尔兰走私含汞乳膏和肥皂。

最近，有一些关于皮肤美白产品在南非受到追捧或反对的研究强调，这是一种"种族等级制度、资本主义商业，以及个人对改善

图 33　像这样的宣传海报就是在劝南非人不要使用皮肤漂白剂，这些海报刊发在发行量较大的刊物上。图上的这个例子出现在《学与教》(Learn and Teach)杂志 1982 年第 5 期上

生活的渴望之间的紧密互动"，这与美国的情况如出一辙。[①] 在南非，当反抗种族隔离的人们强调增白产品对健康和个人形象有害时，反对皮肤漂白的呼声就增强了（图 33）。20 世纪末，南非的"黑即美"运动在普及皮肤漂白剂的危害方面取得了比美国更长久的成功，因为这项运动的发起人将社会知识宣传和医学知识宣传结合在一起，凝聚成增强个人力量和民族自豪感的综合型宣传活动。尽管如此，美白产品在南非仍然拥有较大的市场，化妆品和护肤品公司已经修正了广告语，并更换了产品成分，吸引新的用户。这些公司还机智地拓展了遍布整个撒哈拉以南非洲的市场。当美丽、成功、幸福和美白联系在一起时，产品的销售也就会变得容易。在尼日利亚、加纳、坦桑尼亚和肯尼亚等经济蓬勃发展的国家，因为渴望改变社会

---

① Thomas 2009，189.

地位和生活前景，人们对皮肤增白剂的需求很强烈。这些产品的广告主打育龄女性，也使男性更偏爱肤色浅的女性。[①] 广为流传的肤色较浅的非裔美国人和印度名人形象也促使人们追求更浅的肤色。如果妇女买不起含有"安全"皮肤漂白成分的美白产品，她们会去购买含有对苯二酚的走私产品，或者退而求其次，购买本国制造的非处方含汞美白制剂，这些成分通常会造成灾难性的后果。

作为全球现象的肤色歧视

偏爱浅色皮肤，以及对深色皮肤的偏见，是当今世界上最严重的社会问题。这些偏见不是天生的。[②] 人们根据主流文化建立了身体魅力的标准，并使其深入人心，这些标准绝大多数来自欧美，且偏爱浅色皮肤。在强调浅色皮肤同美丽、成功之间的关系的媒体信息的驱动下，业已存在的社会偏好得以巩固，造成了追求无法实现的理想的恶性循环，这种恶性循环影响着所有的人。在印度，最受欢迎的皮肤美白产品的营销方式是这样的：许诺用户可以用白皙的皮肤给人留下美好的第一印象。

过去几十年来，许多社科学者已经将注意力转向记录世界各地的肤色歧视。[③] 从美国、南非的有色人种社区，到加勒比海、印度、

[①] 这段叙述是根据我对1987—2010年肯尼亚内罗毕的报刊文章和社论所做的非正式调查。皮肤漂白是一个不断被人重提、很有两极性的话题，在我所调查的这段时期内，越来越多的男性给编辑致信，声称自己偏爱肤色较浅的女性。

[②] 对浅色皮肤的天然偏爱（如果存在的话），可能与以下事实相关：所有人群中，成年女性和婴儿均比成年男性肤色更白（参见本书第五章和第十二章）。

[③] 关于肤色歧视，参见 Glenn 2008；Keith and Herring 1991；Hall 1995b, 2001；Herring, Keith, and Horton 2004。关于年轻人对浅色皮肤的偏爱所造成的影响，参见 Rondilla and Spickard 2007。

贴士 28　肤色歧视的后果

肤色会影响人们对自身魅力的评判，也会影响人们的自尊心，对女性来说尤其如此。这种相关性十分复杂，如果人们认为一位女性缺乏魅力，这位女性比那些在别人看来有魅力的人更有可能体验到肤色歧视的痛苦。[1] 肤色还会影响个人收入和社会地位。根据 2004 年一项针对非裔美国人的研究，这些人当中有 37% 的深肤色人群被划分为后工业地区贫困人口（或称下层阶级），只有 25% 的人属于贫困线以上人群（或称富裕人群）。[2]

而在肤色较浅的非裔美国人当中，这二者之间的比例几乎是反过来的：40% 的人被归为富裕阶层，只有 23% 的人属于低收入阶层。

在美国所有新增的合法移民，包括拉美裔、墨西哥裔和亚裔移民当中，肤色深的人比肤色浅的人收入要低 17%。[3] 尽管会受到肤色歧视的影响，这些浅肤色移民大多会被视为"名义上的白人"。然而，一部分学者认为，这些移民始终被视为美国新兴的"肤色等级制度"中的中间阶层，介乎"白人"和"黑人共同体"之间，永远不会被白人视为美国的合法代表。[4]

[1] 这是一项针对非裔美国人的研究当中的重要发现，参见 Thompson and Verna Keith 2004。
[2] 参见 Bowman, Muhammed, and Ifatunij 2004。
[3] 根据 2003 年的《美国新移民调查》，引自 Hersch 2010。
[4] 爱德华多·伯尼拉-席尔瓦（Eduardo Bonilla-Silva）和戴维·迪特里希（David Dietrich）描述了美国的新型人种结构，其三个支系分别是"白人"（包括"新白人"，例如俄罗斯裔和被同化的拉丁裔）、"名义上的白人"（包括肤色较浅的拉丁裔及大部分各种族人士），以及"黑人共同体"（包括非裔美国人和肤色较深的拉丁裔）。参见 Bonilla-Silva and Dietrich 2009, 153-154。

菲律宾、朝鲜半岛、拉丁美洲和墨西哥，肤色是社会分层及其结果（教育、职业、收入和健康状况）的主要决定因素（贴士28）。肤色对女性的影响胜过男性，因为男性偏爱肤色浅的女性。因此，对肤色深的女性而言，"深色"意味着阶级低下、丑陋、受冷落。如果人们认为一位青少年的肤色很深，此人便有可能沉迷于这种评价，渴望拥有更浅的肤色，这会对其自尊心和学习成绩产生可预测的负面影响。[①] 长期使用皮肤美白剂会进一步挫伤他们的自尊心，尤其是当长期使用这些产品引起并发症，导致面部皮肤变质，使自己被人们进一步排斥时。

　　肤色歧视与皮肤美白是共生的问题：数字影像的迅速流传和跨国公司的广告能力使偏爱浅色皮肤的观念得以广泛传播、深入人心。人类原本就是视觉动物，也对自己的社会地位格外敏感，在资本和营销的驱动下，视觉媒介决定人类偏好的潜力从未像如今这样被开发到极致。

---

① 参见 Glenn 2008，Thompson and Keith 2004。

第十四章
对美黑的渴望

正如我们所了解到的,在全世界近代史的大部分时间,白皙的肤色都备受推崇,以至于人们始终都愿意冒着患病,甚至是毁容的风险让自己变白。奇怪的是,从20世纪中叶起,皮肤美黑在欧美成为时尚迷人的象征,以至于人们愿意忍受晒伤的痛苦,乃至罹患皮肤癌的风险去晒黑自己。

美黑的起源

随着农业的普及和社会分工的日趋细化,明显晒黑的人从事的往往是与户外相关的工作。不知道从什么时候起,肤色与工种的联系对社会地位来说变得越来越重要,但是,如果我们上溯至公元前500年左右的古埃及、古希腊、意大利北部、印度和中国的绘画作品,会发现画中的人们戴着宽檐帽或打着遮阳伞,显然,他们在用这些物品防晒。这些国家或地区的书面记载证明,一般而言,拥有未被晒黑、近乎白色的皮肤的人是大家首选的择偶对象,这种偏好

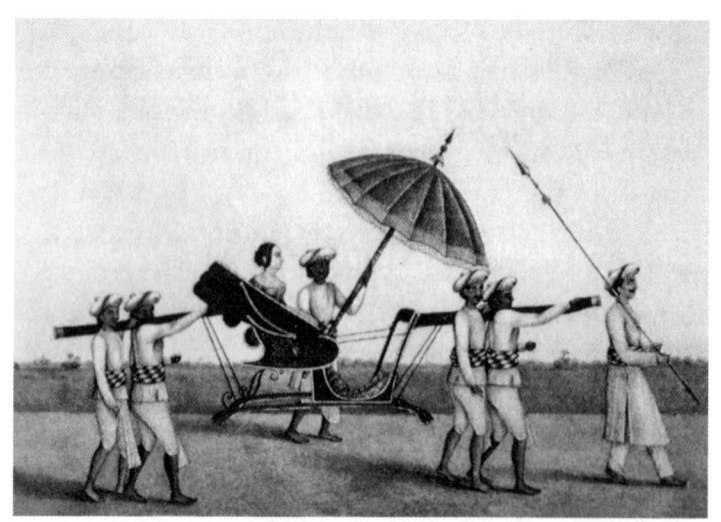

图34 在化学防晒剂诞生之前，常用的防晒用具包括防晒服、遮阳帽和遮阳伞。

（上图）这幅19世纪的印度绘画描绘的是一位肤色较深的本国男子在给一位肤色较浅的欧洲妇女遮阳。照片版权为大英图书馆董事会所有

（下图）维多利亚时期的沙滩服既维持了妇女的端庄，又保护了她们的皮肤。照片由美国国会图书馆印品与照片部提供，编号为 LC-USZ62-116423

在世界许多地方都独立发展了起来。①

没有被晒黑的皮肤与两种相异但互不排斥的因素相关。首先是社会特权。一个人皮肤颜色浅，表明此人有能力避免户外劳作，且能在外出时免受太阳的强烈辐射：这是较高社会地位的标志。②其次是性需求。白皙、未被晒黑的皮肤与青春和美丽有关。晒黑的皮肤与户外劳作，也就与男性气质有关，但高阶层男性在可能的情况下都会保护皮肤，使其避免阳光的伤害。

人们使出浑身解数，远离阳光，开发精巧的装备和服饰来防晒，使用美白化妆品让自己看起来没有被晒过的痕迹，呈现白皙的肤色。人们使用遮阳服和防晒帽来避免阳光的侵害已经有数百年的历史，世界许多地方的人们至今还在使用这类产品（图34）。古埃及后期，人们发明了遮阳伞，它和遮阳帽、遮光罩一道，构成了当时的时尚主张。在某些文化中，遮阳伞和拿着伞的侍从都是皇室的象征。这种文化构架在20世纪早期占据主流地位。

当深肤色的人地位变高，且容易被那些浅肤色的人看到时，美黑开始变得流行起来。在报刊等印刷媒体发展起来之前，重要人物的形象是通过硬币、邮票、雕塑和绘画传播的。多数情况下，出现在这类载体上的人物是皇室成员、军事将领和宗教人物，而著名的艺人、作家和运动员在当时无法像今天这样享有名望。在人类历史的大部分时间里，人们都对自己目睹或尊崇的人物传播出来的形象进行模仿，这就形成了时尚。古罗马皇帝尼禄（Nero）就曾尝试

---

① 有关文学和艺术作品中人类被太阳照射的历史的简要回顾，参见 Giacomoni 2001。
② 人类学家马尔温·哈里斯（Marvin Harris）是进行相关观察的人，他研究了人们对晒黑的态度，并对此作了总结，还在文章中引用了克丽·西格雷夫（Kerry Segrave）的好书《20世纪美国的美黑》（*Suntanning in 20th Century America*，2005）。西格雷夫的著作描述了人们对美黑的态度，以及娱乐性美黑作为消遣和产业的发展情况。

图 35　20世纪中期，健康的名人形象极大地促进了人们对于美黑的接受和实践。
（上图）乌尔苏拉·安德烈斯（Ursula Andress）身穿比基尼上衣得意地展示着她的晒痕的照片
（下图）乔治·汉密尔顿（George Hamilton）阳刚的形象激励着男人去做美黑，促进了人们对于常年美黑的需求。照片由 Rex USA 提供

（根据各种描述来）模仿亚历山大大帝（Alexander the Great）的外表和生活方式，这就是一个很好的例子，尽管有些荒谬。

美黑被社会所接受的趋势始于20世纪初，那时候，过去曾经非常珍视白皙皮肤的女性开始将更多的休闲时间花在户外活动和晒太阳之类的事情上。名人自信展示美黑效果的形象（现代意义上的形象）也通过报刊广泛传播。①20世纪20年代后期，可可·香奈儿宣称美黑是一种时尚，并亲自树立了榜样，此后，美黑成了一项运动，晒黑也成了有闲、有地位、有格调的象征。晒得很黑的女性形象也开始出现在《时尚》杂志上。

美黑在一定程度上也成了自由的标志。20世纪20年代，随着欧美妇女获得了更多的法律权利和社会自由，女性着装规范也有所放宽，她们在户外的太阳光下、在人们的视线范围内露出更多的肌肤，这些也都能被社会接受和认可。时装设计师也间接促进了人们晒太阳，他们创造了新的服装，包括发明于1946年的比基尼，它在最大程度上增加了女性在海滩上能接受到的太阳光照射。20世纪60年代，女性身着比基尼和其他暴露服装的照片出现在报纸和时尚杂志上，效果非常震撼（图35）。许多男性也涌向了美黑的热潮，热切追随偶像男明星，毕竟，在电影当中，百战百胜的男性英雄往往肤色较深。

当很多人不必倾尽财力就能轻易追随偶像时，一种时尚就能流行起来；如果这种行为在社会上得到持续强化，人们就会坚持做这件事情。20世纪六七十年代，人们不必到法国蓝色海岸，便能在自

---

① 关于名人美黑现象的衰落，参见 Jablonski 2010。托马斯·拉惹古玛（Thomas Rajakumar）和史蒂芬·托马斯（Stephen Thomas）观察到，美黑是在治疗佝偻病和结核病的日光浴疗法发展起来之后兴起的。关于人们对于美黑的看法如何改变，参见 Randle 1997；Rajakumar and Thomas 2005。

家后院实现美黑。美黑赋予人们幸福感和魅力。强化美黑行为的社会力量有很多形式，其中就包括美泰公司生产的马里布（Malibu）芭比娃娃，这个充满魅力的晒黑的南加州女孩在20世纪70年代初席卷了整个美国，成为许多白人少女的掌上明珠。五十年过去了，晒黑的狂潮依然没有退去。

维生素 D（"阳光维生素"）的发现，以及日光疗法在治疗佝偻病和结核病时的有益作用都促进了日光浴的流行。仅靠知识的力量还不够，晒黑与魅力，以及美好生活之间的关联，使得休闲式美黑成为有史以来最持久、最广泛的闲暇娱乐之一。这就是幸福感因素在起作用：许多人在阳光下感到幸福和放松。科学家尚未搞清楚为什么晒黑会使人自我感觉良好。有证据表明，某些人晒太阳的习惯会得到加强，是因为紫外线照射使皮肤中产生了天然的阿片样物质，特别是强效神经递质 β-内啡肽。内啡肽能让人产生愉悦感，这种感觉有时被称作"跑步者高潮"，它与长期有氧运动和运动成瘾有关。因此，科学家推断，晒太阳可能会让人上瘾。在一项研究当中，科学家给经常美黑的人服用一种能抑制阿片起作用的药物。在开始晒太阳之前，八位受试者当中有四位出现了脱瘾症状。[①] 这一发现表明，紫外线照射会使经常做皮肤美黑的人上瘾，人体内阿片样物质的产生是导致上瘾的基础。一项最近研究的结果进一步证实了这一结论，该调查表明，在美国东北部城市经常使用室内美黑设备的大学生当中，有超过30%的人对美黑到了成瘾的程度。[②] 对美黑的渴望也会

---

① Kaur et al. 2006。有关美黑与生理依赖性的文献的最新综述，参见 Nolan and Feldman 2009。斯米塔·班纳吉（Smita Banerjee）及其同事已对美黑的行为强化进行了大量研究（2009）。有的人会在美黑沙龙做高风险的紫外线美黑，这似乎在很大程度上是因为受到同侪压力的影响。

② Mosher and Danoff-Burg 2010. 亦可参见 Kaur et al. 2006；Bagdasarov et al. 2008；Banerjee et al. 2009；Nolan and Feldman 2009。

因为需要改善外观、体会放松的感觉、改善心情和强烈的社交需求而获得增强。关于大脑对紫外线的反应，以及美黑成瘾的生理机制，学界还有很多研究需要做，但人们已经不再否认这种现象的真实性。

晒太阳，或者至少拥有晒过太阳的样子，这样的行为可能因和家人、密友、伴侣之间的社会互动而获得强化。特别是，如果年轻姑娘的朋友喜欢美黑，或者有朋友、家人和其他重要人物告诉她们说，如果你晒黑一点儿会更好看，她们就会想去做美黑。相反，如果亲友不鼓励她们美黑，她们美黑的可能性就会大幅降低。美黑在20世纪中叶的亚洲并没有流行开来，因为晒黑的或者深色的皮肤仍然会与较低的社会地位和不佳的婚姻前景相关。亚洲不流行美黑的另一个原因可能与东亚人（生活在中国、日本以及朝鲜半岛的人们）对紫外线辐射的身体反应有关。对东亚人来说，他们需要接受更高强度的紫外线照射，皮肤中才能产生黑色素，可是皮肤一旦晒成了棕褐色，再产生黑色素所需要的光照时间就会更长。[①]女性，尤其是育龄女性如果被晒得很黑，会遭到轻视和批评。生活在欧洲和美洲的亚洲人对后辈美黑的倾向持较宽容的态度，但刻意晒黑的行为在亚裔年轻人当中没有像在欧裔人群当中那么流行。

20世纪60年代中期到80年代中期，深度美黑在欧美变得非常流行，此后，更多的人才意识到紫外线照射有诱发皮肤癌的风险。有时候，人们将婴儿油或香气浓郁的助晒油涂在皮肤上，以达到刺激效果（图36）。随着紫外线辐射的危害在20世纪80年代为越来越多的人所了解，美黑产品开始添加带有防晒功能的成分，但认真美黑的人们并不欢迎这样的产品。多年以后，人们发现白人似乎不可能晒黑，他们坚持维护美黑形象的行为显然是徒劳的。不

---

① 有一篇很好的回顾文章可以帮你了解紫外线对"亚洲皮肤"的影响，参见 Chung 2001。

图36　休闲型美黑于20世纪六七十年代兴起，当时，海滩、游泳池和后院经常会有人"努力晒黑"。杰克·达林格（Jack Dallinger）摄影，马修·达林格（Matthew Dallinger）供图

过，天然的黝黑（sun-kissed）肤色太受欢迎，这也刺激了古铜色化妆品的开发，白人涂上这样的化妆品，可以呈现脸被太阳晒过的效果。美黑的肌肤等同于魅力、美好生活和健康的体魄，这也被用作从口香糖到摩托车的各类商品广告当中的元素。

美黑产业

尽管户外美黑具有免费的优点，但并不是每个想美黑的人都能花一天的时间躺在户外尽情接受光照。1978年，美国第一家美黑沙龙开业，到1988年，美黑沙龙的数量已超过18000家。到2010年，美国已经有近24000家美黑沙龙，该行业的产值估计为28.2亿美元。美黑沙龙让人们在每一天、每一年的任何时间都可以美黑,并承诺晒黑的过程快速安全。在美国那些紫外线辐射系数较低、多数人肤色较浅的城市,美黑设备的密度便会比较高。①让人随时随地美黑的豪华美黑沙龙由于被同忙碌的名人联系在一起而拥有特殊的声望,它们因使人不必度假便可拥有"度假般的形象"而备受欢迎。

20世纪八九十年代,虽然与紫外线照射相关的皮肤癌风险已是尽人皆知的事,但美黑仍很流行。许多人即使得知美黑容易使人患皮肤癌,却并不愿意正视这一问题,坚信自己不存在相关的危险。②20世纪80年代后期针对室内美黑沙龙的运动特别强调,频繁的室内美黑会大幅提升人们罹患黑色素瘤的风险(使患病率增加75%)。这些运动有一定的效果,但效果只能维持一段时间。据调查,了解限制美黑对于预防黑色素瘤的重要性的人数在总人口中的占比在1988—1994年大幅增加,从25%上升到了77%,但在2007年,这一比例下降到了67%。20世纪90年代发表的有关美黑(尤其是在沙龙中的美黑)风险科学论文的标题让医学界对美黑行为的日益愤怒昭然若揭:《北卡罗来纳州的美黑业者:刚刚意识到有风险?》(1992)、《我们需要采取新的行动提醒公众美黑沙龙的危险》(1994),以及《世上没有所谓健康的光:皮肤恶

---

① 美国2010年以来的美黑行业统计数据来自Zwolack 2010。凯瑟琳·赫斯特(Katherine Hoerster)通过研究得出的结论是,较低的紫外线辐射系数与较高的设施密度之间的关联"可能是由于居民在自然光较少的情况下想寻求温暖、美黑,或两者兼而有之"(Hoerster et al. 2009, 3)。
② "乐观偏差效应"(optimistic bias effect)包含双重感知,即认为负面事件更容易影响他人,而非自己,正面事件更容易发生在自己,而非其他人身上。尼尔·温斯坦(Neil Weinstein)于1980年首次描述这一效应。"乐观偏差效应"也得到了阿瑟·米勒(Arthur Miller)及其同事(以及其他研究者)的证明,该效应能影响人们对紫外线辐射所引发的皮肤癌风险的感知。参见Weinstein 1980; Miller et al. 1990。

性黑色素瘤》（1997）。①

　　人们会抵制或忽略有关紫外线照射的危害的公共卫生信息，这在很大程度上是因为他们仍在受到美黑的吸引。"您晒黑之后看起来很不错"之类的赞赏足以诱使多数人继续美黑，即使他们知道其中的害处。20世纪90年代，随着化学防晒剂配方的改进，人们感到花更多时间晒太阳是安全的（贴士29）。人们以为防晒指数较高的防晒霜让"缓慢晒黑"成为可能，涂抹这类防晒霜，就能降低患癌风险。②

贴士29　化学防晒霜和防晒系数

　　防晒剂通常分为有机产品和无机产品。有机防晒霜既添加了旧成分，如对氨基苯甲酸（para-aminobenzoic acid，PABA）和各类肉桂酸盐（分类与肉桂风味有关），同时包含较新的化合物，如麦素宁滤光环［Mexoryl SX，即对苯二亚甲基二樟脑磺酸（terephthalydene dicamphor sulphonic acid）］。这类防晒霜能吸收紫外线，继而通过光或热的形式消散射线带来的能量。[1]像二氧化钛和氧化锌这样的无机防晒霜则通过在阳光和皮肤之间建立物理屏障层来反射或散射紫外线，从而实现防晒目的。

　　化学防晒霜的防晒等级取决于防晒系数（sun protection factor，SPF）。防晒系数是一个衡量标准，用于衡量在涂抹防晒霜的情况下，接受多少紫外线照射会造成晒伤，人们可以根据防晒系数来了解，使用产品时，需要在裸露的皮肤上涂抹多少防晒霜才能保护皮

---

① 这些文章标题引自Fleischer and Fleischer 1992；McPhail 1997；Amonette 1994。
② 人们认为刻意美黑者的紫外线照射时间较长，应使用防晒系数较高的化学防晒霜。其实，即使涂上高防晒系数的防晒霜，当人们长时间接受紫外线照射时，也会让更多的长波紫外线渗透进皮肤当中，增加罹患黑色素瘤的风险（Autier 2009）。

肤。防晒系数与防晒霜的有效程度成正比。防晒系数与接受紫外线照射的时间长短无关，只与紫外线照射的量有关，而紫外线照射的量通常在午间达到顶峰。肤色浅的人能比肤色深的人吸收更多的紫外线辐射，因此需要防晒系数更高的防晒霜，使自己免受紫外线的损害。

美国食品药品管理局最近要求生产化学防晒霜的厂商在声称某种防晒药剂"用途广泛"时，拿出证据证明产品对长波紫外线和中波紫外线都有防护作用。此外，美国食品药品管理局还规定厂商要在防晒霜的包装上注明其耐水性。厂商可以说防晒霜在不重新涂抹的情况下能提供 40 分钟或 80 分钟的保护。[2] 该机构还建议，厂商在产品标签上能标注的最高防晒系数为 "50+"。为了获得足够好的防晒效果，应根据厂商的提示，使用防晒系数不低于 15 的化学防晒霜，并且至少每两个小时重新涂抹一次，如果需要游泳或已经出汗，则需要更频繁地涂抹防晒霜。

[1] 有关化学防晒霜作用原理的全面综述，参见 Antoniou et al. 2008。
[2] 参见 United States Food and Drug Administration 2011。

美黑强迫症与免晒型美黑

直到 20 世纪 90 年代，尽管人们已经了解了太阳照射容易引起皮肤癌，但美黑人物的正面形象仍在通过电视屏幕和杂志广泛流传。可想而知，人们对于美黑的皮肤癌风险会有怎样的反应。许多人会涂上更多的防晒霜，或者频繁使用物理遮阳装备，避免强烈日晒。其他人并不打算改变自己的行为，因为"纯天然深肤色"的感觉太美妙了，"看上去比以前好很多"让人感到赞美和认可。1988—2007 年，美国年轻人进行室内美黑的比例从 1% 飙升至27%。[1]在皮肤老化和罹患皮肤癌风险的面前依然选择美黑，这种行为的持续存在变得和吸烟等主要公共卫生问题没什么两样。一项研究报告这样写道："就像饮酒或吸烟一样，日光浴床所带来的兴高采烈的感觉似乎能让对患癌、早衰、毁容的警告黯然失色。"[2]人们觉得，那些似乎非常喜欢美黑的人已经患上了"美黑强迫症"（贴士30）。

许多人留意到了对紫外线照射的风险的警告，于是减少或停止用紫外线美黑，但仍然追求晒黑的效果。从20世纪90年代末到21世纪初，这些用户越来越多地转向免晒型美黑产品，以弥补失去的光彩。免晒型美黑产品或自然美黑产品的原理是利用二羟基丙酮（dihydroxyacetone，DHA）的反应。DHA是一种化合物，会与皮肤角质层中的蛋白质发生反应，产生类似于日晒效果的褐色。当面包在烤箱中烘烤时，也会变成褐色，DHA提供的是与之相同的化学反应。DHA是一种安全的着色物质，已获得美国食品药品管理局和许多其他类似机构的批准，可用于化妆品。由于DHA带来的棕褐色只是表面的化妆品染色效果，因此只能维持几天的时间。[3]天然的黑皮肤是黄色和红色的复杂混合物，而DHA带来的"美黑"则是一种较多数浅肤色人群而言略微泛黄的肤色。用DHA做美黑会导致人面色萎黄，这让许多人对诞生不久的免晒美黑产品望而却步。在DHA配方中添加抗氧化剂，可以弥补产品的这一缺陷。尽管如此，当天生白皙或肤色较浅的人使用免晒美黑产品后，总是会呈现出具有人为痕迹、颜色过重，甚至看起来有些脏的深色（图37）。究竟用怎样的颜色配比才能打造出理想中的人造美黑色，这是个复杂

---

[1] Robinson et al. 2008.
[2] 参见 Kourosh, Keith, and Horton 2010; Nolan and Feldman 2009。
[3] 有关DHA的化学作用及更多相关详细信息，参见 Monfrecola and Prizio 2001。

贴士 30　美黑强迫症

美黑强迫症（*tanorexia*）一词诞生于 2005 年，是对美黑成瘾者的有趣称呼。这个词与厌食症（anorexia）一词有关，旨在传达强迫性障碍的严重性，这种"病"会导致人们在明知会晒伤、加速皮肤老化，让包括黑色素瘤在内的皮肤癌的患病风险显著升高的情况下，仍旧坚持进行紫外线美黑。学界认为美黑强迫症是一种体象障碍（body image disorder）或身体畸形恐惧症（body dysmorphic disorder），受这种精神障碍影响的个体会反复检查自己在镜中的模样，不停地修饰、端详自己，对自己的肤色感到不满。美黑成瘾者有时会忍着晒伤的痛苦，让自己接受的紫外线辐射超出正常人能承受的范围，以达到理想的美黑效果。这样的人经常会被晒伤，平均每年，每 1 万家美黑店，就会导致 700 次急诊。

患有美黑强迫症的人们都对紫外线照射的风险心知肚明，但这些知识并不会减少他们对美黑的渴望，或阻止他们寻求美黑的机会。显然，不仅仅是紫外线美黑带来的古铜色皮肤效果推动了美黑强迫症的产生。正如一位经常做美黑的顾客所言："涂抹棕褐色化妆品也能让人对自己的形象产生同等程度的信心，但涂化妆品确实不会像接受中波/长波紫外线照射那样影响人的情绪。"[1]

[1] 艾丽安·库罗什（Arianne Kourosh）及其同事对美黑成瘾做了专业评估（2010）。引文来自该论著第 284 页。

的问题，不过，观感不佳的示例早已成了众人嘲笑的对象。

免晒美黑剂可以做成霜剂或液体，供人们在家使用，也可以供美黑沙龙喷洒给顾客来用，为人们提供了替代紫外线美黑的安全方法。不过，愿意使用这类产品的用户往往是年龄偏大且受过良好教

图37 在一次名人活动中,天生肤色白皙的安妮·海瑟薇(Anne Hathaway)站在服装设计大师瓦伦蒂诺(Valentino)身旁,后者的皮肤显然是用人工制剂实现美黑的。免晒美黑产品让人在不必承受紫外线照射风险的情况下实现社会效益,只是明显的人工痕迹看上去有点不和谐。照片由Rex USA提供

育的女性。许多青少年和年轻男女(成年人中最容易美黑成瘾的人)则臣服于美黑沙龙提供的紫外线美黑加免晒美黑产品的联合促销方案,业者称之为"日光浴床加霜剂的组合选项"(booth and bottle option)。室内美黑行业支持"受控制的美黑",他们自称该技术比"不受控制的"海滩美黑更安全,并表示会争取"保护个人通过自然光或人造光实现美黑的自由"这一用户合法权利。[①] 因此,免晒美黑产品可能会被错误地用来鼓励心智尚不成熟的年轻人使用紫外线美黑服务。

当讨论名人美黑的话题变得不再流行之后,舆论开始转向赞美

[①] 有关室内美黑产业向青少年传播的"受控制的""安全美黑"之类的谬论,参见Balk and Geller 2008。

"健康的光泽"（healthy glow）。尽管这个短语后来被"散发你自己的光芒"（Go with Your Own Glow）的抵制美黑运动（参见下文）拿去使用，"健康的光泽"这个说法流行了许多年，用来描述名人们"天然黝黑"的肤色，它其实是这样实现的：在做好防晒措施的基础上进行紫外线照射，喷涂助晒剂，外加化妆，是一套组合方法。室内美黑行业在青少年当中大力进行相关产品和服务的促销，所以"健康的光泽"仍然与魅力和性感息息相关。像詹妮弗·洛佩兹（Jennifer Lopez）这样知名度高、被许多人模仿的女明星，就将紫外线美黑和免晒美黑结合起来使用，在人们看来，她古铜色的肌肤与她的声望和知名度之间有一定的联系。

抵制美黑和"随心所欲"运动

如今，越来越多的女明星恢复了白皙的面容，其中就包括维多利亚·贝克汉姆（Victoria Beckham）和妮古拉·罗伯茨（Nicola Roberts），她们都公然放弃刻意维持古铜色肌肤。[①] 由世界皮肤癌基金会（Skin Cancer Foundation）发起的"散发你自己的光芒"运动，倡导的是亮泽、天然、未经美黑的肌肤，向世人宣告皮肤美黑已然过时。有社会责任感的多位女性名人纷纷成为这项运动的推手，因为她们意识到自己的外表和行为会极大地影响世界上数以百万计的年轻女性，这些年轻女性如果在最有可能晒伤的年纪做了美黑，日后很有可能会罹患癌症。不过，只有当美黑的皮肤不再受到社会的支持和鼓励时，晒太阳和人工美黑的流行趋势才会真正衰落下去。

---

① 有关名人美黑和"散发你自己的光芒"运动的更多信息，参见 Jablonski 2010，以及世界皮肤癌基金会的网站：www.skincancer.org/glow-campaign.html。

如今，由于可爱吸血鬼形象的深入人心，流行的妆容甚至是不自然的苍白面孔，这种迷恋是否会持续下去，目前还是未知数。2011年，为了开设一个新的电视频道，英国对2000名年龄18—44岁的妇女做了调查，结果发现，其中69%的人认为拥有晒黑的皮肤让她们感觉自己更健康，并且有超过一半的人说美黑会让她们在与人接触时更自信。① 这些数据表明，美黑在人们心中的重要性还要过很长时间才有可能消失。

---

① Satherley 2011.

第十五章
肤色的迷局

没有什么事物会比肤色更能代表人类史。它使人在演化的过程中逐渐走到一起，继而让人通过偏见和刻板印象划清界限。它使我们了解远古祖先的生活和他们所处的时代，并用现代人进行心理操纵的证据来嘲弄我们自身。人类是高度视觉导向、容易被他人影响的灵长类动物，永远倾向于吸收比自己更有权力者的信念，并改变自己的行为。

在数十万年来的人类演化过程里，肤色及其深浅受到强烈影响，因为皮肤，也只有皮肤，是我们与环境之间的接触面。人类肤色的变化是因演化而产生，关于这些变化发生的过程，本书前文已经有所介绍。随着人类四散到紫外线照射水平不尽相同的地方，也就演化出了不同的肤色。肤色的适应性变化首先取决于随机发生的突变，这种突变会让皮肤发生改变颜色所需要的遗传变异；其次取决于自然选择，自然选择能让这样的突变成为常态。黑色素能让皮肤着色，它是一种优质的天然防晒霜，可以保护人体免受紫外线照射最具破坏性的影响，同时让辐射当中的一部分渗透到皮肤当中，刺激维生素 D 的生成。因此，用黑色素让皮肤呈现不同的颜色，是个精致的折中演化方案。

在人类史的大部分时间里，人们的肤色都同他们各自所处的环境相适应。深色皮肤可以保护生活在紫外线辐射水平高的地方的人们；即使生活在紫外线辐射水平中等或偏低的地方，适宜的肤色深度也能让不同地区的人们皮肤中都能产生维生素D，维持健康。不过，这种平衡已经被打破，尤其是在最近四百多年，一方面，长途旅行在增加，另一方面，越来越多的人将大部分时间花在室内。许多人居住在远离故乡的地方，他们所处地区的紫外线照射条件与他们祖先生活了数千年的地区截然不同。肤色和所在地区紫外线照射条件之间的错配，导致了许多健康问题。肤色浅的人遭遇了太多的紫外线照射，而那些拥有太多黑色素的人却又接受不到足够多的紫外线照射。现在，人类对这两种情况都有了足够多的了解，诸如皮肤癌、叶酸和维生素D缺乏症，以及由缺乏维生素D引起的各类疾病都能得到有效预防。多了解有关人类演化，以及人们在历史上的运动和生活习惯的知识，可以让我们的健康状况迅速得到改善。

世间本无任何"纯粹"的族群或种族。考古学和遗传学证据表明，早在新石器时代（约公元前10000—前3000），便已发生了大规模的人口融合，这是一个人类历史因为天气和气候的变化、农业的引进、人口的增长而不断兴衰的过程。人口融合致使所有大陆上的族群都不是所谓"纯种"人，而是异族通婚的结晶，不过，只有在部分大陆上，人口的融合才更加充分。快速的长途迁徙不仅影响人类的健康，也影响着他们对待别人的方式。数千年来，"我们"和"他者"之间的身体差异通常很小。即便是在不同肤色、外表各异的人经常互相接触的古埃及，外貌上的差异也不妨碍社会和经济交流，异族之间的碰面也都保持着社会层面的平等性。

从15世纪开始，随着航海家、探险家和商人接触到遥远海岸上的族群，不同族群之间的突然遭遇变得愈发频繁。这些会面常常使肤色相异，语言、文化、生活习惯完全不同的人相遇。在这些特征当中，肤色是最突出的，人们根据刻板印象，将肤色同其他特征合并在一起。肤色是最重要的特征，因为与"我们"不同的肤色是"他者"的标志。

早期的探险和会面逐步发展为常规的贸易路线和贸易组织。其中一些贸易涉及对有价值物品的互换，但是大部分贸易涉及高度不对等的关系，交易的一方以无偿牺牲另一方为代价，攫取巨额利润。最初，贩卖人口的生意只占全部贸易的一小部分，但到了15世纪中叶，奴隶已成为现代商业兴起和发展的必需品。渐渐地，有关非洲奴隶的负面刻板印象变得愈发深入人心。人们不断强化黑与白在肤色和道德上的两极性，并援引《圣经》作为论证黑人是比一般人类更低等的生物的论据，为他们继续奴役黑人的行为作辩护。欧洲知识分子用实际行动促成对黑人的奴役，支持制订根据肤色、文化潜力和社会价值对全世界各种族的人们进行排名的人口分类计划。

"种族"这个概念就是因为这种给人口分类的强烈愿望才诞生的。种族分类被视为权威的分类，是被奉为知识领袖的人所创造的。当时，肤色成了一种非常重要的特征，它赋予一个种族特定的社会地位，以明确人在等级制度中的位置。其他公认具有决定性的特征是相貌、气质和文化。其实，从一开始，就没有任何关于种族的客观或科学依据。这个概念融合了身体特征和文化特质，是由那些坚信自己具有种族优越性，且压根儿没见过其他"种族"的人的知识分子凭空下的定义。每个种族的定义会随时随地发生改变，因此，当我们列出一部分种族的名称，会发现他们的名字被取得有多么随意：原住民、非洲人、阿尔卑斯人、阿拉伯人、亚洲人、澳大利亚土著人、班图人、黑人、加勒比人、开普人、高加索人、有色人、印第安人、犹太人、拉美人、马来人、地中海人、拉丁美洲和印第安人混血（mestizo）、蒙古人、黑白混血、北欧人、东方人、闪族人、白人。到了20世纪，人们根据宗教而非肤色界定了犹太民族，这为后来的肆意歧视和残酷镇压埋下了伏笔。

尽管人们在对肤色的分类、包容性和接受度等方面差异很大，根据肤色为种族制定的排序，却是人类历史上最稳定的文明建构之一。肤色是根据社会发展情况来建构的，这一建构需要定期重建。坚持不懈地根据自己的种族信念行事的人们维持着一个这样的社会——所有人获得社会商品（例如，高质量的教育、职位较好的工作、优质的住房、更好的医疗条件）的途径会按照种族来分层。种族不仅是标签，还成了目标。种族代表真正的生物实体这一错误观念的长期存在，使人们相信种族不平等是可以接受的，从而降低了人们与其他种族的人交流的兴趣。[①]

长期以来，肤色都在展示人类的演化史。肤色是一种生物学特征（是人体对环境的适应），也具有许多社会学意义。尽管许多国家已经明令禁止根据肤色或种族歧视他人，但肤色仍在人类事务中扮演重要的角色。国际化妆品集团在全球范围内对皮肤美白产品进行大肆营销，在它们的广告里，浅肤色的人比深肤色的人更幸福、更成功，这样的影像得以广泛传播，让肤色与人本身的价值之间牢不可破的连接得到了进一步的加强。在美国和其他发达国家的所谓后种族时代，肤色最深的人和他们的祖先一样，仍然生活在社会的边缘。肤色深对人的健康和社会经济地位都有负面影响，这种负面

[①] 参见 Williams and Eberhardt 2008。关于种族因素对不同的人获取某些社会商品的难度的影响，参见 Ossorio and Duster 2005。

影响会被物理上的边缘化进一步放大，使黑人无法享受更好的食物、教育和医疗，还要承受持续性的歧视所带来的压力。

在这本书中，我们谈了肤色是如何演化，继而被感知和评判，也谈了在所谓的种族分类当中，肤色是怎样与其他特征产生关联的，人们对肤色的评判如何变得僵化，如何变成集体强化的观念，不受时间和空间的限制，持续传播。从古代和近代的历史中，我们也了解到，肤色歧视所造成的苦难已夺去无数人的生命，这种歧视所带来的麻烦在许多人身上仍在继续。因为别人的肤色与自己不同就去贬低他，这样的做法揭露了人性某些最糟糕的方面：过于视觉驱动、人云亦云、缺乏主见、将"地位"看得太重。

良好的动机对于消除肤色歧视而言至关重要。我们现在对于肤色的认知体系需要与改变肤色歧视现象的决心相匹配。在这个过程里，没有人是旁观者，我们都需要参与其中。

致　谢

2002年，当作家阿伦·泽德尔（Alan Zendell）邀请我写一本与肤色演化有关的书时，我从事该领域的研究与教学已有十几年。在他看来，对有关肤色所有方面进行探讨都十分必要，无论是它的演化，还是它对日常生活的意义，因为人们对肤色太缺乏了解，肤色却与我们相伴始终，它是很少被我们提及的尴尬话题之一。

在本书逐渐成形的过程中，以及定稿之后，许多人都给过我重要的反馈、鼓励与支持。我的版权代理人雷吉娜·布鲁克斯（Regina Brooks）帮我制订了周密的写作计划，支持我写下去，尽管大部分出版商都不想帮我出"第二本有关种族的书"。本书写作期间，我的编辑、加州大学出版社的布莱克·埃德加（Blake Edgar）给予我充分的理解和信任，他也在年复一年地耐心忍受我的各种拖稿理由。他对初稿的批判式阅读，让这部稿件的水准得以显著提高，他不仅使全书的内容得以平衡，还帮助我让这本书的插图看起来更精彩。没有他坚定而温柔的支持，以及起到关键作用的指导，我不可能坚持到最后。

我的丈夫、生活伴侣、最好的朋友兼主要科研合作伙伴乔治·查普林（George Chaplin）鼓励我坚信这本书的重要性，即便当我沉迷写作而变得令人生厌时，他依然包容着我。我们在肤色演化生物学领域共事多年，在本书有关历史的章节，我也直接引用了乔治的珍贵研究成果。在因肤色导致的歧视以及种族主义历史方面，乔治和我有一些共同的见解，这是本书后半部分的主要议题。乔治是我最可爱也最挑剔的参谋，他始终克制着对我的拖延的不满，每天给我爱的鼓励。

在我研究和写作最忙碌的阶段，我在宾夕法尼亚州立大学的研究技术助理特里萨·"特丝"·威尔逊（Theresa "Tess" Wilson）为我提供了力所能及的后勤保障。她搜集、过目了上百部图书和论文，维护我的参考文献数据库，并找到可用的插图。为收集本书所需的插图，她还进行了必不可少的、繁复的沟通工作。她提醒我注意很多第一手的资料，特别是有关跨大西洋奴隶贸易的史料，事实证明，这样的提醒不可或缺。感谢她对工作的无私和努力、对细节的一丝不苟，还有她对我的无限耐心与随和。

书中提到的研究大部分是我在宾夕法尼亚州立大学帕克分校完成的，非常感谢帕提和帕特诺图书馆（Pattee & Paterno Library）的几位研究员和馆际互借助理，在他们的帮助下，我才能找到需要的学术资源。我还要感谢哈佛大学皮博迪博物馆档案（Peabody Museum Archives）的高级档案管理员因蒂雅·斯帕茨（India Spartz），她授权并协助我使用有关跨大西洋奴隶贸易和非裔美国人的经历的资料。另外，我也要感谢哈佛大学杜波依斯非洲人及非裔美国人研究学会（W. E. B. Du Bois Institute for African and African American Research）的"西方艺术中的黑人影像"研究项目和照片档案的高级馆长助理谢尔顿·奇克（Sheldon Cheek）。

衷心感谢弗莱彻慈善基金会（Fletcher Philanthropy）在2005

年为我提供的资助，这份资助使我有能力负担科研和写作的旅行费用，并为本书插图购买相应的图片使用权。我为能获得小阿方斯·弗莱彻（Alphonse Fletcher Jr.）和小亨利·路易斯·盖茨（Henry Louis Gates Jr.）对自本书立项以来给予的支持而感到荣幸。

感谢纳娜·奈斯比特（Nana Naisbitt）在本书写作之初给予我巨大的鼓励，并提供有见地的反馈和建议。我也非常感谢玛丽昂·蒂尔顿（Marion Tilton）于2009年夏天大方地为我在美国西部太浩湖（Lake Tahoe）之畔订了两周精品酒店，让我在那里开始认真写作。

还要鸣谢各位与我讨论想法、对本书有所贡献的同事、朋友和亲人，他们是：丽莎·费尔德曼·巴雷特（Lisa Feldman Barrett）、格雷戈里·巴什（Gregory Barsh）、库斯·贝克尔（Koos Bekker）、已故的巴鲁克·布拉伯格（Baruch Blumberg）、卡罗尔·博格斯（Carol Boggs）、卡洛·鲍尔（Carol Bower）、艾尔莎比·布里茨（Elsabe Brits）、基思·程（Keith Cheng）、霍埃尔·科昂（Joel Cohen）、瓦莱丽·科兰杰洛（Valerie Colangelo）、查尔斯·康维斯（Charles Convis）、莱斯特·戴维斯（Lester Davids）、特里·迪格斯（Terry Diggs）、珍妮弗·埃贝哈特（Jennifer Eberhardt）、乔治·埃贝尔（George Ebers）、戴维·埃佩尔（David Epel）、保罗·埃尔利希（Paul Ehrlich）、苏珊·埃文斯（Susan Evans）、伦纳德·弗里德曼（Leonard Freedman）、蒂尼·弗里德曼（Tiny Freedman）、塞德里克·加兰（Cedric Garland）、巴尔巴拉·吉尔克里斯特（Barbara Gilchrest）、苏珊·格拉斯曼（Susan Glassman）、威廉·格兰特（William Grant）、伊丽莎白·哈德利（Elizabeth Hadly）、巴里·埃尔夫特（Barry Helft）、布伦纳·亨恩（Brenna Henn）、迈克尔·霍利克（Michael Holick）、詹姆斯·杰克逊

（James Jackson）、维尔莫特·詹姆斯（Wilmot James）、珍妮·吉恩（Jennie Jin）、里奇·基特尔斯（Rich Kittles）、玛莎·莱文森（Martha Levinson）、迈克尔·梅里尔（Michael Merrill）、苏济·纳什（Suzi Nash）、亨利·纳瓦斯（Henry Navas）、比尔·奈伊（Bill Nye）、查尔斯·奥克斯纳德（Charles Oxnard）、埃伦·奎林（Ellen Quillen）、查尔斯·罗斯曼（Charles Roseman）、查梅因·罗亚尔（Charmaine Royal）、萨姆·理查兹（Sam Richards）、德博拉·罗宾斯（Deborah Robbins）、林恩·罗斯柴尔德（Lynn Rothschild）、帕特·希普曼（Pat Shipman）、马克·施赖弗（Mark Shriver）、菲奥娜·斯坦利（Fiona Stanley）、托马斯·斯特鲁萨克（Thomas Struhsaker）、阿尼亚·斯维托尼奥斯基（Ania Swiatoniowski）、马克·托马斯（Mark Thomas）、萨拉·蒂什科夫（Sarah Tishkoff）、德斯蒙德·托宾（Desmond Tobin）、伊丽莎白·范迪弗（Elizabeth Vandiver）、珍妮弗·瓦格纳（Jennifer Wagner）、阿伦·沃克（Alan Walker）、沃德·瓦特（Ward Watt）、戴维·韦伯斯特（David Webster）、理查德·韦勒（Richard Weller）和格雷戈里·雷（Gregory Wray）。

如果有谁的名字被不小心遗漏了，那我要表达歉意。我也感谢很多在对话中与我分享观点，却未留下姓名的人。当然，最终作品的好坏，我会负全责。

最后，还要感谢加州大学出版社的编辑、制作和营销团队，是他们的鼓励与专业精神，让本书以富于魅力的面貌问世，他们是：多尔·布朗（Dore Brown）、埃里卡·布基（Erika Büky）、亚历克斯·达内（Alex Dahne）、妮科尔·海沃德（Nicole Hayward）和林恩·迈因哈特（Lynn Meinhardt）。

参考文献

Abu-Amero, K., A. Gonzalez, J. Larruga, T. Bosley, and V. Cabrera. 2007. "Eurasian and African mitochondrial DNA influences in the Saudi Arabian population." *BMC Evolutionary Biology* 7 (1): 32–47.

Aiello, L. C., and P. Wheeler. 1995. "The expensive-tissue hypothesis." *Current Anthropology* 36 (2): 199–221.

Alaluf, S., D. Atkins, K. Barrett, M. Blount, N. Carter, and A. Heath. 2002. "Ethnic variation in melanin content and composition in photoexposed and photoprotected human skin." *Pigment Cell Research* 15 (2): 112–118.

Alcock, S. E., and J. F. Cherry. 2005. "The Mediterranean World." In *The Human Past: World Prehistory and the Development of Human Societies*, ed. C. Scarre, 472–517. London: Thames & Hudson.

Allen, L. C. 1915. "The negro health problem." *American Journal of Public Health* 5 (3): 194–203.

Amonette, R. A. 1994. "New campaigns needed to remind the public of the dangers of tanning salons." *Cosmetic Dermatology* 7: 25–28.

Anderson, E., E. H. Siegel, E. Bliss-Moreau, and L. F. Barrett. 2011. "The visual impact of gossip." *Science* 332 (6036): 1446–1448.

Andreev, Y. V. 1989. "Urbanization as a phenomenon of social history." *Oxford Journal of Archaeology* 8 (2): 167–177.

Antón, S. C. 2003. "Natural history of *Homo erectus*." *American Journal of Physical Anthropology* 122 (S37): 126–170.

Antoniou, C., M. G. Kosmadaki, A. J. Stratigos, and A. D. Katsambas. 2008. "Sunscreens: What's important to know." *Journal of the European Academy of Dermatology and Venereology* 22 (9): 1110–1119.

Aoki, K. 2002. "Sexual selection as a cause of human skin colour variation: Darwin's hypothesis revisited." *Annals of Human Biology* 29 (6): 589–608.

Armas, L. A. G., B. W. Hollis, and R. P. Heaney. 2004. "Vitamin D2 is much less effective than vitamin D3 in humans." *Journal of Clinical Endocrinology and Metabolism* 89 (11): 5387–5391.

Ashwell, M., E. M. Stone, H. Stolte, K. D. Cashman, H. Macdonald, S. Lanham-New, S. Hiom, A. Webb, and D. Fraser. 2010. "UK Food Standards Agency workshop report: An investigation of the relative contributions of diet and sunlight to vitamin D status." *British Journal of Nutrition* 104 (4): 603–611.

Australian Institute of Health and Welfare. 2005. *Health System Expenditures on Cancer and Other Neoplasms in Australia, 2000–01.* Canberra: Australian Institute of Health and Welfare.

Autier, P. 2009. "Sunscreen abuse for intentional sun exposure." *British Journal of Dermatology* 161 (S3): 40–45.

Bagdasarov, Z., S. Banerjee, K. Greene, and S. Campo. 2008. "Indoor tanning and problem behavior." *Journal of American College Health* 56 (5): 555–562.

Baker, P. T. 1958. "Racial differences in heat tolerance." *American Journal of Physical Anthropology* 16 (3): 287–305.

Balk, S. J., and A. C. Geller. 2008. "Teenagers and artificial tanning." *Pediatrics* 121 (5): 1040–1042.

Banerjee, S. C., K. Greene, Z. Bagdasarov, and S. Campo. 2009. "'My friends love to tan': Examining sensation seeking and the mediating role of association with friends who use tanning beds on tanning bed use intentions." *Health Education Research* 24 (6): 989–998.

Barnicot, N. A. 1958. "Reflectometry of the skin in Southern Nigerians and in some mulattoes." *Human Biology* 30 (2): 150–160.

Baron, A. S., and M. R. Banaji. 2006. "The development of implicit attitudes: Evidence of race evaluations from ages 6 and 10 and adulthood." *Psychological Science* 17 (1): 53–58.

Barsh, G., and G. Cotsarelis. 2007. "How hair gets its pigment." *Cell* 130 (5): 779–781.

Basham, A. L. 1985. *The Wonder That Was India: A Survey of the History and Culture of the Indian Sub-continent before the Coming of the Muslims.* London: Sidgwick & Jackson.

Bay, M. 2000. *The White Image in the Black Mind.* New York: Oxford University Press.

BBC News. 2008. "Living in fear: Tanzania's albinos." http://news.bbc.co.uk/2/hi/africa/7518049.stm. July 21.

———. 2009. "Albino trials begin in Tanzania." http://news.bbc.co.uk/2/hi/africa/8089351.stm. June 9.

Bennett, C. 2000. "Racial categories used in the decennial censuses, 1790 to the present." *Government Information Quarterly* 17 (2): 161–180.

Bentley-Phillips, B., and M. A. H. Bayles. 1975. "Cutaneous reactions to topical application of hydroquinone: Results of a 6-year investigation." *South African Medical Journal* 49 (34): 1391–1395.

Bergman, I., A. Olofsson, G. Hörnberg, O. Zackrissen, and E. Hellberg. 2004. "Deglaciation and colonization: Pioneer settlements in northern Fennoscandia." *Journal of World Prehistory* 18 (2): 155–177.

Bernasconi, R. 1991–92. "Constitution of the people: Frederick Douglass and the Dred Scott decision." *Cardozo Law Review* 13: 1281–1296.

———. 2001a. Introduction. In *Concepts of Race in the Eighteenth Century*, vol. 1, *Bernier, Linnaeus and Maupertuis,* ed. R. Bernasconi, 1: vii–xii. Bristol: Thoemmes Press.

———. 2001b. "Who invented the concept of race? Kant's role in the Enlightenment construction of race." In *Race,* ed. R. Bernasconi, 11–36. Malden, MA: Blackwell.

———. 2002. "Kant as an unfamiliar source of racism." In *Philosophers on Race: Critical Essays,* ed. J.K. Ward and T.L. Lott, 145–166. Oxford: Blackwell.

———. 2006. "Kant and Blumenbach's polyps: A neglected chapter in the history of the concept of race." In *The German Invention of Race,* ed. S. Eigen and M. Larrimore, 73–90. Albany: State University of New York Press.

Bernasconi, R., and T.L. Lott, eds. 2000. *The Idea of Race.* Indianapolis, IN: Hackett.

Bernier, F. 2000. "A new division of the Earth." In *The Idea of Race,* ed. R. Bernasconi and T.L. Lott, 1–4. Indianapolis, IN: Hackett.

Besser, L.M., L.J. Williams, and J.D. Cragan. 2007. "Interpreting changes in the epidemiology of anencephaly and spina bifida following folic acid fortification of the U.S. grain supply in the setting of long-term trends, Atlanta, Georgia, 1968–2003." *Birth Defects Research Part A: Clinical and Molecular Teratology* 79 (11): 730–736.

Besteman, C. 2008. *Transforming Cape Town.* Berkeley, CA: University of California Press.

Beteille, A. 1968. Race and descent as social categories in India. In *Color and Race,* ed. J.H. Franklin, 166–185. Boston, Beacon.

Bishop, J.N., V. Bataille, A. Gavin, M. Lens, J. Marsden, T. Mathews, and C. Wheelhouse. 2007. "The prevention, diagnosis, referral and management of melanoma of the skin: Concise guidelines." *Clinical Medicine, Journal of the Royal College of Physicians* 7 (3): 283–290.

Bjorn, L.O., and T. Wang. 2000. "Vitamin D in an ecological context." *International Journal of Circumpolar Health* 59 (1): 26–32.

Blayney, B., ed. 1769. *The Holy Bible, Containing the Old and New Testaments.* Oxford: T. Wright and W. Gill.

Blum, H.F. 1961. "Does the melanin pigment of human skin have adaptive value?" *Quarterly Review of Biology* 36 (1): 50–63.

Blumenbach, J.F. 2000. "On the natural variety of mankind." In *The Idea of Race,* ed. R. Bernasconi and T.L. Lott, 27–37. Indianapolis, IN: Hackett.

Bögels, S.M., and C.T.J. Lamers. 2002. "The causal role of self-awareness in blushing-anxious, socially-anxious and social phobics individuals." *Behav-*

iour Research and Therapy 40 (12): 1367–1384.

Bolanca, I., Z. Bolanca, K. Kuna, A. Vukovic, N. Tuckar, R. Herman, and G. Grubisic. 2008. "Chloasma: The mask of pregnancy." *Collegium Antropologicum* 32 (Suppl 2): 139–141.

Bonilla-Silva, E., and D. R. Dietrich. 2009. The Latin Americanization of U.S. race relations: A new pigmentocracy. In *Shades of Difference: Why Skin Color Matters*, ed. E. N. Glenn, 40–60. Stanford, CA: Stanford University Press.

Bower, C., and F. J. Stanley. 1989. "Dietary folate as a risk factor for neural-tube defects: Evidence from a case-control study in Western Australia." *Medical Journal of Australia* 150: 613–619.

———. 1992. "The role of nutritional factors in the aetiology of neural tube defects." *Journal of Paediatrics and Child Health* 28: 12–16.

Bowman, P. J., R. Muhammed, and M. Ifatunij. 2004. "Skin tone, class and racial attitudes among African Americans." In *Skin Deep: How Race and Complexion Matter in the "Color-Blind" Era*, ed. C. Herring, V. M. Keith, and H. D. Horton, 128–158. Urbana, IL: Institute for Research on Race and Public Policy.

Boxmeer, J. C., M. Smit, E. Utomo, J. C. Romijn, M. Eijkemans, J. Lindemans, J. Laven, N. S. Macklon, E. Steegers, and R. Steegers-Theunissen. 2009. "Low folate in seminal plasma is associated with increased sperm DNA damage." *Fertility and Sterility* 92 (2): 548–556.

Boyle, R. 2007. "Experiments and considerations touching colours." In *Race in Early Modern England: A Documentary Companion*, ed. A. Loomba and J. Burton, 260–264. New York: Palgrave MacMillan.

Bramble, D. M., and D. E. Lieberman. 2004. "Endurance running and the evolution of *Homo*." *Nature* 432 (7015): 345–352.

Branda, R. F., and J. W. Eaton. 1978. "Skin color and nutrient photolysis: An evolutionary hypothesis." *Science* 201 (4356): 625–626.

Braude, B. 1997. "The sons of Noah and the construction of ethnic and geographical identities in the medieval and early modern periods." *William and Mary Quarterly* 54 (1): 103–142.

Breunig, P., K. Neumann, and W. Van Neer. 1996. "New research on the Holocene settlement and environment of the Chad Basin in Nigeria." *African Archaeological Review* 13 (2): 111–145.

Brinnel, H., M. Cabanac, and J. R. S. Hales. 1987. "Critical upper levels of body temperature, tissue thermosensitivity, and selective brain cooling in hyperthermia." In *Heat Stress: Physical Exertion and Environment*, ed. J. R. S. Hales and D. A. B. Richards, 209–240. Amsterdam: Excerpta Medica.

Brown, J. 1999. "Slave life in Georgia: A narrative of the life, sufferings, and escape of John Brown, a fugitive slave, now in England." In *I Was Born a Slave: An Anthology of Classic Slave Narratives*, vol. 2, *1849–1866*, ed. Y. Taylor, 319–411. Chicago: Lawrence Hill Books.

Brown, W. W. 1970. *Narrative of William W. Brown, a Fugitive Slave*. New

York: Johnson Reprint Corp.

Broyard, B. 2007. *One Drop*. New York: Little, Brown and Company.

Buccimazza, S.S., C.D. Molteno, T.T. Dunnem, and D.L. Viljoen. 1994. "Prevalence of neural tube defects in Cape Town, South Africa." *Teratology* 50 (3): 194–199.

Burke, P. 2001. *Eyewitnessing: The Uses of Images as Historical Evidence*. Ithaca, NY: Cornell University Press.

Byard, P.J. 1981. "Quantitative genetics of human skin color." *Yearbook of Physical Anthropology* 24 (S2): 123–137.

Byrd, R.P., and H.L. Gates, Jr. 2011. "Jean Toomer's conflicted racial identity." *Chronicle of Higher Education* 57 (23): B5–B8.

Caggiano, V., L. Fogassi, G. Rizzolatti, P. Their, and A. Casile. 2009. "Mirror neurons differentially encode the peripersonal and extrapersonal space of monkeys." *Science* 324 (5925): 403–406.

Caldwell, M.M., L.O. Bjorn, J.F. Bornman, S.D. Flint, G. Kulandaivelu, A.H. Teramura, and M. Tevini. 1998. "Effects of increased solar ultraviolet radiation on terrestrial ecosystems." *Journal of Photochemistry and Photobiology B* 46: 40–52.

Cancer Council of Western Australia. 2011. "SunSmart Schools." www.cancerwa.asn.au/prevention/sunsmart/sunsmartschools.

Cantorna, M.T., and B.D. Mahon. 2005. "D-hormone and the immune system." *Journal of Rheumatology* 76: 11–20.

Carden, S.M., R.E. Boissy, P.J. Schoettker, and W.V. Good. 1998. "Albinism: Modern molecular diagnosis." *British Journal of Ophthalmology* 82 (2): 189–195.

Chadysiene, R., and A. Girgzdys. 2008. "Ultraviolet radiation albedo of natural surfaces." *Journal of Environmental Engineering and Landscape Management* 16 (2): 83–88.

Chaplin, G. 2004. "Geographic distribution of environmental factors influencing human skin coloration." *American Journal of Physical Anthropology* 125 (3): 292–302.

Chaplin, G., and N.G. Jablonski. 1998. "Hemispheric difference in human skin color." *American Journal of Physical Anthropology* 107 (2): 221–224.

———. 2009. "Vitamin D and the evolution of human depigmentation." *American Journal of Physical Anthropology* 139 (4): 451–461.

Chestnutt, C.W. 2000. "What is a white man?" In *Interracialism: Black-White Intermarriage in American History, Literature, and Law*, ed. W. Sollors, 37–42. Oxford: Oxford University Press.

Chimpanzee Sequencing and Analysis Consortium. 2005. "Initial sequence of the chimpanzee genome and comparison with the human genome." *Nature* 437 (7055): 69–87.

Chung, J.H. 2001. "The effects of sunlight on the skin of Asians." In *Sun Protection in Man*, ed. P.U. Giacomoni, 3: 69–90. Amsterdam: Elsevier.

Claidière, N., and D. Sperber. 2010. "Imitation explains the propagation, not the stability of animal culture." *Proceedings of the Royal Society B: Biological Sciences* 277 (1681): 651–659.

Clark, J.D., Y. Beyene, G. WoldeGabriel, W.K. Hart, P.R. Renne, H. Gilbert, A. Defleur, G. Suwa, S. Katoh, K.R. Ludwig, et al. 2003. "Stratigraphic, chronological and behavioural contexts of Pleistocene *Homo sapiens* from Middle Awash, Ethiopia." *Nature* 423: 747–752.

Clarkson, T. 1804. *An Essay on the Slavery and Commerce of the Human Species, Particularly the African*. Philadelphia: Nathaniel Wiley.

Cleaver, J.E., and E. Crowley. 2002. "UV damage, DNA repair and skin carcinogenesis." *Frontiers in Bioscience* 7: 1024–1043.

Clemens, T.L., S.L. Henderson, J.S. Adams, and M.F. Holick. 1982. "Increased skin pigment reduces the capacity of skin to synthesise vitamin D3." *Lancet* 1 (8263): 74–76.

Cohen, W.B. 2003. *The French Encounter with Africans: White Response to Blacks, 1530–1880*. Bloomington: Indiana University Press.

Cole, R.G. 1972. "Sixteenth-century travel books as a source of European attitudes toward non-white and non-western culture." *Proceedings of the American Philosophical Society* 116 (1): 59–67.

Columb, C., and E.A. Plant. 2010. "Revisiting the Obama Effect: Exposure to Obama reduces implicit prejudice." *Journal of Experimental Social Psychology* 47 (2): 499–501.

Copp, A.J., A. Fleming, and N. Greene. 1998. "Embryonic mechanisms underlying the prevention of neural tube defects by vitamins." *Mental Retardation and Developmental Disability Research Reviews* 4: 264–268.

Cordaux, R., R. Aunger, G. Bentley, I. Nasidze, S.M. Sirajuddin, and M. Stoneking. 2004. "Independent origins of Indian caste and tribal paternal lineages." *Current Biology* 14 (3): 231–235.

Cornwell, N. 1998. "The rudiments of Daniil Kharms: In further pursuit of the red-haired man." *Modern Language Review* 93 (1): 133–145.

Costin, G.-E., and V.J. Hearing. 2007. "Human skin pigmentation: Melanocytes modulate skin color in response to stress." *FASEB Journal* 21 (4): 976–994.

Cowles, R.B. 1959. "Some ecological factors bearing on the origin and evolution of pigment in the human skin." *American Naturalist* 93 (872): 283–293.

Craft, W., and E. Craft. 2001. "Running a thousand miles for freedom." In *African American Slave Narratives: An Anthology*, ed. S.L. Bland Jr., 3: 891–946. Westport, CT: Greenwood Press.

Crone, G.R. 1937. *The Voyages of Cadamosto and Other Documents on Western Africa in the Second Half of the Fifteenth Century*. London: Hakluyt Society.

Cronin, K.J., P.E.M. Butler, M. McHugh, and G. Edwards. 1996. "A 1-year prospective study of burns in an Irish paediatric burns unit." *Burns* 22 (3): 221–224.

Dadachova, E., R.A. Bryan, R.C. Howell, A.D. Schweitzer, P. Aisen, J.D.

Nosanchuk, and A. Casadevall. 2008. "The radioprotective properties of fungal melanin are a function of its chemical composition, stable radical presence and spatial arrangement." *Pigment Cell and Melanoma Research* 21 (2): 192–199.

Dadachova, E., R. A. Bryan, X. Huang, T. Moadel, A. D. Schweitzer, P. Aisen, J. D. Nosanchuk, and A. Casadevall. 2007. "Ionizing radiation changes the electronic properties of melanin and enhances the growth of melanized fungi." *PloS ONE* 2 (5): e457.

Davies, M., E. B. Mawer, J. T. Hann, and J. L. Taylor. 1986. "Seasonal changes in the biochemical indices of vitamin D deficiency in the elderly: A comparison of people in residential homes, long-stay wards and attending a day hospital." *Age and Ageing* 15 (2): 77–83.

de Bary, W. T., S. N. Hay, R. Weiler, and A. Yarrow. 1958. *Sources of Indian Tradition*. New York: Columbia University Press.

Der-Petrossian, M., M. Födinger, R. Knobler, H. Hönigsmann, and F. Trautinger. 2007. "Photodegradation of folic acid during extracorporeal photopheresis." *British Journal of Dermatology* 156 (1): 117–121.

Diffey, B. L. 2002. "Human exposure to solar ultraviolet radiation." *Journal of Cosmetic Dermatology* 1 (3): 124–130.

———. 2008. "A behavioral model for estimating population exposure to solar ultraviolet radiation." *Photochemistry and Photobiology* 84 (2): 371–375.

Dikotter, F. 1992. *The Discourse of Race in China*. London: C. Hurst.

Djukic, A. 2007. "Folate-responsive neurologic diseases." *Pediatric Neurology* 37 (6): 387–397.

Douthwaite, J. 1997. "*Homo ferus*: Between monster and model." *Eighteenth Century Life* 21 (2): 176–202.

Dower, J. 2004. "The pure self." In *Race, Ethnicity, and Migration in Modern Japan,* ed. M. Weiner, 1: 41–71. London: RoutledgeCurzon.

Dred Scott v. Sandford. 1857. 60 U.S. 393.

Dubow, S. 1995. *Scientific Racism in Modern South Africa*. Cambridge: Cambridge University Press.

Dyer, R. 1997. *White: Essays on Race and Culture*. London: Routledge.

Eberhardt, J. L. 2005. "Imaging race." *American Psychologist* 60 (2): 181–190.

Eberhardt, J. L., and S. T. Fiske. 1998. *Confronting Racism: The Problem and the Response*. Thousand Oaks, CA: Sage Publications.

Eigen, S., and M. Larrimore, eds. 2006. *The German Invention of Race*. Albany: State University of New York Press.

Elbourne, E., and R. Ross. 1997. "Combating spiritual and social bondage: Early missions in the Cape Colony." In *Christianity in South Africa: A Political, Social, and Cultural History,* ed. R. Elphick and R. Davenport, 31–50. Berkeley, CA: University of California Press.

Elias, P. M. 2005. "Stratum corneum defensive functions: An integrated view." *Journal of Investigative Dermatology* 125 (2): 183–200.

Elizondo, R. S. 1988. "Primate models to study eccrine sweating." *American*

Journal of Primatology 14 (3): 265–276.

El-Mofty, M. A., S. M. Esmat, and M. Abdel-Halim. 2007. "Pigmentary disorders in the Mediterranean area." *Dermatologic Clinics* 25 (3): 401–417.

Engel-Ledeboer, M. S. J., and H. Engel. 1964. *Carolus Linnaeus Systema Naturae, 1735, Facsimile of the First Edition.* Nieuwkoop: B. de Graaf.

Erlandson, J. M., T. C. Rick, T. J. Braje, M. Casperson, B. Culleton, B. Fulfrost, T. Garcia, et al. 2011. "Paleoindian seafaring, maritime technologies, and coastal foraging on California's Channel Islands." *Science* 331 (6021): 1181–1185.

Fikes, R., Jr. 1980. "Black scholars in Europe during the Renaissance and the Enlightenment." *Negro History Bulletin* 43 (3): 58–60.

Finch, C., and C. Stanford. 2004. "Meat-adaptive genes and the evolution of slower aging in humans." *Quarterly Review of Biology* 79 (1): 3–50.

Fink, B., and P. J. Matts. 2008. "The effects of skin colour distribution and topography cues on the perception of female facial age and health." *Journal of the European Academy of Dermatology and Venereology* 22 (4): 493–498.

Finlayson, C. 2005. "Biogeography and evolution of the genus *Homo*." *Trends in Ecology & Evolution* 20 (8): 457–463.

Fisher, G. J., S. Kang, J. Varani, Z. Bata-Csorgo, Y. Wen, S. Datta, and J. J. Voorhees. 2002. "Mechanisms of photoaging and chronological skin aging." *Archives of Dermatological Research* 138 (11): 1462–1470.

Fiske, S. T. 2002. "What we know now about bias and intergroup conflict, the problem of the century." *Current Directions in Psychological Science* 11 (4): 123–128.

———. 2004. "Intent and ordinary bias: Unintended thought and social motivation create casual prejudice." *Social Justice Research* 17 (2): 117–127.

Fitzpatrick, T. B., and J.-P. Ortonne. 2003. "Normal skin color and general considerations of pigmentary disorders." In *Fitzpatrick's Dermatology in General Medicine,* ed. I. M. Freedberg, A. Z. Eisen, K. Wolff, et al., 819–825. New York: McGraw-Hill.

Fleet, J. C. 2008. "Molecular actions of vitamin D contributing to cancer prevention." *Molecular Aspects of Medicine* 29 (6): 388–396.

Fleischer, A. B., Jr., and A. B. Fleischer. 1992. "North Carolina tanning operators: Hazard on the horizon?" *Journal of the American Academy of Dermatology* 27 (no. 2, part 1): 199–203.

Fleming, A., and A. J. Copp. 1998. "Embryonic folate metabolism and mouse neural tube defects." *Science* 280: 2107–2109.

Freeman-Grenville, G. S. P. 1962. *The East African Coast: Select Documents from the First to the Earlier Nineteenth Century.* Oxford: Oxford University Press.

Frost, P. 1988. "Human skin color: A possible relationship between its sexual dimorphism and its social perception." *Perspectives in Biology and Medicine* 32 (1): 38–59.

———. 1994. "Geographic distribution of human skin colour: A selective compromise between natural selection and sexual selection?" *Human Evolution* 9 (2): 141–153.
Gabunia, L., S.C. Anton, D. Lordkipanidze, A. Vekua, A. Justus, and C.C. Swisher III. 2001. "Dmanisi and dispersal." *Evolutionary Anthropology* 10 (5): 158–170.
Garibyan, L., and D. Fisher. 2010. "How sunlight causes melanoma." *Current Oncology Reports* 12 (5): 319–326.
Garland, C.F., F.C. Garland, E.D. Gorham, M. Lipkin, H. Newmark, S.B. Mohr, and M.F. Holick. 2006. "The role of vitamin D in cancer prevention." *American Journal of Public Health* 96 (2): 252–261.
Gates, H.L., Jr., ed. 2002. *The Classic Slave Narratives.* New York: Signet Classics.
Gatewood, W.R. 2000. *Aristocrats of Color: The Black Elite, 1880–1920.* Little Rock: University of Arkansas Press.
Gerlach, A.L., F.H. Wilhelm, K. Gruber, and W.T. Roth. 2001. "Blushing and physiological arousability in social phobia." *Journal of Abnormal Psychology* 110 (2): 247–258.
Gerstner, J.N. 1997. A Christian monopoly: The Reformed Church and colonial society under Dutch rule. In *Christianity in South Africa: A Political, Social, and Cultural History,* ed. R. Elphick and R. Davenport, 16–30. Berkeley, CA: University of California Press.
Giacomoni, P.U. 2001. "Women (and men) and the sun in the past." In *Sun Protection in Man,* ed. P.U. Giacomoni, 3: 1–10. Amsterdam: Elsevier.
Gillbro, J.M., and M.J. Olsson. 2011. "The melanogenesis and mechanisms of skin-lightening agents: Existing and new approaches." *International Journal of Cosmetic Science* 33 (3): 210–221.
Giovannucci, E., Y. Liu, E.B. Rimm, B.W. Hollis, C.S. Fuchs, M.J. Stampfer, and W.C. Willett. 2006. "Prospective study of predictors of vitamin D status and cancer incidence and mortality in men." *Journal of the National Cancer Institute (Bethesda)* 98 (7): 451–459.
Glenn, E.N. 2008. "Yearning for lightness: Transnational circuits in the marketing and consumption of skin lighteners." *Gender and Society* 22 (3): 281–302.
Goding, C.R. 2007. "Melanocytes: The new black." *The International Journal of Biochemistry and Cell Biology* 39 (2): 275–279.
Goebel, T. 1999. "Pleistocene human colonization of Siberia and peopling of the Americas: An ecological approach." *Evolutionary Anthropology* 8 (6): 208–227.
Goebel, T., M.R. Waters, and D.H. O'Rourke. 2008. "The Late Pleistocene dispersal of modern humans in the Americas." *Science* 319 (5869): 1497–1502.
Goff, P.A., J.L. Eberhardt, M.J. Williams, and M.C. Jackson. 2008. "Not yet human: Implicit knowledge, historical dehumanization, and contempo-

rary consequences." *Journal of Personality and Social Psychology* 94 (2): 292–306.

Golden, M. 2004. *Don't Play in the Sun: One Woman's Journey through the Color Complex*. New York: Anchor Books.

Goldenberg, D. M. 2003. *The Curse of Ham: Race and Slavery in Early Judaism, Christianity, and Islam*. Princeton, NJ: Princeton University Press.

Goodman, M. J., P. B. Griffin, A. A. Estioko-Griffin, and J. S. Grove. 1985. "The compatibility of hunting and mothering among the Agta hunter-gatherers of the Philippines." *Sex Roles* 12 (11): 1199–1209.

Grant, W. B. 2008. "Solar ultraviolet irradiance and cancer incidence and mortality." *Advances in Experimental Medicine and Biology* 624: 16–30.

Gronskov, K., J. Ek, and K. Brondum-Nielsen. 2007. "Oculocutaneous albinism." *Orphanet Journal of Rare Diseases* 2 (1): 43–50.

Guernier, V., M. E. Hochberg, and J.-F. Guegan. 2004. "Ecology drives the worldwide distribution of human diseases." *PLoS Biology* 2 (6): e141.

Guimaraes, A. S. A. 1995. "Racism and anti-racism in Brazil." In *Racism and Anti-racism in World Perspective*, ed. B. P. Bowser, 208–226. Thousand Oaks, CA: Sage Publications.

Guthrie, R. D. 1970. "Evolution of human threat display organs." *Evolutionary Biology* 4: 257–302.

Hachee, M. R. 2011. "Kant, Race, and Reason." www.msu.edu/~hacheema/kant2.htm.

Hagelberg, E., M. Kayser, M. Nagy, L. Roewer, H. Zimdahl, M. Krawczak, P. Lió, and W. Schiefenhövel. 1999. "Molecular genetic evidence for the human settlement of the Pacific: Analysis of mitochondrial DNA, Y chromosome and HLA markers." *Philosophical Transactions of the Royal Society B: Biological Sciences* 354 (1379): 141–152.

Hall, R. E. 1995a. "The bleaching syndrome: African Americans' response to cultural domination vis-a-vis skin color." *Journal of Black Studies* 26 (2): 172–184.

———. 1995b. "Dark skin and the cultural ideal of masculinity." *Journal of African American Studies* 1 (3): 37–62.

———. 2001. *Filipina Eurogamy: Skin Color as Vehicle of Psychological Colonization*. Quezon City, Philippines: Giraffe Books.

Hammond, R. A., and R. Axelrod. 2006. "The evolution of ethnocentrism." *Journal of Conflict Resolution* 50 (6): 926–936.

Harris, J. R. 2006. "Parental selection: A third selection process in the evolution of human hairlessness and skin color." *Medical Hypotheses* 66 (6): 1053–1059.

Hawkes, K., J. F. O'Connell, N. G. Blurton Jones, M. Gurven, K. Hill, R. Hames, T. Kano, et al. 1997. "Hadza women's time allocation, offspring provisioning, and the evolution of long postmenopausal life spans." *Current Anthropology* 38 (4): 551–577.

Haynes, S. R. 2002. *Noah's Curse: The Biblical Justification of American Slav-*

ery. Oxford: Oxford University Press.

Herring, C., V. M. Keith, and H. D. Horton, eds. 2004. *Skin/Deep: How Race and Complexion Matter in the "Color-Blind" Era.* Urbana, IL: Institute for Research on Race and Public Policy.

Hersch, J. 2010. "Skin color, immigrant wages, and discrimination." In *Racism in the 21st Century: An Empirical Analysis of Skin Color,* ed. R. E. Hall, 77–90. New York: Springer

Hess, A. F. 1922. "Newer aspects of the rickets problem." *Journal of the American Medical Association* 78 (16): 1177–1183.

Hickok, G. 2009. "Eight problems for the mirror neuron theory of action understanding in monkeys and humans." *Journal of Cognitive Neuroscience* 21 (7): 1229–1243.

Higginbotham, A. L., Jr. 1978. *In the Matter of Color: Race and the American Legal Process, The Colonial Period.* New York: Oxford University Press.

Hirschfeld, L. A. 1993. "Discovering social difference: The role of appearance in the development of racial awareness." *Cognitive Psychology* 25 (3): 317–350.

Hitchcock, R. T. 2001. *Ultraviolet Radiation.* Fairfax, VA: American Industrial Hygiene Association.

Hoerster, K. D., R. L. Garrow, J. A. Mayer, E. J. Clapp, J. R. Weeks, S. I. Woodruff, J. F. Sallis, D. J. Slymen, M. R. Patel, and S. A. Sybert. 2009. "Density of indoor tanning facilities in 116 large U.S. cities." *American Journal of Preventive Medicine* 36 (3): 243–246.

Hoffer, P. C. 2003. *Sensory Worlds in Early America.* Baltimore, MD: Johns Hopkins University Press.

Holick, M. F. 2003. "Evolution and function of vitamin D." *Recent Results in Cancer Research* 164: 3–28.

———. 2004. "Vitamin D: Importance in the prevention of cancers, type 1 diabetes, heart disease and osteoporosis." *American Journal of Clinical Nutrition* 79 (3): 362–371.

Holick, M. F., and T. C. Chen. 2008. "Vitamin D deficiency: A worldwide problem with health consequences." *American Journal of Clinical Nutrition* 87 (4): 1080S–1086S.

Hollis, B. W. 2005. "Circulating 25-hydroxyvitamin D levels indicative of vitamin D sufficiency: Implications for establishing a new effective dietary intake recommendation for vitamin D." *Journal of Nutrition* 135 (2): 317–322.

Iacoboni, M. 2009. "Imitation, empathy, and mirror neurons." *Annual Review of Psychology* 60 (1): 653–670.

Ibrahim, A. 2008. "Literature of the converts in early modern Spain: Nationalism and religious dissimulation of minorities." *Comparative Literature Studies* 45 (2): 210–227.

Institute of Human Origins. n.d. *Becoming Human.* http://www.becominghuman.org/. Accessed November 2011.

Institute of Medicine. 2010. *Dietary Reference Intakes For Calcium and Vitamin D.* www.iom.edu/Reports/2010/Dietary-Reference-Intakes-for-Calcium

-and-Vitamin-D.aspx.
Irwin, G. W. 1977. *Africans Abroad*. New York: Columbia University Press.
Isaac, B. 2004. *The Invention of Racism in Classical Antiquity*. Princeton, NJ: Princeton University Press.
Ishai, A., C. F. Schmidt, and P. Boesinger. 2005. "Face perception is mediated by a distributed cortical network." *Brain Research Bulletin* 67 (1–2): 87–93.
Ito, T. A., and J. T. Cacioppo. 2007. "Attitudes as mental and neural states of readiness." In *Implicit Measures of Attitudes*, ed. B. Wittenbrink and N. Schwarz, 125–158. New York: Guilford Press.
Iyengar, S. 2005. *Shades of Difference: Mythologies of Skin Color in Early Modern England*. Philadelphia: University of Pennsylvania Press.
Jablonski, N. G., ed. 2002. *The First Americans: The Pleistocene Colonization of the New World*. San Francisco, CA: California Academy of Sciences.
———. 2004. "The evolution of human skin and skin color." *Annual Review of Anthropology* 33: 585–623.
———. 2006. *Skin: A Natural History*. Berkeley: University of California Press.
———. 2010. "From Bardot to Beckham: The decline of celebrity tanning." *Skin Cancer Foundation Journal* 28: 42–44.
Jablonski, N. G., and G. Chaplin. 2000. "The evolution of human skin coloration." *Journal of Human Evolution* 39 (1): 57–106.
James, W. A., Sr. 2003. *The Skin Color Syndrome among African-Americans*. New York: iUniverse.
Jefferson, T. 1787. *Notes on the State of Virginia*. London: Printed for J. Stockdale.
Jimbow, K., W. C. Quevedo, Jr., T. B. Fitzpatrick, and G. Szabo. 1976. "Some aspects of melanin biology: 1950–1975." *Journal of Investigative Dermatology* 67: 72–89.
Johnson, R. 2009. "European cloth and 'tropical' skin: Clothing material and British ideas of health and hygiene in tropical climates." *Bulletin of the History of Medicine* 83 (3): 530–560.
Johnson, S. L. 1992–1993. "Racial imagery in criminal cases." *Tulane Law Review* 67: 1739–1806.
Johnson, W. 1999. *Soul by Soul: Life inside the Antebellum Slave Market*. Cambridge, MA: Harvard University Press.
———. 2000. "The slave trader, the white slave, and the politics of racial determination in the 1850s." *Journal of American History* 87 (1): 13–38.
Kalla, A. K. 1974. "Human skin pigmentation, its genetics and variation." *Human Genetics* 21 (4): 289–300.
Kant, I. 1960. *Observations on the Feeling of the Beautiful and the Sublime*. Berkeley, CA: University of California Press.
———. 2000. "Of the different human races." In *The Idea of Race*, ed. R. Bernasconi and T. L. Lott, 11–22. Indianapolis, IN: Hackett.
Kapama, F. 2009. "Magu trader 'was buyer of albino parts.'" *Daily News* (Dar es Salaam), June 11.

Kaur, M., A. Liguori, W. Lang, S.R. Rapp, A.B. Fleischer Jr., and S.R. Feldman. 2006. "Induction of withdrawal-like symptoms in a small randomized, controlled trial of opioid blockade in frequent tanners." *Journal of the American Academy of Dermatology* 54 (4): 709–711.

Keita, S.O.Y. 2005. "History in the interpretation of the pattern of p49a,f TaqI RFLP Y-chromosome variation in Egypt: A consideration of multiple lines of evidence." *American Journal of Human Biology* 17 (5): 559–567.

Keith, V.M., and C. Herring. 1991. "Skin tone and stratification in the black community." *American Journal of Sociology* 97 (3): 760–778.

Kennedy, C., C.D. Bajdik, R. Willemze, F.R. de Gruijl, and J.N. Bouwes Bavinck. 2003. "The influence of painful sunburns and lifetime sun exposure on the risk of actinic keratoses, seborrheic warts, melanocytic nevi, atypical nevi, and skin cancer." *Journal of Investigative Dermatology* 120 (6): 1087–1093.

Kennedy, D. 1990. "The perils of the midday sun: Climate anxieties in the colonial tropics." In *Imperialism and the Natural World*, ed. J.M. MacKenzie, 118–140. Manchester, U.K.: Manchester University Press.

Kennedy, K.A.R. 2000. *God-Apes and Fossil Men: Paleoanthropology of South Asia*. Ann Arbor: University of Michigan Press.

Kern, P.B. 1999. *Ancient Siege Warfare*. Bloomington: Indiana University Press.

Kimball, S., G.H. Fuleihan, and R. Vieth. 2008. "Vitamin D: A growing perspective." *Critical Reviews in Clinical Laboratory Sciences* 45 (4): 339–414.

Kiple, K., and V. Kiple. 1980. "The African connection: Slavery, disease and racism." *Phylon* 41 (3): 211–222.

Knight, A., P.A. Underhill, H.M. Mortenson, L.A. Zhivtovsky, A.A. Lin, B.M. Henn, D. Louis, M. Ruhlen, and J.L. Mountain. 2003. "African Y chromosome and mtDNA divergence provides insight into the history of click languages." *Current Biology* 13 (6): 464–473.

Kourosh, A.S., C.R. Harrington, and B. Adinoff. 2010. "Tanning as a behavioral addiction." *The American Journal of Drug and Alcohol Abuse* 36 (5): 284–290.

Kovacs, C.S. 2008. "Vitamin D in pregnancy and lactation: Maternal, fetal, and neonatal outcomes from human and animal studies." *American Journal of Clinical Nutrition* 88 (2): 520S–528S.

Krings, M., A. Stone, R.W. Schmitz, H. Krainitzki, M. Stoneking, and S. Pääbo. 1997. "Neandertal DNA sequences and the origin of modern humans." *Cell* 90: 19–30.

Kurzban, R., J. Tooby, and L. Cosmides. 2001. "Can race be erased? Coalitional computation and social categorization." *Proceedings of the National Academy of Sciences of the United States of America* 98 (26): 15387–15392.

Ladizinski, B., N. Mistry, and R.V. Kundu. 2011. "Widespread use of toxic skin lightening compounds: Medical and psychosocial aspects." *Dermatologic Clinics* 29 (1): 111–123.

Lall, S.P., and L.M. Lewis-McCrea. 2007. "Role of nutrients in skeletal metabolism and pathology in fish: An overview." *Aquaculture* 267 (1–4): 3–19.

Lalueza-Fox, C., H. Rompler, D. Caramelli, C. Staubert, G. Catalano, D. Hughes, N. Rohland, et al. 2007. "A melanocortin 1 receptor allele suggests varying pigmentation among Neanderthals." *Science* 318 (5855): 1453–1455.

Lamason, R.L., M.-A.P.K. Mohideen, J.R. Mest, A.C. Wong, H.L. Norton, M.C. Aros, M.J. Jurynec, et al. 2005. "SLC24A5, a putative cation exchanger, affects pigmentation in zebrafish and humans." *Science* 310 (5755): 1782–1786.

Lamparelli, R.D., T.H. Bothwell, A.P. MacPhail, J. van der Westuyzen, R.D. Baynes, and B.J. MacFarlane. 1988. "Nutritional anaemia in pregnant coloured women in Johannesburg." *South African Medical Journal* 73 (8): 477–481.

Langbein, L., M.A. Rogers, S. Praetzel, B. Cribier, B. Peltre, N. Gassler, and J. Schweizer. 2005. "Characterization of a novel human type II epithelial keratin K1b, specifically expressed in eccrine sweat glands." *Journal of Investigative Dermatology* 125 (3): 428–444.

Larrimore, M. 2006. "Race, freedom and the fall in Steffens and Kant." In *The German Invention of Race*, ed. S. Eigen and M. Larrimore, 91–122. Albany: State University of New York Press.

Lauretani, F., M. Maggio, G. Valenti, E. Dall'aglio, and G.P. Ceda. 2010. "Vitamin D in older population: New roles for this 'classic actor?'" *Aging Male* 13 (4): 215–232.

Lawrence, V.A. 1983. "Demographic analysis of serum folate and folate-binding capacity in hospitalized patients." *Acta Haematologica* 69 (5): 289–293.

Leck, I.A.N. 1984. "The geographical distribution of neural tube defects and oral clefts." *British Medical Bulletin* 40 (4): 390–395.

Leonard, W.R., and M.L. Robertson. 1994. "Evolutionary perspectives on human nutrition: The influence of brain and body size on diet and metabolism." *American Journal of Human Biology* 6: 77–88.

Letts, M. 1946. "Sir John Mandeville." *Notes and Queries* 191 (10): 202–204.

Levin, D.T. 2000. "Race as a visual feature: Using visual search and perceptual discrimination tasks to understand face categories and the cross-race recognition deficit." *Journal of Experimental Psychology: General* 129 (4): 559–574.

Lippmann, W. 1929. *Public Opinion*. New York: Macmillan.

Loomis, W.F. 1967. "Skin-pigment regulation of vitamin-D biosynthesis in man." *Science* 157 (3788): 501–506.

Lordkipanidze, D., T. Jashashvili, A. Vekua, M.S. Ponce de Leon, C. Zollikofer, G.P. Rightmire, H. Pontzer, et al. 2007. "Postcranial evidence from early Homo from Dmanisi, Georgia." *Nature* 449 (7160): 305–310.

Lucock, M., Z. Yates, T. Glanville, R. Leeming, N. Simpson, and I. Daskalakis. 2003. "A critical role for B-vitamin nutrition in human development and evolutionary biology." *Nutrition Research* 23 (11): 1463–1475.

MacEachern, S. 2000. "Genes, tribes, and African history." *Current Anthro-*

pology 41 (3): 357–384.
Mackintosh, J.A. 2001. "The antimicrobial properties of melanocytes, melanosomes and melanin and the evolution of black skin." *Journal of Theoretical Biology* 211 (2): 101–113.
Maclaren, C., ed. 1823. "Negro." *Encyclopædia Britannica*. Edinburgh: Archibald Constable.
Macrae, C.N., and G.V. Bodenhausen. 2000. "Social cognition: Thinking categorically about others." *Annual Review of Psychology* 51: 93–120.
Madrigal, L., and W. Kelly. 2007. "Human skin-color sexual dimorphism: A test of the sexual selection hypothesis." *American Journal of Physical Anthropology* 132 (3): 470–482.
Makova, K., and H.L. Norton. 2005. "Worldwide polymorphism at the MC1R locus and normal pigmentation variation in humans." *Peptides* 26 (10): 1901–1908.
Mandeville, J., G. da Pian del Carpine, W. van Ruysbroeck, and O. de Pordenone. 1964. *The Travels of Sir John Mandeville: With Three Narratives of It: The Voyage of Johannes de Plano Carpini; The Journal of Friar William de Rubruquis; The Journal of Friar Odoric*. New York: Dover.
Marugame, T., and M.-J. Zhang. 2010. "Comparison of time trends in melanoma of skin cancer mortality (1990–2006) between countries based on the WHO Mortality Database." *Japanese Journal of Clinical Oncology* 40 (7): 710.
Marx, D.M., S.J. Ko, and R.A. Friedman. 2009. "The "Obama Effect": How a salient role model reduces race-based performance differences." *Journal of Experimental Social Psychology* 45 (4): 953–956.
Mathur, U., S.L. Datta, and B.B. Mathur. 1977. "The effect of aminopterin-induced folic acid deficiency on spermatogenesis." *Fertility and Sterility* 28 (12): 1356–1360.
Matisoo-Smith, E., and J.H. Robins. 2004. "Origins and dispersals of Pacific peoples: Evidence from mtDNA phylogenies of the Pacific rat." *Proceedings of the National Academy of Sciences* 101 (24): 9167–9172.
Matsumura, Y., and H.N. Ananthawamy. 2004. "Toxic effects of ultraviolet radiation on the skin." *Toxicology and Applied Pharmacology* 195 (3): 298–308.
Matsuoka, L.Y., J. Wortsman, M.J. Dannenberg, B.W. Hollis, Z. Lu, and M.F. Holick. 1992. "Clothing prevents ultraviolet-B radiation-dependent photosynthesis of vitamin D_3." *Journal of Clinical Endocrinology and Metabolism* 75 (4): 1099–1103.
Mawer, E.B., J. Backhouse, C.A. Holman, G.A. Lumb, and S.W. Stanbury. 1972. "The distribution and storage of vitamin D and its metabolites in human tissues." *Clinical Science* 43: 413–431.
McCullough, M.L., R.M. Bostick, and T.L. Mayo. 2009. "Vitamin D gene pathway polymorphisms and risk of colorectal, breast, and prostate cancer." *Annual Review of Nutrition* 29 (1): 111–132.

McCurdy, T., and S.E. Graham. 2003. "Using human activity data in exposure models: Analysis of discriminating factors." *Journal of Exposure Analysis and Environmental Epidemiology* 13 (4): 294–317.

McDonald, J.C., T.W. Gyorkos, B. Alberton, J.D. MacLean, G. Richer, and D. Juranek. 1990. "An outbreak of toxoplasmosis in pregnant women in Northern Quebec." *Journal of Infectious Diseases* 161 (4): 769–774.

McPhail, G. 1997. "There's no such thing as a healthy glow: Cutaneous malignant melanoma; The case against suntanning." *European Journal of Cancer Care* 6 (2): 147–153.

Mellars, P. 2006. "Why did modern human populations disperse from Africa ca. 60,000 years ago? A new model." *Proceedings of the National Academy of Sciences* 103 (25): 9381–9386.

Meltzer, M. 1993. *Slavery: A World History.* New York: De Capo Press.

Meredith, P., and T. Sarna. 2006. "The physical and chemical properties of eumelanin." *Pigment Cell Research* 19 (6): 572–594.

Michlovic, M.G., M. Hall, and T. Maggs. 1977. "On early human skin pigmentation." *Current Anthropology* 18 (3): 549–550.

Miller, A.G., W.A. Ashton, J.W. McHoskey, and J. Gimbel. 1990. "What price attractiveness? Stereotype and risk factors in suntanning behavior." *Journal of Applied Social Psychology* 20 (15): 1272–1300.

Milton, K. 1987. "Primate diets and gut morphology: Implications for hominid evolution." In *Food and Evolution,* ed. M. Harris and E.B. Ross, 93–115. Philadelphia: Temple University Press.

———. 1993. "Diet and primate evolution." *Scientific American* 269 (2): 86–93.

Mitchell, F.T. 1930. "Incidence of rickets in the South." *Southern Medical Journal* 23 (3): 228–235.

Mitchell, J., and P. Collinson. 1744. "An essay upon the causes of the different colours of people in different climates." *Philosophical Transactions (1683–1775)* 43: 102–150.

Monfrecola, G., and E. Prizio. 2001. "Self tanning." In *Sun Protection in Man,* ed. P.U. Giacomoni, 3: 487–493. Amsterdam: Elsevier.

Montague, M., R. Borland, and C. Sinclair. 2001. "Slip! Slop! Slap! and SunSmart, 1980–2000: Skin cancer control and 20 years of population-based campaigning." *Health Education and Behavior* 28 (3): 290–305.

Moore, J.M. 1999. *Leading the Race: The Transformation of the Black Elite in the Nation's Capital, 1880–1920.* Charlottesville, VA: University Press of Virginia.

Mosher, C.E., and S. Danoff-Burg. 2010. "Addiction to indoor tanning: Relation to anxiety, depression, and substance use." *Archives of Dermatology* 146 (4): 412–417.

MRC Vitamin Study Research Group. 1991. "Prevention of neural tube defects: Results of the Medical Research Council Vitamin Study." *Lancet* 338 (8760): 131–134.

Murray, F.G. 1934. "Pigmentation, sunlight, and nutritional disease." *Ameri-*

can *Anthropologist* 36 (3): 438–445.

Nakashima, T., K. Matsuno, M. Matsushita, and T. Matsushita. 2011. "Severe lead contamination among children of samurai families in Edo period Japan." *Journal of Archaeological Science* 38 (1): 23–28.

Nanamoli, B., and B. Bodhi. 1995. *The Middle Length Discourses of the Buddha: A New Translation of the Majjhima Nikaya*. Boston: Wisdom Publications.

National Geographic Society. 2005. "King Tut's New Face: Behind the Forensic Reconstruction." http://news.nationalgeographic.com/news/2005/05/0511 _050511_kingtutface.html.

National Institutes of Health. 2009. *Dietary Supplement Fact Sheet: Folate*. Office of Dietary Supplements. http://ods.od.nih.gov/factsheets/folate.

Neal, A.M., and M.L. Wilson. 1989. "The role of skin color and features in the black community: Implications for black women and therapy." *Clinical Psychology Review* 9 (3): 323–333.

Niebrzydowski, S. 2001. "The sultana and her sisters: Black women in the British Isles before 1530." *Women's History Review* 10 (2): 187–210.

Nielsen, K.P., L. Zhao, J.J. Stamnes, K. Stamnes, and J. Moan. 2006. "The importance of the depth distribution of melanin in skin for DNA protection and other photobiological processes." *Journal of Photochemistry and Photobiology B: Biology* 82 (3): 194–198.

Nobles, M. 2000. "History counts: A comparative analysis of racial/color categorization in US and Brazilian censuses." *American Journal of Public Health* 90 (11): 1738–1745.

Nolan, B.V., and S.R. Feldman. 2009. "Ultraviolet tanning addiction." *Dermatologic Clinics* 27 (2): 109–112.

Noonan, J.P. 2010. "Neanderthal genomics and the evolution of modern humans." *Genome Research* 20 (5): 547–553.

Norman, A.W. 2008. "From vitamin D to hormone D: Fundamentals of the vitamin D endocrine system essential for good health." *American Journal of Clinical Nutrition* 88 (2): 491S–499S.

Northrup, D. 2002. *Africa's Discovery of Europe, 1450–1850*. New York: Oxford University Press.

Norton, H.L., J.S. Friedlaender, D.A. Merriwether, G. Koki, C.S. Mgone, and M.D. Shriver. 2006. "Skin and hair pigmentation variation in island Melanesia." *American Journal of Physical Anthropology* 130 (2): 254–268.

Oakes, J. 1998. *The Ruling Race: A History of American Slaveholders*. New York: W.W. Norton.

Off, M.K., A.E. Steindal, A.C. Porojnicu, A. Juzeniene, A. Vorobey, A. Johnsson, and J. Moan. 2005. "Ultraviolet photodegradation of folic acid." *Journal of Photochemistry and Photobiology B: Biology* 80 (1): 47–55.

O'Flaherty, B., and J.S. Shapiro. 2002. *Apes, Essences, and Races: What Natural Scientists Believed about Human Variation, 1700–1900*. Columbia University Department of Economics Discussion Paper #0102-24. New

York: Columbia University.

Olivarius, F. F., H. C. Wulf, P. Therkildsen, T. Poulson, J. Crosby, and M. Norval. 1997. "Urocanic acid isomers: Relation to body site, pigmentation, stratum corneum thickness and photosensitivity." *Archives of Dermatological Research* 289 (9): 501–505.

Olivelle, P. 1996. *Upaniṣads (translated from the original Sanskrit) by Patrick Olivelle.* New York: Oxford University Press.

Olsson, A., J. P. Ebert, M. R. Banaji, and E. A. Phelps. 2005. "The role of social groups in the persistence of learned fear." *Science* 309 (5735): 785–787.

Operario, D., and S. T. Fiske. 1998. "Racism equals power plus prejudice: A social psychological equation for racial oppression." In *Racism: The Problem and the Response*, ed. J. L. Eberhardt and S. T. Fiske, 33–53. Thousand Oaks, CA: Sage Publications.

O'Riordan, D. L., A. D. Steffen, K. B. Lunde, and P. Gies. 2008. "A day at the beach while on tropical vacation: Sun protection practices in a high-risk setting for UV radiation exposure." *Archives of Dermatology* 144 (11): 1449–1455.

Ortonne, J.-P. 1990. "Pigmentary changes of the ageing skin." *British Journal of Dermatology* 122 (S35): 21–28.

Ossorio, P., and T. Duster. 2005. "Race and genetics: Controversies in biomedical, behavioral, and forensic sciences." *American Psychologist* 60 (1): 115–128.

Patterson, M. M., and R. S. Bigler. 2006. "Preschool children's attention to environmental messages about groups: Social categorization and the origins of intergroup bias." *Child Development* 77 (4): 847–860.

Pawson, I. G., and N. L. Petrakis. 1975. "Comparisons of breast pigmentation among women of different racial groups." *Human Biology* 47 (4): 441–450.

Peiss, K. 1998. *Hope in a Jar: The Making of America's Beauty Culture.* New York: Metropolitan Books.

Peters, W. 1987. *A Class Divided: Then and Now.* New Haven, CT: Yale University Press.

Pfeifer, G. P., Y. H. You, and A. Besaratinia. 2005. "Mutations induced by ultraviolet light." *Mutation Research* 571 (1–2): 19–31.

Phelps, E. A., K. J. O'Connor, W. A. Cunningham, E. S. Funayama, J. C. Gatenby, J. C. Gore, and M. R. Banaji. 2000. "Performance on indirect measures of race evaluation predicts amygdala activation." *Journal of Cognitive Neuroscience* 12 (5): 729–738.

Pieterse, J. N. 1992. *White on Black: Images of Africa and Blacks in Western Popular Culture.* New Haven, CT: Yale University Press.

Plant, E. A., P. G. Devine, W. T. L. Cox, C. Columb, S. L. Miller, J. Goplen, and B. M. Peruche. 2009. "The Obama effect: Decreasing implicit prejudice and stereotyping." *Journal of Experimental Social Psychology* 45 (4): 961–964.

Quevedo, W. C. 1973. "Genetic control of melanin metabolism within the melanin unit of mammalian epidermis." *Journal of Investigative Dermatology* 60 (6): 407–417.

Quillen, E. 2010. "Identifying genes related to Indigenous American–specific changes in skin pigmentation." PhD diss., Pennsylvania State University.

Quinn, N., and D. Holland. 1997. "Culture and cognition." In *Cultural Models in Language and Thought,* ed. D. Holland and N. Quinn, 3–42. Cambridge: Cambridge University Press.

Rajakumar, K., and S. B. Thomas. 2005. "Reemerging nutritional rickets: A historical perspective." *Archives of Pediatrics and Adolescent Medicine* 159 (4): 335–341.

Randle, H. W. 1997. "Suntanning: Differences in perceptions throughout history." *Mayo Clinic Proceedings* 72 (5): 461–466.

Rao, D. S., and N. Raghuramulu. 1996. "Food chain as origin of vitamin D in fish." *Comparative Biochemistry and Physiology Part A: Physiology* 114 (1): 15–19.

Rees, J. L. 2003. "Genetics of Hair and Skin Color." *Annual Review of Genetics* 37: 67–90.

Relethford, J. H. 2000. "Human skin color diversity is highest in sub-Saharan African populations." *Human Biology* 72 (5): 771–780.

———. 2008. "Genetic evidence and the modern human origins debate." *Heredity* 100 (6): 555–563.

Roach, M. 2006. *The Roots of Desire: The Myth, Meaning, and Sexual Power of Red Hair.* New York: Bloomsbury USA.

Robins, A. H. 1991. *Biological Perspectives on Human Pigmentation.* Cambridge: Cambridge University Press.

———. 2009. "The evolution of light skin color: Role of vitamin D disputed." *American Journal of Physical Anthropology* 139 (4): 447–450.

Robinson, J. K., J. Kim, S. Rosenbaum, and S. Ortiz. 2008. "Indoor tanning knowledge, attitudes, and behavior among young adults from 1988–2007." *Archives of Dermatological Research* 144 (4): 484–488.

Rogers, A. R., D. Iltis, and S. Wooding. 2004. "Genetic variation at the MC1R locus and the time since loss of human body hair." *Current Anthropology* 45 (1): 105–124.

Rondilla, J. L., and P. Spickard. 2007. *Is Lighter Better? Skin-Tone Discrimination among Asian Americans.* Lanham, MD: Rowman and Littlefield.

Roper, M. 2001. "A narrative of the adventures and escape of Moses Roper, from American slavery." In *African American Slave Narratives: An Anthology,* ed. S. L. Bland Jr., 1: 47–88. Westport, CT: Greenwood.

Rouhani, P., P. S. Pinheiro, R. Sherman, K. Arheart, L. E. Fleming, J. MacKinnon, and R. S. Kirsner. 2010. "Increasing rates of melanoma among non-whites in Florida compared with the United States." *Archives of Dermatology* 146 (7): 741–746.

Saad, E. N. 1983. *Social History of Timbuktu: The Role of Muslim Scholars and Notables, 1400–1900.* Cambridge: Cambridge University Press.

Saks, E. 2000. "Representing miscegenation law." In *Interracialism: Black-White Intermarriage in American History, Literature, and Law,* ed. W. Sollors, 61–81. Oxford: Oxford University Press.

Sambon, L. W. 1898. "Acclimatization of Europeans in tropical lands." *Geographical Journal* 12 (6): 589–599.

Samson, J. 2005. *Race and Empire.* Harlow, U.K.: Pearson Education Limited.

Sanjek, R. 1994. "The enduring inequalities of race." In *Race,* ed. S. Gregory and R. Sanjek, 1–17. New Brunswick, NJ: Rutgers University Press.

Saraiya, M., K. Glanz, P. Nichols, C. White, D. Das, S. J. Smith, B. Tannor, et al. 2004. "Interventions to prevent skin cancer by reducing exposure to ultraviolet radiation: A systematic review." *American Journal of Preventive Medicine* 27 (5): 422–466.

Satherley, J. 2011. "From 'Cole Cappuccino' to 'Katona Karrot': Pippa Middleton's 'Royal Mocha' leads the celebrity tan tone scale as the most desirable shade in Britain." *Mail Online.* August 2. www.dailymail.co.uk/femail/article-2021360/Pippa-Middletons-Royal-Mocha-tan-desirable-shade-Britain.html.

Scarre, C., ed. 2005. *The Human Past: World Prehistory and the Development of Human Societies.* London: Thames & Hudson.

Schallreuter, K. U. 2007. "Advances in melanocyte basic science research." *Dermatologic Clinics* 25 (3): 283–291.

Schmader, T., M. Johns, and C. Forbes. 2008. "An integrated process model of stereotype threat effects on performance." *Psychological Review* 115 (2): 336–356.

Schoeninger, M. J., H. T. Bunn, S. Murray, T. Pickering, and J. Moore. 2001. "Meat-eating by the fourth African ape." In *Meat-Eating and Human Evolution,* ed. C. B. Stanford and H. T. Bunn, 179–195. Oxford: Oxford University Press.

Schweizer, J., L. Langbein, M. A. Rogers, and H. Winter. 2007. "Hair follicle-specific keratins and their diseases." *Experimental Cell Research* 313 (10): 2010–2020.

Searle, J. R. 1995. *The Construction of Social Reality.* New York: Free Press.

Segal, R. 2001. *Islam's Black Slaves: The Other Black Diaspora.* New York: Farrar, Straus, and Giroux.

Segrave, K. 2005. *Suntanning in 20th Century America.* Jefferson, NC: McFarland.

Sheehan, J. M., C. S. Potten, and A. R. Young. 1998. "Tanning in human skin types II and III offers modest photoprotection against erythema." *Photochemistry and Photobiology* 68 (4): 588–592.

Shell, S. M. 2006. "Kant's concept of a human race." In *The German Invention of Race,* ed. S. Eigen and M. Larrimore, 55–72. Albany: State University of New York Press.

Sinha, R. P., and D.-P. Hader. 2002. "UV-induced DNA damage and repair: A review." *Photochemical and Photobiological Science* 1 (4): 225–236.

Siyame, P. 2009. "Albino's skinned body found in swamp." *Daily News* (Dar

es Salaam), February 12.
Smaje, C. 2000. *Natural Hierarchies: The Historical Sociology of Race and Caste.* Malden, MA: Blackwell.
Smedley, A. 1999. *Race in North America: Origin and Evolution of a Worldview.* Boulder, CO: Westview.
Smedley, A., and B.D. Smedley. 2005. "Race as biology is fiction, racism as a social problem is real: Anthropological and historical perspectives on the social construction of race." *American Psychologist* 60 (1): 16–26.
Smellie, W., ed. 1771. "Negroes." In *Encyclopædia Britannica.* Edinburgh: A. Bell and C. Macfarquar.
Smith, S.S., 1965. *An Essay on the Causes of the Variety of Complexion and Figure in the Human Species.* Cambridge, MA: Belknap Press of Harvard University Press.
Snipp, C.M. 2003. "Racial measurement in the American census: Past practices and implications for the future." *Annual Review of Sociology* 29: 563–588.
Snowden, F.M., Jr. 1970. *Blacks in Antiquity: Ethiopians in the Greco-Roman Experience.* Cambridge, MA: Belknap Press of Harvard University Press.
———. 1983. *Before Color Prejudice: The Ancient View of Blacks.* Cambridge, MA: Harvard University Press.
Solanki, T., R.H. Hyatt, J.R. Kemm, E.A. Hughes, and R.A. Cowan. 1995. "Are elderly Asians in Britain at a high risk of vitamin D deficiency and osteomalacia?" *Age and Ageing* 24 (2): 103–107.
Soong, R. 1999. "Racial Classifications in Latin America." Zona Latina: The Latin America Media Site. www.zonalatina.com/Zldata55.htm.
Spamer, E.E. 1999. "Know thyself: Responsible science and the lectotype of *Homo sapiens* Linnaeus, 1758." *Proceedings of the Academy of Natural Sciences of Philadelphia* 149: 109–114.
Springbett, P., S. Buglass, and A.R. Young. 2010. "Photoprotection and vitamin D status." *Journal of Photochemistry and Photobiology B: Biology* 101 (2): 160–168.
Steele, C.M., and J. Aronson. 1995. "Stereotype threat and the intellectual test performance of African Americans." *Journal of Personality and Social Psychology* 69 (5): 797–811.
Steindal, A.H., A. Juzeniene, A. Johnsson, and J. Moan. 2006. "Photodegradation of 5-methyltetrahydrofolate: Biophysical aspects." *Photochemistry and Photobiology* 82 (6): 1651–1655.
Steindal, A.H., T.T.T. Tam, X.Y. Lu, A. Juzeniene, and J. Moan. 2008. "5-Methyltetrahydrofolate is photosensitive in the presence of riboflavin." *Photochemical and Photobiological Sciences* 7 (7): 814–818.
Stone, J. 2007. *When She Was White: The True Story of a Family Divided by Race.* New York: Miramax Books.
Stringer, C., and P. Andrews. 2005. *The Complete World of Human Evolution.* New York: Thames & Hudson.

Sturm, R. A. 2006. "A golden age of human pigmentation genetics." *Trends in Genetics* 22 (9): 464–468.

———. 2009. "Molecular genetics of human pigmentation diversity." *Human Molecular Genetics* 18 (R1): R9–R17.

Sturm, R. A., R. D. Teasdale, and N. F. Fox. 2001. "Human pigmentation genes: Identification, structure and consequences of polymorphic variation." *Gene* 277 (1–2): 49–62.

Suzman, A. 1960. "Race classification and definition in the legislation of the union of South Africa 1910–1960." *Acta Juridica* 339–367.

Swiderski, R. M. 2008. *Quicksilver: A History of the Use, Lore, and Effects of Mercury.* Jefferson, NC: McFarland.

Tadokoro, T., N. Kobayashi, B. Z. Zmudzka, S. Ito, K. Wakamatsu, Y. Yamaguchi, K. S. Korossy, S. A. Miller, J. Z. Beer, and V. J. Hearing. 2003. "UV-induced DNA damage and melanin content in human skin differing in racial/ethnic origin." *FASEB Journal* 17: 1177–1179.

Tadokoro, T., Y. Yamaguchi, J. Batzer, S. G. Coelho, B. Z. Zmudzka, S. A. Miller, R. Wolber, J. Z. Beer, and V. J. Hearing. 2005. "Mechanisms of skin tanning in different racial/ethnic groups in response to ultraviolet radiation." *Journal of Investigative Dermatology* 124: 1326–1332.

Tam, T. T. T., A. Juzeniene, A. H. Steindal, V. Iani, and J. Moan. 2009. "Photodegradation of 5-methyltetrahydrofolate in the presence of uroporphyrin." *Journal of Photochemistry and Photobiology B: Biology* 94 (3): 201–204.

Taylor, K. C., G. W. Lamorey, G. A. Doyle, R. B. Alley, P. M. Grootes, P. A. Mayewskill, J. W. C. White, and L. K. Barlow. 1993. "The 'flickering switch' of late Pleistocene climate change." *Nature* 361: 432–436.

Telles, E. E. 2004. *Race in Another America: The Significance of Skin Color in Brazil.* Princeton, NJ: Princeton University Press.

Thebert, Y. 1980. "Reflections on the Use of the Foreigner Concept: Evolution and Function of the Image of the Barbarian in Athens in the Classical Era." *Diogenes* 28 (112): 91–110.

Thieden, E., M. S. Agren, and H. C. Wulf. 2001. "Solar UVR exposures of indoor workers in a working and a holiday period assessed by personal dosimeters and sun exposure diaries." *Photodermatology, Photoimmunology and Photomedicine* 17 (6): 249–255.

Thody, A. J., E. M. Higgins, K. Wakamatsu, S. Ito, S. A. Burchill, and J. M. Marks. 1991. "Pheomelanin as well as eumelanin is present in human epidermis." *Journal of Investigative Dermatology* 97 (2): 340–344.

Thomas, L. M. 2009. "Skin lighteners in South Africa: Transnational entanglements and technologies of the self." In *Shades of Difference: Why Skin Color Matters,* ed. E. N. Glenn, 188–210. Stanford, CA: Stanford University Press.

Thompson, M. S., and V. M. Keith. 2004. "Copper brown and blue black: Colorism and self evaluation." In *Skin Deep: How Race and Complexion Matter in the "Color-Blind" Era,* ed. C. Herring, V. M. Keith, and H. D. Hor-

ton, 45–64. Urbana, IL: Institute for Research on Race and Public Policy.
Thong, H.-Y., S.H. Jee, C.C. Sun, and R.H. Boissy. 2003. "The patterns of melanosome distribution in keratinocytes of human skin as a determining factor of skin colour." *British Journal of Dermatology* 149 (3): 498–505.
Tishkoff, S.A., M.K. Gonder, B.M. Henn, H. Mortenson, A. Knight, C. Gignoux, N. Fernandopulle, et al. 2007. "History of click-speaking populations of Africa inferred from mtDNA and Y chromosome genetic variation." *Molecular Biology and Evolution* 24 (10): 2180–2195.
Tishkoff, S.A., F.A. Reed, F.R. Friedlaender, C. Ehret, A. Ranciaro, A. Froment, J.B. Hirbo, et al. 2009. "The genetic structure and history of Africans and African Americans." *Science* 324 (5930): 1035–1044.
Tobias, P.V. 2002. "Saartje Baartman: Her life, her remains, and the negotiations for their repatriation from France to South Africa." *South African Journal of Science* 98 (3–4): 107.
Toplin, R.B. 1979. "Between black and white: Attitudes toward southern mulattoes, 1830–1861." *Journal of Southern History* 45 (2): 185–200.
Trigger, B.G. 1983. *Ancient Egypt: A Social History*. Cambridge: Cambridge University Press.
Tuchinda, C., S. Srivannaboon, and H.W. Lim. 2006. "Photoprotection by window glass, automobile glass, and sunglasses." *Journal of the American Academy of Dermatology* 54 (5): 845–854.
Turner, A. 1984. "Hominids and fellow travellers: Human migration into high latitudes as part of a large mammal community." In *Hominid Evolution and Community Ecology*, ed. R. Foley, 193–215. London: Academic Press.
———. 1992. "Large carnivores and earliest European hominids: changing determinants of resource availability during the Lower and Middle Pleistocene." *Journal of Human Evolution* 22: 109–126.
Twain, Mark. 1997. *Pudd'nhead Wilson*. New York: Simon & Schuster.
Underhill, P.A., G. Passarino, A.A. Lin, S. Marzuki, P.J. Oefner, L. Cavalli-Sforza, and G.K. Chambers. 2001. "Maori origins, Y-chromosome haplotypes and implications for human history in the Pacific." *Human Mutation* 17 (4): 271–280.
United States Food and Drug Administration. 2011. "FDA sheds light on sunscreens." Consumer Updates. www.fda.gov/forconsumers/consumerupdates/ucm258416.htm.
UNPD (United Nations, Department of Economic and Social Affairs, Population Division). 2007. *World Urbanization Prospects: The 2007 Revision Population Database*. http://esa.un.org/unup/index.asp?panel = 1.
Urbach, F. 2001. "The negative effects of solar radiation: A clinical overview." In *Sun Protection in Man,* ed. P.U. Giacomoni, 3: 39–67. Amsterdam: Elsevier.
Van den Berghe, P.L., and P. Frost. 1986. "Skin color preference, sexual dimorphism and sexual selection: A case of gene culture evolution?" *Ethnic and Racial Studies* 9: 87–113.
Vieira, R.M. 1995. "Black resistance in Brazil: A matter of necessity." In

Racism and Anti-racism in World Perspective, ed. B. P. Bowser, 227–240. Thousand Oaks, CA: Sage Publications.

Vigilant, L., M. Stoneking, H. Harpending, K. Hawkes, and A. C. Wilson. 1991. "African populations and the evolution of human mitochondrial DNA." *Science* 253 (5027): 1503–1507.

Vorobey, P., A. E. Steindal, M. K. Off, A. Vorobey, and J. Moan. 2006. "Influence of human serum albumin on photodegradation of folic acid in solution." *Photochemistry and Photobiology* 82 (3): 817–822.

Wacks, J. L. 2000. "Reading race, rhetoric, and the female body in the Rhinelander case." In *Interracialism: Black-White Intermarriage in American History, Literature, and Law*, ed. W. Sollors, 162–178. Oxford: Oxford University Press.

Wagatsuma, H. 1967. "The social perception of skin color in Japan." *Daedalus* 96 (2): 407–433.

Walker, A., and R. E. Leakey, eds. 1993. *Nariokotome* Homo erectus *Skeleton*. Cambridge, MA: Harvard University Press.

Walker, S. 2007. *Style and Status: Selling Beauty to African American Women, 1920–1975*. Lexington: University of Kentucky Press.

Wall, J. D., and M. F. Hammer. 2006. "Archaic admixture in the human genome." *Current Opinions in Genetic Development* 16 (6): 606–610.

Walvin, J. 1986. *England, Slaves, and Freedom, 1776–1838*. Jackson: University Press of Mississippi.

Wang, Z., J. Dillon, and E. R. Gaillard. 2006. "Antioxidant properties of melanin in retinal pigment epithelial cells." *Photochemistry and Photobiology* 82 (2): 474–479.

Wassermann, H. P. 1965. "Human pigmentation and environmental adaptation." *Archives of Environmental Health* 11: 691–694.

———. 1974. *Ethnic Pigmentation*. New York: American Elsevier.

Watkins, T. 2005. "From foragers to complex societies in Southwest Asia." In *The Human Past: World Prehistory and the Development of Human Societies*, ed. C. Scarre. London: Thames & Hudson: 200–233.

Weinstein, N. D. 1980. "Unrealistic optimism about future life events." *Journal of Personality and Social Psychology* 39 (5): 806–820.

West, P. M., and C. Packer. 2002. "Sexual selection, temperature, and the lion's mane." *Science* 297: 1339–1343.

Westermann, W. L. 1955. *The Slave Systems of Greek and Roman Antiquity*. Philadelphia, PA: American Philosophical Society.

Wheeler, P. E. 1992. "The influence of the loss of functional body hair on the water budgets of early hominids." *Journal of Human Evolution* 23 (5): 379–388.

Wheless, L., J. Black, and A. J. Alberg. 2010. "Nonmelanoma skin cancer and the risk of second primary cancers: A systematic review." *Cancer Epidemiology Biomarkers and Prevention* 19 (7): 1686–1695.

White, W. 1949. "Has science conquered the color line?" *Look*, August, 94–95.

Whitford, W.G. 1976. "Sweating responses in the chimpanzee (*Pan troglodytes*)." *Comparative Biochemistry and Physiology Part A: Physiology* 53 (4): 333–336.
WHO (World Health Organization). 2002. *Global Solar UV Index: A Practical Guide*. WHO/SDE/OEH/02.2. www.who.int/uv/publications/en/GlobalUVI.pdf.
Williams, L.J., S.A. Rasmussen, A. Flores, R.S. Kirby, and L.D. Edmonds. 2005. "Decline in the prevalence of spina bifida and anencephaly by race/ethnicity: 1995–2002." *Pediatrics* 116 (3): 580–586.
Williams, M.J., and J.L. Eberhardt. 2008. "Biological conceptions of race and the motivation to cross racial boundaries." *Journal of Personality and Social Psychology* 94 (6): 1033–1047.
Wiltshire, K. 2004. *The British Museum Timeline of the Ancient World*. New York: Palgrave Macmillan.
Wood, P.H. 1995. "'If toads could speak': How the myth of race took hold and flourished in the minds of Europe's Renaissance colonizers." In *Racism and Anti-racism in World Perspective*, ed. B.P. Bowser, 27–45. Thousand Oaks, CA: Sage Publications.
Zareba, M., G. Szewczyk, T. Sarna, L. Hong, J.D. Simon, M.M. Henry, and J.M. Burke. 2006. "Effects of photodegradation on the physical and antioxidant properties of melanosomes isolated from retinal pigment epithelium." *Photochemistry and Photobiology* 82 (4): 1024–1029.
Zarefsky, D. 2001. "Arguments among Experts." *Argumentation: The Study of Effective Reasoning*. DVD. The Teaching Company LLC.
Zecca, L., D. Tampellini, M. Gerlach, P. Riederer, R.G. Fariello, and D. Sulzer. 2001. "Substantia nigra neuromelanin: Structure, synthesis, and molecular behaviour." *Journal of Clinical Pathology: Molecular Pathology* 54 (6): 414–418.
Zimmer, Carl. 2005. *Smithsonian Intimate Guide to Human Origins*. Washington, DC: Smithsonian Books.
Zwolak, R. 2009. *IBISWorld Industry Report 81219c: Tanning Salons in the US*. Santa Monica, CA: IBISWorld Inc.

新知文库

01 《证据：历史上最具争议的法医学案例》[美] 科林·埃文斯 著　毕小青 译
02 《香料传奇：一部由诱惑衍生的历史》[澳] 杰克·特纳 著　周子平 译
03 《查理曼大帝的桌布：一部开胃的宴会史》[英] 尼科拉·弗莱彻 著　李响 译
04 《改变西方世界的26个字母》[英] 约翰·曼 著　江正文 译
05 《破解古埃及：一场激烈的智力竞争》[英] 莱斯利·罗伊·亚京斯 著　黄中宪 译
06 《狗智慧：它们在想什么》[加] 斯坦利·科伦 著　江天帆、马云霏 译
07 《狗故事：人类历史上狗的爪印》[加] 斯坦利·科伦 著　江天帆 译
08 《血液的故事》[美] 比尔·海斯 著　郎可华 译　张铁梅 校
09 《君主制的历史》[美] 布伦达·拉尔夫·刘易斯 著　荣予、方力维 译
10 《人类基因的历史地图》[美] 史蒂夫·奥尔森 著　霍达文 译
11 《隐疾：名人与人格障碍》[德] 博尔温·班德洛 著　麦湛雄 译
12 《逼近的瘟疫》[美] 劳里·加勒特 著　杨岐鸣、杨宁 译
13 《颜色的故事》[英] 维多利亚·芬利 著　姚芸竹 译
14 《我不是杀人犯》[法] 弗雷德里克·肖索依 著　孟晖 译
15 《说谎：揭穿商业、政治与婚姻中的骗局》[美] 保罗·埃克曼 著　邓伯宸 译　徐国强 校
16 《蛛丝马迹：犯罪现场专家讲述的故事》[美] 康妮·弗莱彻 著　毕小青 译
17 《战争的果实：军事冲突如何加速科技创新》[美] 迈克尔·怀特 著　卢欣渝 译
18 《最早发现北美洲的中国移民》[加] 保罗·夏亚松 著　暴永宁 译
19 《私密的神话：梦之解析》[英] 安东尼·史蒂文斯 著　薛绚 译
20 《生物武器：从国家赞助的研制计划到当代生物恐怖活动》[美] 珍妮·吉耶曼 著　周子平 译
21 《疯狂实验史》[瑞士] 雷托·U.施奈德 著　许阳 译
22 《智商测试：一段闪光的历史，一个失色的点子》[美] 斯蒂芬·默多克 著　卢欣渝 译
23 《第三帝国的艺术博物馆：希特勒与"林茨特别任务"》[德] 哈恩斯－克里斯蒂安·罗尔 著　孙书柱、刘英兰 译
24 《茶：嗜好、开拓与帝国》[英] 罗伊·莫克塞姆 著　毕小青 译
25 《路西法效应：好人是如何变成恶魔的》[美] 菲利普·津巴多 著　孙佩妏、陈雅馨 译

26 《阿司匹林传奇》[英] 迪尔米德·杰弗里斯 著　暴永宁、王惠 译
27 《美味欺诈：食品造假与打假的历史》[英] 比·威尔逊 著　周继岚 译
28 《英国人的言行潜规则》[英] 凯特·福克斯 著　姚芸竹 译
29 《战争的文化》[以] 马丁·范克勒韦尔德 著　李阳 译
30 《大背叛：科学中的欺诈》[美] 霍勒斯·弗里兰·贾德森 著　张铁梅、徐国强 译
31 《多重宇宙：一个世界太少了？》[德] 托比阿斯·胡阿特、马克斯·劳讷 著　车云 译
32 《现代医学的偶然发现》[美] 默顿·迈耶斯 著　周子平 译
33 《咖啡机中的间谍：个人隐私的终结》[英] 吉隆·奥哈拉、奈杰尔·沙德博尔特 著　毕小青 译
34 《洞穴奇案》[美] 彼得·萨伯 著　陈福勇、张世泰 译
35 《权力的餐桌：从古希腊宴会到爱丽舍宫》[法] 让-马克·阿尔贝 著　刘可有、刘惠杰 译
36 《致命元素：毒药的历史》[英] 约翰·埃姆斯利 著　毕小青 译
37 《神祇、陵墓与学者：考古学传奇》[德] C.W.策拉姆 著　张芸、孟薇 译
38 《谋杀手段：用刑侦科学破解致命罪案》[德] 马克·贝内克 著　李响 译
39 《为什么不杀光？种族大屠杀的反思》[美] 丹尼尔·希罗、克拉克·麦考利 著　薛绚 译
40 《伊索尔德的魔汤：春药的文化史》[德] 克劳迪娅·米勒-埃贝林、克里斯蒂安·拉奇 著　王泰智、沈惠珠 译
41 《错引耶稣：〈圣经〉传抄、更改的内幕》[美] 巴特·埃尔曼 著　黄恩邻 译
42 《百变小红帽：一则童话中的性、道德及演变》[美] 凯瑟琳·奥兰丝汀 著　杨淑智 译
43 《穆斯林发现欧洲：天下大国的视野转换》[英] 伯纳德·刘易斯 著　李中文 译
44 《烟火撩人：香烟的历史》[法] 迪迪埃·努里松 著　陈睿、李欣 译
45 《菜单中的秘密：爱丽舍宫的飨宴》[日] 西川惠 著　尤可欣 译
46 《气候创造历史》[瑞士] 许靖华 著　甘锡安 译
47 《特权：哈佛与统治阶层的教育》[美] 罗斯·格雷戈里·多塞特 著　珍栎 译
48 《死亡晚餐派对：真实医学探案故事集》[美] 乔纳森·埃德罗 著　江孟蓉 译
49 《重返人类演化现场》[美] 奇普·沃尔特 著　蔡承志 译
50 《破窗效应：失序世界的关键影响力》[美] 乔治·凯林、凯瑟琳·科尔斯 著　陈智文 译
51 《违童之愿：冷战时期美国儿童医学实验秘史》[美] 艾伦·M.霍恩布鲁姆、朱迪斯·L.纽曼、格雷戈里·J.多贝尔 著　丁立松 译
52 《活着有多久：关于死亡的科学和哲学》[加] 理查德·贝利沃、丹尼斯·金格拉斯 著　白紫阳 译

53	《疯狂实验史Ⅱ》[瑞士]雷托·U.施奈德 著 郭鑫、姚敏多 译
54	《猿形毕露：从猩猩看人类的权力、暴力、爱与性》[美]弗朗斯·德瓦尔 著 陈信宏 译
55	《正常的另一面：美貌、信任与养育的生物学》[美]乔丹·斯莫勒 著 郑嬿 译
56	《奇妙的尘埃》[美]汉娜·霍姆斯 著 陈芝仪 译
57	《卡路里与束身衣：跨越两千年的节食史》[英]路易丝·福克斯克罗夫特 著 王以勤 译
58	《哈希的故事：世界上最具暴利的毒品业内幕》[英]温斯利·克拉克森 著 珍栎 译
59	《黑色盛宴：嗜血动物的奇异生活》[美]比尔·舒特 著 帕特里曼·J.温 绘图 赵越 译
60	《城市的故事》[美]约翰·里德 著 郝笑丛 译
61	《树荫的温柔：亘古人类激情之源》[法]阿兰·科尔班 著 苜蓿 译
62	《水果猎人：关于自然、冒险、商业与痴迷的故事》[加]亚当·李斯·格尔纳 著 于是 译
63	《囚徒、情人与间谍：古今隐形墨水的故事》[美]克里斯蒂·马克拉奇斯 著 张哲、师小涵 译
64	《欧洲王室另类史》[美]迈克尔·法夸尔 著 康怡 译
65	《致命药瘾：让人沉迷的食品和药物》[美]辛西娅·库恩等 著 林慧珍、关莹 译
66	《拉丁文帝国》[法]弗朗索瓦·瓦克 著 陈绮文 译
67	《欲望之石：权力、谎言与爱情交织的钻石梦》[美]汤姆·佐尔纳 著 麦慧芬 译
68	《女人的起源》[英]伊莲·摩根 著 刘筠 译
69	《蒙娜丽莎传奇：新发现破解终极谜团》[美]让–皮埃尔·伊斯鲍茨、克里斯托弗·希斯·布朗 著 陈薇薇 译
70	《无人读过的书：哥白尼〈天体运行论〉追寻记》[美]欧文·金格里奇 著 王今、徐国强 译
71	《人类时代：被我们改变的世界》[美]黛安娜·阿克曼 著 伍秋玉、澄影、王丹 译
72	《大气：万物的起源》[英]加布里埃尔·沃克 著 蔡承志 译
73	《碳时代：文明与毁灭》[美]埃里克·罗斯顿 著 吴妍仪 译
74	《一念之差：关于风险的故事与数字》[英]迈克尔·布拉斯兰德、戴维·施皮格哈尔特 著 威治 译
75	《脂肪：文化与物质性》[美]克里斯托弗·E.福思、艾莉森·利奇 编著 李黎、丁立松 译
76	《笑的科学：解开笑与幽默感背后的大脑谜团》[美]斯科特·威姆斯 著 刘书维 译
77	《黑丝路：从里海到伦敦的石油溯源之旅》[英]詹姆斯·马里奥特、米卡·米尼奥–帕卢埃洛 著 黄煜文 译
78	《通向世界尽头：跨西伯利亚大铁路的故事》[英]克里斯蒂安·沃尔玛 著 李阳 译

79	《生命的关键决定：从医生做主到患者赋权》	[美]彼得·于贝尔 著　张琼懿 译
80	《艺术侦探：找寻失踪艺术瑰宝的故事》	[英]菲利普·莫尔德 著　李欣 译
81	《共病时代：动物疾病与人类健康的惊人联系》	[美]芭芭拉·纳特森－霍洛威茨、凯瑟琳·鲍尔斯 著　陈筱婉 译
82	《巴黎浪漫吗？——关于法国人的传闻与真相》	[英]皮乌·玛丽·伊特韦尔 著　李阳 译
83	《时尚与恋物主义：紧身褡、束腰术及其他体形塑造法》	[美]戴维·孔兹 著　珍栎 译
84	《上穷碧落：热气球的故事》	[英]理查德·霍姆斯 著　暴永宁 译
85	《贵族：历史与传承》	[法]埃里克·芒雄－里高 著　彭禄娴 译
86	《纸影寻踪：旷世发明的传奇之旅》	[英]亚历山大·门罗 著　史先涛 译
87	《吃的大冒险：烹饪猎人笔记》	[美]罗布·沃乐什 著　薛绚 译
88	《南极洲：一片神秘的大陆》	[英]加布里埃尔·沃克 著　蒋功艳、岳玉庆 译
89	《民间传说与日本人的心灵》	[日]河合隼雄 著　范作申 译
90	《象牙维京人：刘易斯棋中的北欧历史与神话》	[美]南希·玛丽·布朗 著　赵越 译
91	《食物的心机：过敏的历史》	[英]马修·史密斯 著　伊玉岩 译
92	《当世界又老又穷：全球老龄化大冲击》	[美]泰德·菲什曼 著　黄煜文 译
93	《神话与日本人的心灵》	[日]河合隼雄 著　王华 译
94	《度量世界：探索绝对度量衡体系的历史》	[美]罗伯特·P.克里斯 著　卢欣渝 译
95	《绿色宝藏：英国皇家植物园史话》	[英]凯茜·威利斯、卡罗琳·弗里 著　珍栎 译
96	《牛顿与伪币制造者：科学巨匠鲜为人知的侦探生涯》	[美]托马斯·利文森 著　周子平 译
97	《音乐如何可能？》	[法]弗朗西斯·沃尔夫 著　白紫阳 译
98	《改变世界的七种花》	[英]詹妮弗·波特 著　赵丽洁、刘佳 译
99	《伦敦的崛起：五个人重塑一座城》	[英]利奥·霍利斯 著　宋美莹 译
100	《来自中国的礼物：大熊猫与人类相遇的一百年》	[英]亨利·尼科尔斯 著　黄建强 译
101	《筷子：饮食与文化》	[美]王晴佳 著　汪精玲 译
102	《天生恶魔？：纽伦堡审判与罗夏墨迹测验》	[美]乔尔·迪姆斯代尔 著　史先涛 译
103	《告别伊甸园：多偶制怎样改变了我们的生活》	[美]戴维·巴拉什 著　吴宝沛 译
104	《第一口：饮食习惯的真相》	[英]比·威尔逊 著　唐海娇 译
105	《蜂房：蜜蜂与人类的故事》	[英]比·威尔逊 著　暴永宁 译
106	《过敏大流行：微生物的消失与免疫系统的永恒之战》	[美]莫伊塞斯·贝拉斯克斯－曼诺夫 著　李黎、丁立松 译

107	《饭局的起源：我们为什么喜欢分享食物》[英]马丁·琼斯 著　陈雪香 译　方辉 审校
108	《金钱的智慧》[法]帕斯卡尔·布吕克内 著　张叶　陈雪乔 译　张新木 校
109	《杀人执照：情报机构的暗杀行动》[德]埃格蒙特·科赫 著　张芸、孔令逊 译
110	《圣安布罗焦的修女们：一个真实的故事》[德]胡贝特·沃尔夫 著　徐逸群 译
111	《细菌》[德]汉诺·夏里修斯　里夏德·弗里贝 著　许嫚红 译
112	《千丝万缕：头发的隐秘生活》[英]爱玛·塔罗 著　郑嬿 译
113	《香水史诗》[法]伊丽莎白·德·费多 著　彭禄娴 译
114	《微生物改变命运：人类超级有机体的健康革命》[美]罗德尼·迪塔特 著　李秦川 译
115	《离开荒野：狗猫牛马的驯养史》[美]加文·艾林格 著　赵越 译
116	《不生不熟：发酵食物的文明史》[法]玛丽-克莱尔·弗雷德里克 著　冷碧莹 译
117	《好奇年代：英国科学浪漫史》[英]理查德·霍姆斯 著　暴永宁 译
118	《极度深寒：地球最冷地域的极限冒险》[英]雷纳夫·法恩斯 著　蒋功艳、岳玉庆 译
119	《时尚的精髓：法国路易十四时代的优雅品位及奢侈生活》[美]琼·德让 著　杨冀 译
120	《地狱与良伴：西班牙内战及其造就的世界》[美]理查德·罗兹 著　李阳 译
121	《骗局：历史上的骗子、赝品和诡计》[美]迈克尔·法夸尔 著　康怡 译
122	《丛林：澳大利亚内陆文明之旅》[澳]唐·沃森 著　李景艳 译
123	《书的大历史：六千年的演化与变迁》[英]基思·休斯敦 著　伊玉岩、邵慧敏 译
124	《战疫：传染病能否根除？》[美]南希·丽思·斯特潘 著　郭骏、赵谊 译
125	《伦敦的石头：十二座建筑塑名城》[英]利奥·霍利斯 著　罗隽、何晓昕、鲍捷 译
126	《自愈之路：开创癌症免疫疗法的科学家们》[美]尼尔·卡纳万 著　贾颋 译
127	《智能简史》[韩]李大烈 著　张之昊 译
128	《家的起源：西方居所五百年》[英]朱迪丝·弗兰德斯 著　珍栎 译
129	《深解地球》[英]马丁·拉德威克 著　史先涛 译
130	《丘吉尔的原子弹：一部科学、战争与政治的秘史》[英]格雷厄姆·法米罗 著　刘晓 译
131	《亲历纳粹：见证战争的孩子们》[英]尼古拉斯·斯塔加特 著　卢欣渝 译
132	《尼罗河：穿越埃及古今的旅程》[英]托比·威尔金森 著　罗静 译
133	《大侦探：福尔摩斯的惊人崛起和不朽生命》[美]扎克·邓达斯 著　肖洁茹 译
134	《世界新奇迹：在20座建筑中穿越历史》[德]贝恩德·英玛尔·古特贝勒特 著　孟薇、张芸 译
135	《毛奇家族：一部战争史》[德]奥拉夫·耶森 著　蔡玳燕、孟薇、张芸 译

136 《万有感官：听觉塑造心智》[美]塞思·霍罗威茨 著　蒋雨蒙 译　葛鉴桥 审校

137 《教堂音乐的历史》[德]约翰·欣里希·克劳森 著　王泰智 译

138 《世界七大奇迹：西方现代意象的流变》[英]约翰·罗谟、伊丽莎白·罗谟 著　徐剑梅 译

139 《茶的真实历史》[美]梅维恒、[瑞典]郝也麟 著　高文海 译　徐文堪 校译

140 《谁是德古拉：吸血鬼小说的人物原型》[英]吉姆·斯塔迈尔 著　刘芳 译

141 《童话的心理分析》[瑞士]维蕾娜·卡斯特 著　林敏雅 译　陈瑛 修订

142 《海洋全球史》[德]米夏埃尔·诺尔特 著　夏嬿、魏子扬 译

143 《病毒：是敌人，更是朋友》[德]卡琳·莫林 著　孙薇娜、孙娜薇、游辛田 译

144 《疫苗：医学史上最伟大的救星及其争议》[美]阿瑟·艾伦 著　徐宵寒、邹梦廉 译　刘火雄 审校

145 《为什么人们轻信奇谈怪论》[美]迈克尔·舍默 著　卢明君 译

146 《肤色的迷局：生物机制、健康影响与社会后果》[美]尼娜·雅布隆斯基 著　李欣 译